中国科学院研究生教学丛书

面向计算机科学的数理逻辑

（第二版）

陆钟万 著

科 学 出 版 社

北 京

内 容 简 介

　　本书叙述了与计算机科学有紧密联系并且相互之间又有联系的数理逻辑基础性内容，包括经典逻辑和非经典逻辑中的构造性逻辑和模态逻辑．本书在选材时考虑了逻辑系统的特征，并且适应计算机科学的要求．本书研究各种逻辑的背景、语言、语义、形式推演，以及可靠性和完备性等问题．本书大部分章节附有习题．

　　本书读者对象：高校计算机专业师生，科研人员．

图书在版编目（CIP）数据

面向计算机科学的数理逻辑/陆钟万著．－2版．－北京：科学出版社，2002.1

（中国科学院研究生教学丛书/白春礼主编）

ISBN 978-7-03-009657-9

Ⅰ.面… Ⅱ.陆… Ⅲ.数理逻辑 Ⅳ.O141

中国版本图书馆 CIP 数据核字（2001）第 058338 号

责任编辑：林　鹏　杨　波/封面设计：卢秋红
责任印制：赵　博

科 学 出 版 社 出版
北京东黄城根北街 16 号
邮政编码：100717
http://www.sciencep.com

北京华宇信诺印刷有限公司印刷
科学出版社发行　各地新华书店经销

1998 年 1 月第　一　版　　开本：850×1168　1/32
2002 年 1 月第　二　版　　印张：8 7/8
2025 年 1 月第二十二次印刷　　字数：221 000

定　价：39.00 元
（如有印装质量问题，我社负责调换）

《中国科学院研究生教学丛书》序

在 21 世纪曙光初露，中国科技、教育面临重大改革和蓬勃发展之际，《中国科学院研究生教学丛书》——这套凝聚了中国科学院新老科学家、研究生导师们多年心血的研究生教材面世了．相信这套丛书的出版，会在一定程度上缓解研究生教材不足的困难，对提高研究生教育质量起着积极的推动作用．

21 世纪将是科学技术日新月异，迅猛发展的新世纪，科学技术将成为经济发展的最重要的资源和不竭的动力，成为经济和社会发展的首要推动力量．世界各国之间综合国力的竞争，实质上是科技实力的竞争．而一个国家科技实力的决定因素是它所拥有的科技人才的数量和质量．我国要想在 21 世纪顺利地实施"科教兴国"和"可持续发展"战略，实现小平同志规划的第三步战略目标——把我国建设成中等发达国家，关键在于培养造就一支数量宏大、素质优良、结构合理，有能力参与国际竞争与合作的科技大军．这是摆在我国高等教育面前的一项十分繁重而光荣的战略任务．

中国科学院作为我国自然科学与高新技术的综合研究与发展中心，在建院之初就明确了出成果出人才并举的办院宗旨，长期坚持走科研与教育相结合的道路，发挥了高级科技专家多，科研条件好，科研水平高的优势，结合科研工作，积极培养研究生；在出成果的同时，为国家培养了数以万计的研究生．当前，中国科学院正在按照江泽民同志关于中国科学院要努力建设好"三个基地"的指示，在建设具有国际先进水平的科学研究基地和促进高新技术产业发展基地的同时，加强研究生教育，努力建设好高级人才培养基地，在肩负起发展我国科学技术及促进高新技术产业发展重任的同时，为国家源源不断地培养输送大批高级科技人才．

质量是研究生教育的生命，全面提高研究生培养质量是当前我国研究生教育的首要任务．研究生教材建设是提高研究生培养质量的一项重要的基础性工作．由于各种原因，目前我国研究生教材的建设滞后于研究生教育的发展．为了改变这种情况，中国科学院组织了一批在科学前沿工作，同时又具有相当教学经验的科学家撰写研究生教材，并以专项资金资助优秀的研究生教材的出版．希望通过数年努力，出版一套面向21世纪科技发展，体现中国科学院特色的高水平的研究生教学丛书．本丛书内容力求具有科学性、系统性和基础性，同时也兼顾前沿性，使阅读者不仅能获得相关学科的比较系统的科学基础知识，也能被引导进入当代科学研究的前沿．这套研究生教学丛书，不仅适合于在校研究生学习使用，也可以作为高校教师和专业研究人员工作和学习的参考书．

"桃李不言，下自成蹊."我相信，通过中国科学院一批科学家的辛勤耕耘，《中国科学院研究生教学丛书》将成为我国研究生教育园地的一丛鲜花，也将似润物春雨，滋养莘莘学子的心田，把他们引向科学的殿堂，不仅为科学院，也为全国研究生教育的发展作出重要贡献.

第二版记言

读者和我讨论问题时，表示对书中的一些内容理解得不是很透彻，做习题有些困难．我很理解这种情形．我总想应当少讲，留给读者思考．现在觉得，有时也应适当地多讲，使他们在阅读中少走弯路．因此，这次修订给本书增加了相当多的说明，涉及概念和证明的思路，主要放在附注中．经典逻辑是基础，把经典逻辑的问题弄清楚了，对理解后面的非经典逻辑很有帮助，故增加的说明主要是关于经典逻辑的．

另外，由于可靠性和完备性（特别是完备性）是重要内容，在第四章中第一次讲到这些问题，分量相当重，所以我把这一章中的紧致性定理、Löwenheim-Skolem 定理和 Herbrand 定理组成新的第五章．独立性仍留在原处．

本书再版之际，中国科学院软件研究所约我将本书内容以我授课的形式进行录像，制作光盘，并由科学出版社出版，软件研究所发行．这将为广大读者解决平面阅读时可能会遇到困难的问题，使读者可以走进课堂，将听课和阅读相结合，达到互补的效果．

中国科学院软件研究所为传播知识所做的努力和为读者着想的精神令我深感钦佩，谨在此表达衷心的谢意．

陆钟万

2000 年 12 月

前　言

数理逻辑是用数学方法研究逻辑问题，特别是研究数学中的逻辑问题的学科，它是数学的分支．数学中有证明和计算两类研究．证明和计算是互相沟通、密切相关的．因此数理逻辑与计算机科学之间存在本质联系，它的许多分支在计算机科学中有重要应用．计算机科学的发展对数理逻辑提出了要求，对数理逻辑的发展产生了很大影响，造成数理逻辑原有分支的发展，并且开辟了新的领域．

本书叙述数理逻辑中与计算机科学有紧密联系并且相互之间有联系的若干内容，包括经典逻辑和非经典逻辑．经典逻辑是基础．非经典逻辑大致可以分为两类．一类持有与经典逻辑不同的观点，这一类包括构造性逻辑和多值逻辑等．另一类是经典逻辑的扩充，其中包括模态逻辑和时态逻辑等．本书选择陈述非经典逻辑中的构造性逻辑和模态逻辑．

本书在选择材料时考虑逻辑系统的特征并且适应计算机科学的要求．对问题的陈述着重主要之点，而不涉及细节．对各种逻辑主要介绍其背景、语言、语义、形式推演，以及可靠性和完备性等问题．在陈述形式推演时主要采用直观反映非形式数学推理的自然推演系统．

虽然本书在选材上是面向计算机科学的，但并不包括数理逻辑在计算机科学中应用的内容．这一方面是由于这种内容相当多，写少了不全面，写多了将会影响数理逻辑作为主要内容在本书中的位置；另一方面是由于我希望读者在读过本书之后能得到比较扎实的数理逻辑的训练，从而能处理数理逻辑在计算机科学中应用的问题．

本书的绪论说明数理逻辑的对象，在正文的八章中，第一章介绍集论和归纳定义、归纳证明的基本概念. 集论部分陈述其初步内容，包括关于可数集的基本定理. 对归纳定义和归纳证明作了详细说明，因为数理逻辑中的许多概念是用归纳定义给出的. 第一章是阅读以后各章的预备知识，除这些内容之外，本书是自足的.

第二、三、四章陈述经典逻辑. 经典命题逻辑可以看作经典一阶逻辑的部分. 但由于经典命题逻辑有其自身的特征，故本书把它和经典一阶逻辑分别在第二章和第三章中陈述. 经典逻辑的可靠性和完备性问题在单独的第四章中作比较详细的论述. 特别是完备性问题，本书将经典命题逻辑以及经典一阶逻辑的不含相等和含相等的情形分开处理，以显示出各种情形在处理完备性问题上的差异. 在可靠性和完备性定理的基础上，第四章陈述了紧致性定理，Löwenheim-Skolem 定理和 Herbrand 定理. Herbrand 定理是自动定理证明的一个方向的基础. 第四章还讨论了形式推演系统中规则的独立性问题.

第五章介绍形式推演的公理推演系统，证明了它与自然推演系统的等价性.

第六章研究构造性逻辑，第七章和第八章研究模态逻辑，讨论了这些非经典逻辑与经典逻辑的关系.

在附录中介绍自然推演中形式证明的一种简单形式.

本书以计算机专业的研究生和本科生为主要对象，亦可供计算机科学工作者和有关专业的读者参考.

我愿意向许多人表示深深的感谢. 胡世华教授无私地教给我数理逻辑. 在本书的写作和修订过程中，王世强教授、唐稚松教授、许孔时教授、杨东屏教授，以及已故的吴允曾教授，提出了宝贵的意见和建议. 同类的书给我有益的启发. 我从 1978 年开始在中国科学技术大学研究生院（北京），从 1982 年开始在清华大学讲授数理逻辑课程，在教学实践中经常与助教和学生讨论问题，这对我考虑改进本书的写作很有帮助.

中国科学院软件研究所支持我编写本书. 中国科学技术大学

研究生院（北京）和清华大学将本书作为教材. 中国科学院研究生教材出版基金给本书以资助. 科学出版社为本书的出版给予了大力支持. 我谨向这些单位表示衷心感谢.

最后，我愿向爱妻丁衣表示谢忱. 她为本书抄写部分文稿，并在写作过程中给我时间和鼓励.

因限于自己的水平，书中的缺点和错误是难免的，请读者批评指正.

陆钟万

中国科学院软件研究所

中国科学技术大学研究生院（北京）

1996 年 10 月

目　　录

绪　　论

　　数理逻辑是用数学方法研究逻辑问题,特别是研究数学中的逻辑问题的学科.

　　逻辑推理是由前提推出结论.前提和结论都是命题.命题是真的或是假的,命题的真或假由命题的内容是否符合客观实际确定.有些逻辑学家愿意用"语句"这个词而不用"命题".他们的理由可能是,在自然语言中语句是用于表达的单位,而命题是语句所肯定的.

　　当前提的真蕴涵结论的真时,称前提和结论之间有**可推导性关系**,即前提和结论之间的推理是正确的.称这种推理为**演绎推理**.**演绎逻辑**研究怎样的前提和结论之间有可推导性关系.

　　归纳逻辑与演绎逻辑不同.从真的前提出发,使用归纳推理,得到的结论只能要求它自身是协调的,或者它与前提是协调的("协调性"见 4.2 节),但结论不一定是真的.在归纳推理中,前提的真并不蕴涵结论的真.

　　本书陈述的数理逻辑属于演绎逻辑的范围.

　　下面是几个例子.

1) $\begin{cases} \text{所有 3 的倍数的数字之和是 3 的倍数.(前提)} \\ 10^{10}\text{的数字之和不是 3 的倍数.(前提)} \\ 10^{10}\text{不是 3 的倍数.(结论)} \end{cases}$

其中的推理是正确的,并且其中的前提和结论都是真命题.这个推理的正确性好像与其中前提和结论的真有关系,实际上并非如此.

　　再看下面的:

2) $\begin{cases} \text{所有中学生打网球.(前提)} \\ \text{王君不打网球.(前提)} \\ \text{王君不是中学生.(结论)} \end{cases}$

其中的推理也是正确的,并且它的正确性与1)中推理正确性的依据是完全相同的.但是2)中的前提和结论都未必是真命题.

因此,推理是否正确,与推理中前提和结论的真或假是没有关系的.可推导性只要求前提的真蕴涵结论的真,不要求前提和结论的真.数理逻辑不研究前提和结论的真或假,而是研究前提的真是否蕴涵结论的真.

那么,可推导性关系是由什么决定的呢?

命题有内容,它决定命题的真或假.此外,命题还有逻辑形式,简称为形式.决定前提和结论之间的可推导性关系的是它们的逻辑形式.

上式1)和2)中的前提和结论分别有以下的逻辑形式:

$$3) \begin{cases} S \text{ 中的所有元有 } R \text{ 性质.(前提)} \\ a \text{ 没有 } R \text{ 性质.(前提)} \\ a \text{ 不是 } S \text{ 中的元.(结论)} \end{cases}$$

显然,任何三个命题,如果它们分别具有3)中的逻辑形式,那么由其中的前两个命题能推导出第三个命题.(不论 S 是怎样的集,R 是怎样的性质,a 是怎样的元.)

由此可见,数理逻辑研究推理时涉及对前提和结论的分析,这时所注意的是它们的由内容抽象出的逻辑形式.

陈述命题要使用语言.当在自然语言中陈述命题并且分析它们的逻辑形式时,有时会产生误会.例如下面的4)和5):

$$4) \begin{cases} X \text{ 认识 Y.(前提)} \\ Y \text{ 是足球队长.(前提)} \\ X \text{ 认识足球队长.(结论)} \end{cases}$$

$$5) \begin{cases} X \text{ 认识 A 班某学生.(前提)} \\ A \text{ 班某学生是足球队长.(前提)} \\ X \text{ 认识足球队长.(结论)} \end{cases}$$

其中的相应命题在语言上都是相似的.但是,4)中的推理是正确的,而5)中的推理是不正确的.这是由于,4)中的两个 Y 是同一个人,5)中的两个 A 班某学生未必是同一个人.因此,自然语言中语言上的相似并不保证逻辑形式上的相同.为了使 5)中的推理正确,需要增加一个前提:两个 A 班某学生是同一个人.

根据上述理由,在数理逻辑中要构造一种符号语言来代替自然语言.这种人工构造的符号语言称为**形式语言**.在形式语言中使用符号构成公式.公式用来表示命题.形式语言中的公式能够精确地表示命题的逻辑形式.需要说明,并不是不能把自然语言中命题的逻辑形式弄精确,而是使用公式表示命题能够更方便地做到这一点.

像在自然语言中的情形一样,形式语言也有语义和语法.**语义**涉及符号和符号表达式的涵义(当给符号以某种解释时).**语法**涉及符号表达式的形式结构,不考虑任何对形式语言的解释.形式语言的语义和语法既有联系,又要区分.

讨论问题是在某个语言中进行的.但是现在的情形是,所讨论的对象本身就是语言.因此要涉及两个不同层次的语言.被讨论的语言称为**对象语言**,它就是前面所说的形式语言.讨论对象语言时所用的语言称为**元语言**.本书所使用的元语言是自然语言汉语.

从传统来说,数学不把它的推理方法和语言作为研究的对象.例如,集论研究集,集的关系和函数,但并不研究它所使用的推理.数理逻辑试图用数学的方法研究这些方面,首先是把数学的语言和推理方法弄精确.于是数理逻辑成为数学的新的分支.

通常把近代数理逻辑的思想溯源到 Leibniz(1646～1716). Leibniz 力图建立一种精确的、普遍适用的科学语言,并且寻求一种推理的演算,以便能够用计算来解决辩论和意见不一致的问题. Leibniz 的这些想法在 Frege[1879]中得以完成,因此把数理逻辑的历史回溯到从这一年开始.

上述精确的普遍适用的科学语言是将在以后各章中构造的形式语言,推理演算是后面将要发展的形式推演系统.

第一章 预备知识

本书的内容是自足的.预备知识包括集以及归纳定义和归纳证明的基本概念,使用标准的陈述和记号.熟悉这些内容的读者可以略去,或者当需要时参考.

1.1 集

本节简要陈述集的基本概念以及关于可数集的基本定理,没有给出证明.需要时请读者参考集论的书.

集(也称为**集合**)由某些对象汇集而成.称这些对象为集的元.我们用

$$a \in S$$

表示 a 是集 S 的元,用

$$a \notin S$$

表示 a 不是 S 的元.

为了方便,我们用

$$a_1, \cdots, a_n \in S$$

表示 $a_1 \in S, \cdots, a_n \in S$;用

$$a_1, \cdots, a_n \notin S$$

表示 $a_1 \notin S, \cdots, a_n \notin S$.

集由所含的元确定.称集 S 和 T 为**相等的**,记作

$$S = T$$

当且仅当它们含相同的元,就是说,对于所有 x,$x \in S$,当且仅当 $x \in T$.

$S \neq T$ 表示 S 和 T 是不相等的,就是说,存在 x,使得 $x \in S$,

当且仅当 $x \not\in T$.

集所含元的全体称为它的**外延**,故集由其外延确定,集的**内涵**是它的元所共有的性质.例如,非负偶数集的外延是

$$\{0,2,4,\cdots\},$$

它的内涵是"被 2 整除的自然数".集 $\{a,b,c\}$ 的外延是 a,b 和 c,它的内涵是"是 a 或 b 或 c".

称 S 为 T 的**子集**,记作

$$S \subseteq T$$

当且仅当对于所有 x, $x \in S$ 蕴涵 $x \in T$.所有集是它自己的子集.$S = T$ 当且仅当 $S \subseteq T$,并且 $T \subseteq S$.

称 S 为 T 的**真子集**,当且仅当 $S \subseteq T$,并且 $S \ne T$.

一个含有 $a_1, \cdots, a_n$ 为元的集记作

$$\{a_1, \cdots, a_n\}.$$

显然,我们有

$$\{a\} = \{a,a\},$$
$$\{a,b\} = \{b,a\} = \{a,b,b\} = \{a,b,b,a\},$$
$$\{a,b,c\} = \{c,b,a\} = \{b,c,b,a\}.$$

因此,构成集的成分与集中元的次序和重复是没有关系的.

空集 $\varnothing$ 是一个特殊的集,其中没有元.$\varnothing$ 是任何集 S 的子集.这个命题的真是不需要证明就能够肯定的,因为当证明 $\varnothing \subseteq S$(即证明对于所有 $\varnothing$ 中的元 x, $x \in S$ 成立)时,什么事情也不需要做.或者换言之,$\varnothing \subseteq S$ 不成立就是说,存在 x 使得 $x \in \varnothing$,并且 $x \not\in S$,这是不可能的.

我们用

$$\{x \mid \text{---} x \text{---}\}$$

表示由所有使得 ——x——(它是一个讲到 x 的命题)成立的对象 x 构成的集.例如,令

$$S = \{x \mid x < 100, \text{并且 } x \text{ 是素数}\},$$
$$T = \{x \mid x = 0 \text{ 或 } x = 1 \text{ 或 } x = 2\},$$

那么 S 是所有小于 100 的素数构成的集, $T = \{0, 1, 2\}$.

集 $\{x \mid x \in S,$ 并且—x—$\}$. 可以记作

$$\{x \in S \mid —x—\}.$$

我们定义

$$\bar{S} = \{x \mid x \notin S\},$$

$$S \cup T = \{x \mid x \in S \text{ 或 } x \in T\},$$

$$S \cap T = \{x \mid x \in S \text{ 并且 } x \in T\},$$

$$S - T = \{x \mid x \in S \text{ 并且 } x \notin T\}.$$

称 $\bar{S}$ 为 S 的**补(集)**, 分别称 $S \cup T, S \cap T$ 和 $S - T$ 为 S 和 T 的**并(集), 交(集)** 和 **差(集)**.

称 S 和 T 为不相交的, 当且仅当 $S \cap T = \varnothing$.

更一般地, 设 $S_1, \cdots, S_n (n \geq 2)$ 是集, 我们令

$$S_1 \cup \cdots \cup S_n = \{x \mid \text{有 } i = 1, \cdots, n, \text{使得 } x \in S_i\},$$

$$S_1 \cap \cdots \cap S_n = \{x \mid \text{对于每一 } i = 1, \cdots, n, x \in S_i\}.$$

设 $\{S_i \mid i \in I\}$ 是由集构成的集, 其中作为元的集 S_i 以 I 中的元 i 为指标. 于是我们令

$$\bigcup_{i \in I} S_i = \{x \mid \text{有 } i \in I \text{ 使得 } x \in S_i\},$$

$$\bigcap_{i \in I} S_i = \{x \mid \text{对于每一 } i \in I, x \in S_i\}.$$

它们分别是 $\{S_i \mid i \in I\}$ 的并和交.

对象 a 和 b 的**有序偶**记作

$$\langle a, b \rangle.$$

于是 $\langle a, b \rangle = \langle c, d \rangle$, 当且仅当 $a = c$, 并且 $b = d$. $\langle a, b \rangle$ 与 $\{a, b\}$ 是不同的.

有序 n 元组

$$\langle a_1, \cdots, a_n \rangle$$

与有限序列 $a_1, \cdots, a_n$ 相同, 于是有 $\langle a_1, \cdots, a_n \rangle = \langle b_1, \cdots, b_m \rangle$, 当且仅当 $n = m$, 并且对于 $i = 1, \cdots, n, a_i = b_i$. $\langle a_1, \cdots, a_n \rangle$ 与 $\{a_1, \cdots, a_n\}$ 是不同的.

有序 n 元组构成的集也记作

$$\{\langle x_1,\cdots,x_n\rangle\,|\,-x_1-,并且\cdots,并且-x_n-\}.$$

例如,

$$\{\langle m,n\rangle\,|\,m,n\ 是自然数并且\ m<n\}$$

是自然数的序偶的集,其中序偶的第一个数小于第二个数.

集 $S_1,\cdots,S_n$ 的**笛卡儿积** $S_1\times\cdots\times S_n$ 的定义如下:

$$S_1\times\cdots\times S_n=\{\langle x_1,\cdots,x_n\rangle\,|\,x_1\in S_1,并且\cdots,并且\ x_n\in S_n\}.$$

当 $S_1,\cdots,S_n$ 都相同时,S 的 n 次笛卡儿积 S^n 是

$$S^n=\underbrace{S\times\cdots\times S}_{n个S}=\{\langle x_1,\cdots,x_n\rangle\,|\,x_1,\cdots,x_n\in S\}.$$

下面要定义关系和函数.

当 $n\geqslant 2$ 时,集 S 上的 n 元**关系** R 是下面的集 R:

$$R=\{\langle x_1,\cdots,x_n\rangle\,|\,x_1,\cdots,x_n\in S,并且$$

$$x_1,\cdots,x_n\ 之间(依这个次序)有\ R\ 关系\}.$$

因此有 $R\subseteq S^n$. 当 $n=1$ 时,S 上的一元关系 R 是 S 中元的一个性质:

$$R=\{x\in S\,|\,x\ 有\ R\ 性质\},$$

这时有 $R\subseteq S$.

相等关系是任何集 S 上的一个特殊的二元关系

$$\{\langle x,y\rangle\,|\,x,y\in S\ 并且\ x=y\},$$

也就是

$$\{\langle x,x\rangle\,|\,x\in S\},$$

它是 S^2 的子集.

关系(作为集)有内涵和外延.关系的内涵是它的涵义,外延是所有有这个关系的有序 n 元组构成的集.例如自然数集上的一元关系(即性质)"是偶数",它的内涵是"被 2 整除",它的外延是

$$\{x\,|\,x\ 是自然数,并且被\ 2\ 整除\}.$$

又如自然数集上的二元关系"小于",$m<n$ 的内涵是:

$$存在不等于\ 0\ 的自然数\ x,使得\ m+x=n.$$

"小于"的外延是

$$\{\langle m,n\rangle \mid m,n \text{ 是自然数,并且 } m < n\}.$$

关系的内涵和外延是两个不同的概念.容易看出,上面所定义的关系是指它的外延.

函数(也称为**映射**) f 是由序偶构成的集,使得如果 $\langle x,y\rangle$ $\in f$,并且 $\langle x,z\rangle \in f$,则 $y = z$. f 的**定义域** $\text{dom}(f)$ 是集

$$\text{dom}(f) = \{x \mid \text{存在 } y \text{ 使得} \langle x,y\rangle \in f\};$$

f 的**值域** $\text{ran}(f)$ 是集

$$\text{ran}(f) = \{y \mid \text{存在 } x \text{ 使得} \langle x,y\rangle \in f\}.$$

若 f 是函数,并且 $x \in \text{dom}(f)$,则使得 $\langle x,y\rangle \in f$ 成立的唯一的 y 记作 $f(x)$,并且称为 f **在 x 处的值**.若 f 是函数,并且 $\text{dom}(f) = S, \text{ran}(f) \subseteq T$,则称 f 为**由 S 到 T(中)的函数**(或称 f **映射 S 到 T 中**),并且记作

$$f: S \to T.$$

若除此之外还有 $\text{ran}(f) = T$ 成立,则称 f **映射 S 到 T 上**(f 是**满射**).函数 f 是**一一函数(内射)**,如果 $f(x) = f(y)$ 蕴涵 $x = y$.

集 S 上的 n 元函数 f 是映射 S^n 到 S 中的函数.例如,后继是自然数集 N 上的一元函数,加和乘是 N 上的二元函数.

如果 f 是 n 元函数,并且 $\langle x_1, \cdots, x_n\rangle \in \text{dom}(f)$,则我们用

$$f(x_1, \cdots, x_n)$$

表示 $f(\langle x_1, \cdots, x_n\rangle)$.

设 R 是 S 上的 n 元关系,$S_1 \subseteq S$. **R 到 S_1 上的限制**是 n 元关系 $R \cap S_1^n$.

设 $f: S \to T$ 是函数,$S_1 \subseteq S$. **f 到 S_1 上的限制**是函数

$$f \mid S_1 : S_1 \to T,$$

它的定义如下:

$$\text{对于每一 } x \in S_1, (f \mid S_1)(x) = f(x).$$

设 R 是二元关系.我们通常用

$$xRy$$

表示 $\langle x,y\rangle \in R$.

我们定义以下的概念.

R 在 S 上是**自反的**,当且仅当对于任何 $x \in S$,xRx.

R 在 S 上是**对称的**,当且仅当对于任何 $x, y \in S$,如果 xRy,则 yRx.

R 在 S 上是**传递的**,当且仅当对于任何 $x, y, z \in S$,如果 xRy,并且 yRz,则 xRz.

R 是 S 上的**等价关系**,并且仅当 R 在 S 上是自反的、对称的和传递的.

设 R 是 S 上的等价关系.对于任何 $x \in S$,称集

$$\bar{x} = \{y \in S \mid xRy\}$$

为 x 的 R **等价类**.于是,R 等价类作出 S 的一个**划分**,就是说,这些 R 等价类是 S 的子集,并且 S 的每个元恰好属于一个 R 等价类.(也就是说,这些 R 等价类是两两不相交的,并且它们的并就是 S.)于是,对于任何 $x, y \in S$,有

$$\bar{x} = \bar{y} \text{ 当且仅当} xRy.$$

集的**基数**是对集的大小的衡量.对于有限集,可以用自然数来衡量它的大小.基数将这种情形推广到无限集.

称两个集 S 和 T 为**等势的**,记作

$$S \sim T$$

当且仅当存在由 S 到 T 上的一一函数.等势显然是等价关系.我们可以用等势将集分类,使得两个集属于同一个类,当且仅当它们是等势的.等势的有限集合有相同数目的元.于是我们可以用等势的概念将集所含元的数目这一概念给予推广,使之包含无限集的情形.

集 S 的**基数**(或势),记作

$$|S|,$$

和 S 有这样的联系,使得

$$|S| = |T| \text{ 当且仅当} S \sim T.$$

就是说,两个集有相同的基数,当且仅当它们是等势的.当 S 是有限集时,$|S|$ 是某一自然数,因为对于有限集 S,有自然数 n,使得

S 与 $\{0,\cdots,n-1\}$ 等势.

我们注意, $|\varnothing|=0$.

$|S|\leqslant|T|$ 定义为,存在由 S 到 T 中的一一函数.

称 S 为**可数无限的**,当且仅当 $|S|=|N|$. 称 S 为**可数的**,当且仅当 $|S|\leqslant|N|$,就是说,可数集是有限集或可数无限集.

下面陈述关于可数集的一些基本定理.

定理 1.1.1 可数集的子集是可数的.

定理 1.1.2 有限个可数集的并是可数的.

定理 1.1.3 可数个可数集的并是可数的.

定理 1.1.4 有限个可数集的笛卡儿积是可数的.

定理 1.1.5 所有以可数集的元为分量的有限序列构成的集是可数的.

1.2　归纳定义和归纳证明

归纳定义是定义集合的一种方法.对于用归纳定义给出的集合,要证明其中所有的元都有某个性质,通常用归纳证明.

集合的归纳定义通常包括若干规则,用来生成其中的元,然后再说明,只有由这些规则生成的对象才是这个集合的元.

归纳定义的一种等价的陈述是将所要定义的集合刻画为封闭于这些规则的最小的集.

归纳定义的一个基本的例子是关于自然数集 N 的定义.

定义 1.2.1

(i) $0\in N$.

(ii) 对于任何 n,如果 $n\in N$,则 $n'\in N$(n' 是 n 的后继).

(iii) 只有由(有限次使用)(i)和(ii)生成的 $n\in N$.

附注 定义 1.2.1 给出自然数集 N 的定义.由于在定义中出现了 N,这好像是 N 已经被定义了,定义 1.2.1 是使用被定义了的 N 来定义 N 自己.实际上并不是如此.前面讲过,集由它的外延确定,因此定义 N 就是要确定它的外延.当其外延尚未确定时,

N 是没有被定义的.定义 1.2.1 中的(i)说 N 含 0 这个元,在这个命题中 N 的外延是没有确定的.同样,在(ii)和(iii)中,N 的外延也是没有确定的.所以定义 1.2.1 中的 N 不是已经被定义的.定义 1.2.1 才是确定了 N 的外延,即定义了 N.

定义 1.2.1 可以等价地陈述如下.

定义 1.2.2 N 是满足以下的(i)和(ii)的 S 中的最小集:

(i) $0 \in S$.

(ii) 对于任何 n,如果 $n \in S$,则 $n' \in S$.

定义 1.2.2 是说,N 满足(i)和(ii),并且对于任何满足(i)和(ii)的 S,$N \subseteq S$.

设 R 是一个性质,用 $R(x)$ 表示 x 有 R 性质.

定理 1.2.3 如果

(i) $R(0)$;

(ii) 对于任何 $n \in N$,如果 $R(n)$,则 $R(n')$;

则对于任何 $n \in N$,$R(n)$.

证 令 $S = \{n \in N \mid R(n)\}$.容易证明,$S$ 满足定义 1.2.2 中的(i)和(ii).因此 $N \subseteq S$,就是说,对于任何 $n \in N$,$R(n)$. □

使用定理 1.2.3 作出的证明称为**归纳证明**(即用归纳法作出的证明).关于归纳证明,我们使用以下的术语.命题"对于任何 $n \in N$,$R(n)$"是**归纳命题**,就是要用归纳法证明的命题,其中的变元 n 是**归纳变元**,这是说,当证明归纳命题时,要对 n 作归纳.证明分为两步.第一步,称为(归纳的)**基始**,是证明定理 1.2.3 中的(i),即 0 有 R 性质.第二步,称为**归纳步骤**,是证明其中的(ii),即后继运算保存 R 性质.归纳步骤中的假设 $R(n)$ 称为**归纳假设**.在归纳步骤中,一般要用归纳假设,但有时候也可以不用.

定理 1.2.3 中的条件(ii)可以换为

(ii') 对于任何 $n \in N$,如果 $R(0), \cdots, R(n)$,则 $R(n')$.

就是说,定理中的归纳命题也能够由(i)和(ii')推出.这是归纳证明的另一种形式,称为**串值归纳法**.串值归纳法的证明如下:

令 $S=\{n\in N\mid R(0),$并且$\cdots$,并且 $R(n)\}$. 由(i)和 $0\in N$ (见定义 1.2.1(i)),可得 $0\in S$. 设 $n\in S$,即 $n\in N$ 并且 $R(0)$, $\cdots,R(n)$. 根据(ii'),由此可得 $R(n')$. 根据定义 1.2.1(ii),由 $n\in N$ 可得 $n'\in N$. 于是得到 $n'\in S$. 因此 S 满足定义 1.2.2 中的 (i)和(ii),从而有 $N\subseteq S$,这就证明了"对于任何 $n\in N,R(n)$".

串值归纳法还有另一种形式,在其中使用(ii'')来替换(i)和 (ii'):

(ii'') 对于任何 $n\in N$,如果对于所有

$$m<n,R(m),\text{则 } R(n).$$

当 $n=0$ 时,(ii'')是

1)如果对于所有 $m<0,R(m),$则 $R(0)$.

因为"$m<0$"是假的,所以"对于所有 $m<0,R(m)$"(它就是"如 果 $m<0$,则 $R(m)$")是真的. 于是,由 1)得到 $R(0)$,它就是(i). (ii')显然能由(ii'')得到. 因此,"对于任何 $n\in N,R(n)$"能由(ii'') 推导出.

在归纳定义的集上定义函数,可以采用递归定义的方法. 在递 归定义中,用已经得到的函数值和给定的函数来计算现在要求的 函数值.

例如,令 g 和 h 是 N 上的已知函数,则下列方程:

$$\begin{cases} f(0) = g(0), \\ f(n') = h(f(n)). \end{cases}$$

由 g 和 h 定义了 N 上的函数 f. 虽然初看时 f 好像是由它自己定 义的,然而情形并非如此. 因为,对于任何 $n\in N,f(n)$ 的值能够 由上述定义 f 的方程通过 $f(0),\cdots,f(n-1)$ 计算出来. 称这种定 义为**递归定义**.

定理 1.2.4(递归定义原理)   设 g 和 h 是 N 上的已知函数. 存在唯一的 N 上的函数 f,使得

$$\begin{cases} f(0) = g(0), \\ f(n') = h(f(n)). \end{cases}$$

证   对 n 作归纳.   □

递归定义中的第二个方程可以有以下的形式:
$$f(n') = h(n, f(n)),$$
其中的 h 是 n 和 $f(n)$ 的二元函数, n 是在计算出 $f(n')$ 之前使用第二个方程的次数.

集 S 的归纳定义的一般情形如下.假设给出了集 M 和 n_i 元函数 $g_i(i = 1, \cdots, k)$, S 是最小的集 T, 使得 $M \subseteq T$, 并且对于任何 $x_1, \cdots, x_{n_i} \in T, g_i(x_1, \cdots, x_{n_i}) \in T$.

于是, 当用归纳法证明 S 的每一元有某个性质这样的命题时, 基始是证明 S 中那种直接生成的元(指给定的集 M 中的元)有这个性质, 归纳步骤是证明给定的函数 $g_i(i = 1, \cdots, k)$ 保存这个性质, 就是说, 当 S 的任何的元 $x_1, \cdots, x_{n_i}$ 有这个性质时(归纳假设), 由这些元经过使用 g_i 而生成的元也有这个性质.

递归定义原理的一般情形如下.设 S 是上述的归纳定义的集.令
$$h : M \to S,$$
$$h_i : S^{n_i} \to S(i = 1, \cdots, k)$$
是已知函数.于是存在唯一的 S 上的函数 f 使得
$$\begin{cases} f(x) = h(x), & \text{对于任何 } x \in M, \\ f(g_i(x_1, \cdots, x_{n_i})) = h_i(f(x_1), \cdots, f(x_{n_i})), \\ & \text{对于任何 } x_1, \cdots, x_{n_i} \in S. \end{cases}$$

我们注意, 自然数集 N 中的元都有唯一的生成过程, 即任何 $n \in N, n$ 必定是由 0 出发, 经 n 次使用后继运算而生成.另外, 在 N 上用递归的方法定义函数时, 有递归定义原理(定理 1.2.4)成立.但是一般地, 归纳定义的集 S 中的元未必都有唯一的生成过程.例如, 令 $M = \{0, 1\}$, g_1 是一元函数, 使得
2) $$g_1(0) = 1, \quad g_1(1) = 0.$$
于是有 $S = \{0, 1\}$.这样, S 中的元 0 和 1 可以是来自 M, 即由 M 直接生成, 也可以是由 2)使用 g_1 生成.因此 0 和 1 的生成过程都不是唯一的.

令 h 和 h_1 是 S 上的已知函数：
$$h(0) = h_1(0) = 0,$$
$$h(1) = h_1(1) = 1.$$

我们用递归的方法定义 S 上的函数 f 如下：

3) $\begin{cases} f(x) = h(x) & 若 \ x \in M, \\ f(g_1(x)) = h_1(f(x)) & 若 \ x \in S. \end{cases}$

于是，当 $0,1 \in M$ 时，有
$$f(0) = h(0) = 0,$$
$$f(1) = h(1) = 1.$$

当 $0 = g_1(1), 1 = g_1(0)$，并且 $g_1(1)$ 中的 1 和 $g_1(0)$ 中的 0 都是 M 中的元时，有
$$f(0) = f(g_1(1)) = h_1(f(1)) = h_1(1) = 1,$$
$$f(1) = f(g_1(0)) = h_1(f(0)) = h_1(0) = 0.$$

这样，对于由 3) 定义的 f 来说，递归定义原理（定理 1.2.4）是不成立的. 由此可见，当涉及归纳定义的集 S 上的函数 f 的递归定义和递归定义原理时，应当要求 S 中的元有唯一的生成过程.

归纳定义和递归定义将在形式语言的语法和语义的陈述中被广泛地使用.

在结束本章之前，我们附带说明，本书将使用数学中以下标准的习惯用法.

符号 $\Rightarrow$ 表示"蕴涵"，$\Leftrightarrow$ 表示"当且仅当". 我们也用 $\Leftarrow$ 表示 $\Rightarrow$ 的逆.

设 $\mathscr{A}_1, \cdots, \mathscr{A}_n$ 是命题. 我们用
$$\mathscr{A}_1 \Rightarrow \mathscr{A}_2 \Rightarrow \cdots \Rightarrow \mathscr{A}_n$$
表示"$\mathscr{A}_1 \Rightarrow \mathscr{A}_2, \cdots, \mathscr{A}_{n-1} \Rightarrow \mathscr{A}_n$"；用
$$\mathscr{A}_1 \Leftrightarrow \mathscr{A}_2 \Leftrightarrow \cdots \Leftrightarrow \mathscr{A}_n$$
表示"$\mathscr{A}_1 \Leftrightarrow \mathscr{A}_2, \cdots, \mathscr{A}_{n-1} \Leftrightarrow \mathscr{A}_n$".

本书每章分为若干节. 定义和定理（包括引理和推论）在每一节中是依次编号的，以便于看出其先后关系. 例如，"定义 1.2.2"

表示第一章第 1.2 节中的第 2 个项目,它是一个定义.习题在每节中另作编号.

为了引用,将一节中的某些公式和陈述记为"1)","2)"等,在证明和例子中记为"(1)","(2)"等.

符号□表示证明的结束,或者当它紧接在定理(包括引理和推论)之后出现时,表示省略了比较容易的证明.

在文中引用参考文献时,给出作者和文献的出版年份.

第二章　经典命题逻辑

本书从第二章到第六章介绍经典逻辑.命题是真的或是假的.真和假是命题的值.命题取真和假中之一为值.对于任何命题 $\mathscr{A}$,命题

$\mathscr{A}$ 或并非 $\mathscr{A}$

总是真的.这些是经典逻辑的观点.本章先介绍经典命题逻辑.

命题逻辑是数理逻辑的一部分.命题逻辑只包括一部分逻辑形式和规律.

在命题逻辑中,以简单命题作为基本单位;由简单命题出发,经过使用联结词,构成复合命题.命题逻辑的特征在于,在研究命题的逻辑形式时,只分析复合命题的逻辑形式,把复合命题分析到初始的命题成分即简单命题为止,不再分析下去,不把简单命题分析为非命题成分的结合,不分析简单命题的逻辑形式.在命题逻辑中,简单命题被看作一个整体,它是真的或是假的.通过这样的分析显示出的逻辑形式和有关的规律属于命题逻辑.

例如,下面的

由"$\mathscr{A}$ 或 $\mathscr{B}$"和"非 $\mathscr{A}$"推出 $\mathscr{B}$.

是一个正确的推理,其中的"$\mathscr{A}$ 或 $\mathscr{B}$"和"非 $\mathscr{A}$"是复合命题的逻辑形式.我们不需要进一步对 $\mathscr{A}$ 和 $\mathscr{B}$ 作分析,就可以看出这个推理的正确性.这个推理的正确性由其中复合命题的形式结构所确定,而与其组成部分的形式结构无关.

命题逻辑研究复合命题之间的可推导性关系.复合命题的逻辑形式是由联结词确定的.所以,命题逻辑又称为联结词的逻辑.

2.1 联 结 词

前面讲过,联结词确定复合命题的逻辑形式.在本节中将说明这个问题.

称使用联结词构成的命题为**复合命题**.最常用的联结词是"**非(并非)**","**与(并且)**","**或(或者)**","**蕴涵(如果,则)**"和"**等值于(当且仅当**或**其必要和充分条件是)**".其中的"非"联结一个命题,其他的联结词都联结两个命题.

下面是复合命题的一些例子:

1) 2 不是奇数(并非 2 是奇数).

2) 2 是偶数和素数(2 是偶数并且 2 是素数).

3) 如果四边形的一对对边平行又相等,则它是平行四边形.

复合命题的成分可以仍然是复合命题,也可以不是.例如,1) 的成分是"2 是奇数",它不是复合命题;3) 的一个成分"四边形的一对对边平行又相等"仍然是复合命题.

复合命题的初始成分不是复合命题.不是复合命题的命题称为**简单命题**.简单命题不使用联结词构成.

命题是真的或是假的.真和假是命题的**值**(也称为**真假值**).真命题的值是**真**,假命题的值是**假**.命题取真和假中之一为值.通常用"1"表示真,"0"表示假.

复合命题的值由构成它的成分的值以及所用的联结词确定.令 $\mathscr{A}$ 和 $\mathscr{B}$ 是任何命题.由常用的联结词构成以下的复合命题:

$$\text{非 } \mathscr{A}.$$

$$\mathscr{A} \text{ 与 } \mathscr{B}.$$

$$\mathscr{A} \text{ 或 } \mathscr{B}.$$

$$\mathscr{A} \text{ 蕴涵 } \mathscr{B}.$$

$$\mathscr{A} \text{ 等值于 } \mathscr{B}.$$

我们来考虑怎样确定这些复合命题的值.

显然,$\mathscr{A}$ 的值是真,当且仅当"非 $\mathscr{A}$"的值是假.这个情形可以用下面的表说明：

$\mathscr{A}$	非 $\mathscr{A}$
1	0
0	1

这时 $\mathscr{A}$ 有怎样的内容和我们所要讨论的问题是没有关系的.

"$\mathscr{A}$ 与 $\mathscr{B}$"的值是真,当且仅当 $\mathscr{A}$ 和 $\mathscr{B}$ 的值都是真.因此我们有下面的表：

$\mathscr{A}$	$\mathscr{B}$	$\mathscr{A}$ 与 $\mathscr{B}$
1	1	1
1	0	0
0	1	0
0	0	0

这个表的横线下边竖线左边的四行中的每一行对应于 $\mathscr{A}$ 和 $\mathscr{B}$ 的值的一种可能的组合,横线下边竖线右边的一列给出"$\mathscr{A}$ 与 $\mathscr{B}$"的相应的值.

关于"$\mathscr{A}$ 或 $\mathscr{B}$",要多作一些说明.根据"或"的通常的涵义,当 $\mathscr{A}$ 和 $\mathscr{B}$ 中之一的值是真时,"$\mathscr{A}$ 或 $\mathscr{B}$"的值是真;当 $\mathscr{A}$ 和 $\mathscr{B}$ 的值都是假时,"$\mathscr{A}$ 或 $\mathscr{B}$"的值是假.然而,当 $\mathscr{A}$ 和 $\mathscr{B}$ 的值都是真时,"$\mathscr{A}$ 或 $\mathscr{B}$"的值却要根据其中的"或"有怎样的涵义来确定.这时,"或"可以有相容的(或称为可兼的)涵义,从而"$\mathscr{A}$ 或 $\mathscr{B}$"的意思是"$\mathscr{A}$ 真或 $\mathscr{B}$ 真或两者都真";"或"也可以有不相容的(或称为不可兼的)涵义,从而"$\mathscr{A}$ 或 $\mathscr{B}$"的意思是"$\mathscr{A}$ 真或 $\mathscr{B}$ 真但不是两者都真".例如,"给他选购诗集或小说."中的"或"是相容的;但"他今天或明天来."中的

"或"是不相容的.又如由 $ab=0$ 得到 $a=0$ 或 $b=0$,其中的"或"是相容的;但由 $(a-1)(a-2)=0$ 得到 $a=1$ 或 $a=2$,其中的"或"是不相容的.

在数学中,一般使用"或"的相容的涵义,因此"$\mathscr{A}$ 或 $\mathscr{B}$"的值确定如下:

$\mathscr{A}$	$\mathscr{B}$	$\mathscr{A}$ 或 $\mathscr{B}$
1	1	1
1	0	1
0	1	1
0	0	0

关于"$\mathscr{A}$ 蕴涵 $\mathscr{B}$"("如果 $\mathscr{A}$ 则 $\mathscr{B}$")的值,需要作更多的说明.

日常语言中所使用的"蕴涵"和"如果,则",或者它们在其他自然语言中的翻译,好像经常是指它们所联结的两个命题之间的某种联系.当这样被使用时,它们可以有很多的涵义,这个问题不在本书中讨论.这里将采用这些词的一种用法,即"$\mathscr{A}$ 蕴涵 $\mathscr{B}$"的涵义是"$\mathscr{A}$ 的真蕴涵 $\mathscr{B}$ 的真"(就是"如果 $\mathscr{A}$ 真,则 $\mathscr{B}$ 真"),或者也就是"并非 $\mathscr{A}$ 真 $\mathscr{B}$ 假".按照这个用法,"$\mathscr{A}$ 蕴涵 $\mathscr{B}$"的值由下面的表确定:

$\mathscr{A}$	$\mathscr{B}$	$\mathscr{A}$ 蕴涵 $\mathscr{B}$
1	1	1
1	0	0
0	1	1
0	0	1

表中当 $\mathscr{A}$ 真 $\mathscr{B}$ 假时,"并非 $\mathscr{A}$ 真 $\mathscr{B}$ 假"是假的,因此"$\mathscr{A}$ 蕴涵 $\mathscr{B}$"是假的.当 $\mathscr{A}$、$\mathscr{B}$ 都真或 $\mathscr{A}$ 假 $\mathscr{B}$ 真或 $\mathscr{A}$、$\mathscr{B}$ 都假时,"并非 $\mathscr{A}$ 真 $\mathscr{B}$ 假"是真的,因此"$\mathscr{A}$ 蕴涵 $\mathscr{B}$"是真的.应当特别引起注意,当 $\mathscr{A}$ 假时,不论 $\mathscr{B}$ 有怎样的值,"$\mathscr{A}$ 蕴涵 $\mathscr{B}$"的值是真.

人们可能会难以接受上述真假值表中当 $\mathscr{A}$ 假时的两种情形,觉得当 $\mathscr{A}$ 假时的"$\mathscr{A}$ 蕴涵 $\mathscr{B}$"是不能说它有真假值的,或者觉得这种命题是没有用处的或是没有意义的.然而,当把"$\mathscr{A}$ 蕴涵 $\mathscr{B}$"理解为"$\mathscr{A}$ 的真蕴涵 $\mathscr{B}$ 的真"时,我们并不要求从 $\mathscr{A}$ 的假推出任何结论.下面的例

4)   如果 $x>3$,则 $x^2>9$.

能有助于说明这个问题.4)是真命题,不论 x 取怎样的值.当 x 取不同的值时,我们得到"$x>3$"和"$x^2>9$"的真假值的所有可能的组合.例如,当 $x=4$ 时,"$x>3$"和"$x^2>9$"都真;当 $x=-4$ 时,"$x>3$"是假,"$x^2>9$"是真;当 $x=-2$ 时,"$x>3$"和"$x^2>9$"都假.这三种组合,根据上述真假值表,都使得 4)是真.这些组合不包括"$x>3$"是真而"$x^2>9$"是假的情形,因为它使得 4)是假,而实际上 4)是真命题.注意,$\mathscr{A}$ 真和 $\mathscr{B}$ 假是唯一使得"$\mathscr{A}$ 蕴涵 $\mathscr{B}$"是假的情形.

在集论中已经说明,"对于任何集 S,$\varnothing \subseteq S$"的真是不需要证明就能肯定的.$\varnothing \subseteq S$ 是说

对于所有 $x, x \in \varnothing$ 蕴涵 $x \in S$.

这是真的,因为"$x \in \varnothing$"是假的.

一般地,当证明"$\mathscr{A}$ 蕴涵 $\mathscr{B}$"时,我们要求由 $\mathscr{A}$ 推导出 $\mathscr{B}$.但是当 $\mathscr{A}$ 是假命题时,"$\mathscr{A}$ 蕴涵 $\mathscr{B}$"是不需要证明就能肯定的;因为在这种情形,证明"$\mathscr{A}$ 蕴涵 $\mathscr{B}$"并不要求在由 $\mathscr{A}$ 推导出 $\mathscr{B}$ 上做任何事情.

以上所说的关于"蕴涵"的用法,在数学中是习惯使用的.这种用法在日常语言中是不习惯的,它不符合日常语言中的用法.但在日常语言中有时候也会使用,例如说:"如果他来,那么太阳从西边升起."说话者当然知道,"他来"和"太阳从西边升起"之间并没有联系.实际上,说话者是要肯定"他来"是假的.因为说话者肯定"他

来"是假的,所以他的整个命题是真的.

"𝒜 等值于 ℬ"与"𝒜 蕴涵 ℬ,并且 ℬ 蕴涵 𝒜"有相同的涵义.因此它的真假值由下面的表确定:

𝒜	ℬ	𝒜 等值于 ℬ
1	1	1
1	0	0
0	1	0
0	0	1

如果函数和自变元都取真假值为值,则称这个函数为真假值函数.这样,联结词是真假值函数,其中的"非"是一元真假值函数,"与","或","蕴涵"和"等值于"是二元真假值函数.

一般地,以真假值 1 和 0 的所有有序(n 元)组的集为定义域,以真假值的集 {1,0} 为值域的函数称为(n 元)**真假值函数**.

2.2 命题语言

本节将介绍命题语言 $\mathscr{L}^p$,它是命题逻辑使用的形式语言.

形式语言是符号的集合,这种符号应当同用来研究它们的元语言中的符号区分开.

$\mathscr{L}^p$ 含三类符号.第一类包括一个无限序列的**命题符号**.我们用正体小写拉丁文字母

$$p \quad q \quad r$$

(或加其他记号)表示任何命题符号.第二类包括五个**联结符号**:

$$\neg \qquad \wedge \qquad \vee \qquad \rightarrow \qquad \leftrightarrow$$

它们的标准读法和名称如下:

联结符号	读 法	名 称
⌐	非	否定(符号)
∧	与	合取(符号)
∨	或	(相容的)析取(符号)
→	蕴涵(如果,则)	蕴涵(符号)
↔	等值于(当且仅当)	等值(符号)

第三类包括两个标点符号(简称标点):

$$(\quad)$$

它们依次称为**左括号**和**右括号**.

命题符号的无限序列没有被列出. p, q, r 等是这个序列中的任何元素. 例如, p 可以是序列中的第一个命题符号, 或者第 15 个, 或者第 37 个, 等等. q 和 r 的情形类似. 因此 p 和 q 可以是不同的, 也可以是相同的. 但是在同一个上下文中的 p 的不同出现必须是同一个命题符号.

表达式是有限的符号串. 例如, p, pq, (r), p∧→q 和 (p∨q) 都是 $\mathscr{L}^p$ 的表达式.

表达式的**长度**是其中符号出现的数目. 上面给出的五个表达式的长度分别是 1, 2, 3, 4, 5.

有一个特殊的长度是 0 的表达式, 称为**空表达式**, 它是写不出来的. 空表达式与集中的空集类似. 因此就用空集的记号 ∅ 表示空表达式.

两个表达式 U 和 V 是**相等的**, 记作 U = V, 当且仅当它们有相同的长度, 并且依次有相同的符号.

如果不另作说明, 对表达式中符号的扫描总是从左向右顺序进行.

由表达式 U 和 V 依次并列而得到的表达式记作 UV. 三个或更多表达式的并列, 情形类似. 对于任何表达式 U, 显然有 U∅ = ∅U = U.

设 U, V, W$_1$ 和 W$_2$ 是表达式. 如果 U = W$_1$VW$_2$, 则 V 是 U 的**段**. 如果 V 是 U 的段并且 V≠U, 则 V 是 U 的**真段**.

任何表达式是它自己的段.空表达式是任何表达式的段.

设 U,V,W 是表达式.如果 U＝VW,则 V 是 U 的**初始段**,W 是 U 的**结尾段**.如果 W 不空,则 V 是 U 的**真初始段**.如果 V 不空,则 W 是 U 的**真结尾段**.

表达式不是我们要研究的对象,我们要由表达式定义**原子公式**和**公式**.公式(也称为**合式公式**)是研究的对象.公式相当于自然语言中符合语法规则的语句.

$\mathcal{L}^p$ 的原子公式的集和公式的集分别记作 Atom($\mathcal{L}^p$)和 Form($\mathcal{L}^p$).

定义 2.2.1 (Atom($\mathcal{L}^p$)) $\mathcal{L}^p$ 的一个表达式是 Atom($\mathcal{L}^p$)中的元,当且仅当它是单独一个命题符号.

在本节和下节中,我们临时用符号 $*$ 表示四个联结符号 $\wedge$,$\vee$,$\rightarrow$ 和 $\leftrightarrow$ 中的任何一个.

定义 2.2.2 (Form($\mathcal{L}^p$)) A∈Form($\mathcal{L}^p$),当且仅当它能由(有限次使用)以下的(i)~(iii)生成:

(i) Atom($\mathcal{L}^p$)⊆Form($\mathcal{L}^p$).

(ii) 如果 A∈Form($\mathcal{L}^p$),则($\neg$ A)∈Form($\mathcal{L}^p$).

(iii) 如果 A,B∈Form($\mathcal{L}^p$),则(A $*$ B)∈Form($\mathcal{L}^p$).

定义 2.2.2 中的(i)~(iii)是 $\mathcal{L}^p$ 的公式的**形成规则**.

定义 2.2.2 有以下的等价陈述.

定义 2.2.3 (Form($\mathcal{L}^p$)) Form($\mathcal{L}^p$)是满足以下(i)~(iii)的 S 中的最小集:

(i) Atom($\mathcal{L}^p$)⊆S.

(ii) 如果 A∈S,则($\neg$ A)∈S.

(iii) 如果 A,B∈S,则(A $*$ B)∈S.

例 表达式
$$(((\neg\ p)\leftrightarrow(q \vee r)) \rightarrow (r \wedge p))$$
是公式,它有以下的生成过程:

(1) p (由定义 2.2.2(i)).

(2) ($\neg$ p) (由定义 2.2.2(ii),(1)).

(3) q　（由定义 2.2.2(i)）.

(4) r　（由定义 2.2.2(i)）.

(5) (q∨r)　（由定义 2.2.2(iii), (3), (4)）.

(6) ((¬p)↔(q∨r))　（由定义 2.2.2(iii), (2), (5)）.

(7) (r∧p)　（由定义 2.2.2(iii), (4), (1)）.

(8) (((¬p)↔(q∨r))→(r∧p))

　　　　　（由定义 2.2.2(iii), (6), (7)）.

由原子公式 p, q, r 应用形成规则生成这个公式的过程, 可以用下面的图 (由下向上生成) 表示得更加清楚:

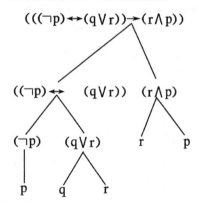

显然, 在生成公式的过程中, 我们每一步得到一个公式, 它是最后生成的公式的段.

在上述生成过程中, 步骤 (3) 和 (4) 是可以调换位置的, 因为 q 不是 r 的段, r 也不是 q 的段. 也可以把 (3) 和 (4) 换到 (2) 的前面. 但是 (1) 必须在 (2) 之前, 因为 p 是 (¬p) 的段; 同样, (3) 和 (4) 必须在 (5) 之前.

在联结符号中, ¬ 是联结一个公式的, 它是一元联结符号; ∧, ∨, → 和 ↔ 是联结两个公式的, 它们是二元联结符号.

我们用正体大写拉丁文字母

A　B　C

(或加其他记号) 表示任何公式.

A,B,C 等可以是不同的或者是相同的公式.但在同一个上下文中,A 的不同出现必须是相同的公式.这种情形以后不再一一说明.

定理 2.2.4 设 R 是一个性质.如果

(i) 对于任何 $p \in \mathrm{Atom}(\mathscr{L}^p)$, $R(p)$.

(ii) 对于任何 $A \in \mathrm{Form}(\mathscr{L}^p)$,如果 $R(A)$,则 $R((\neg A))$.

(iii) 对于任何 $A, B \in \mathrm{Form}(\mathscr{L}^p)$,如果 $R(A)$ 并且 $R(B)$,则 $R((A * B))$.

则对于任何 $A \in \mathrm{Form}(\mathscr{L}^p)$, $R(A)$.

证 令 $S = \{A \in \mathrm{Form}(\mathscr{L}^p) \mid R(A)\}$. S 满足定义 2.2.3 中的 (i)~(iii).因此 $\mathrm{Form}(\mathscr{L}^p) \subseteq S$,就是说,对于任何 $A \in \mathrm{Form}(\mathscr{L}^p)$, $R(A)$.   □

定义 2.2.2 和它的等价形式定义 2.2.3 是归纳定义.读者可以把它们同第 1.2 节中的定义 1.2.1 和定义 1.2.2 作比较,并且比较定理 2.2.4 和定理 1.2.3.

使用定理 2.2.4,我们可以证明 $\mathscr{L}^p$ 的所有公式有某个性质 R,这是归纳证明.归纳的基始是证任何原子公式有 R 性质.归纳步骤是证由使用联结符号生成的公式保存 R 性质.这就是说,对于任何公式 A,假设 A 有 R 性质(归纳假设),证($\neg$ A)有 R 性质;对于任何公式 A 和 B,假设它们有 R 性质(归纳假设),证(A * B) 有 R 性质.

称上述归纳证明为**对 $\mathscr{L}^p$ 公式的生成过程的结构作归纳**,简称为**对 $\mathscr{L}^p$ 公式的结构作归纳**.

$\mathscr{L}^p$ 这个符号集是可数集. $\mathscr{L}^p$ 的公式的长度是有限的.因此,根据第 1.1 节中陈述的集论知识,可以证明 $\mathrm{Form}(\mathscr{L}^p)$ 是可数集(请读者自证).

公式有一些重要的结构方面的性质,将在下节中讨论.

习　题

2.2.1　称 $A_1, \cdots, A_n$ 是公式 A 的**形成序列**,当且仅当 $A_n = A$,并且对于

$k=1,\cdots,n$, A_k 满足以下 (i)～(iii) 之一：

(i) $A_k \in \text{Atom}(\mathscr{L}^p)$.

(ii) 有 $i < k$ 使得 $A_k = (\neg A_i)$.

(iii) 有 $i,j < k$ 使得 $A_k = (A_i * A_j)$.

证明：$\mathscr{L}^p$ 的一个表达式是公式，当且仅当它有形成序列.

2.2.2 设在公式 A 中原子公式出现的数目是 m；$\wedge$，$\vee$，$\rightarrow$ 和 $\leftrightarrow$ 出现的总数是 n. 证明 $m = n + 1$.（注意，同一个原子公式和 $\wedge$ 等都可以在 A 中有多次出现.）

2.2.3 $\mathscr{L}^p$ 公式 A 的**复杂度** $\deg(A)$ 递归地定义如下：

$\deg(A) = 0$，对于 $A \in \text{Atom}(\mathscr{L}^p)$.

$\deg((\neg A)) = \deg(A) + 1$.

$\deg((A * B)) = \max(\deg(A), \deg(B)) + 1$.

(1) 证明 $\deg(A) \leqslant$ 联结符号在 A 中出现的总数.

(2) 给出使 (1) 中 < 或 = 成立的 A 的例子.

2.2.4 将下列命题翻译成公式（用原子公式表示简单命题）：

(1) 他既聪明又努力.

(2) 他聪明但不努力.

(3) 他没有写信，或者信遗失了.

(4) 他要努力，否则不会成功.

(5) 他要回家，除非下雨.

(6) 只有不下雨了，他才回家.

(7) 如果下雨，他就在家；否则他将上街或者去学校.

(8) 二数之和是偶数，当且仅当二数都是偶数或者都不是偶数.

(9) 如果 y 是整数则 z 不是实数，假设 x 是有理数.

2.3 公式的结构

本节将讨论公式的一些重要的结构方面的性质. 读者可以先不读证明，而通过例子直观地了解这些性质.

引理 2.3.1 $\mathscr{L}^p$ 的公式是不空的表达式. □

引理 2.3.2 $\mathscr{L}^p$ 的每一公式中，左括号和右括号出现的数目相同. □

这个引理是显然成立的.根据 $\mathscr{L}^p$ 公式的定义 2.2.2,公式是原子公式,或者是使用联结符号生成.原子公式不含括号,使用联结符号时在公式中引进一对左括号和右括号.以上的想法实际上是对公式的结构作归纳,证明了引理 2.3.2.

引理 2.3.3 在 $\mathscr{L}^p$ 的公式的任何不空的真初始段中,左括号的出现比右括号的多.在 $\mathscr{L}^p$ 的公式的任何不空的真结尾段中,左括号的出现比右括号的少.因此,$\mathscr{L}^p$ 的公式的不空的真初始段和真结尾段都不是 $\mathscr{L}^p$ 的公式.

证 对公式的结构作归纳. □

定理 2.3.4 $\mathscr{L}^p$ 的每一公式恰好具有以下六种形式之一:原子公式,$(\neg A)$,$(A \wedge B)$,$(A \vee B)$,$(A \rightarrow B)$,或$(A \leftrightarrow B)$;并且在各种情形公式所具有的那种形式是唯一的.

证 定理的内容包括四个部分:

(1) 每一公式所具有的形式包括在这六种形式之中.

(2) 这六种形式中的任何两种都不相同.

(3) 如果 $(\neg A) = (\neg A_1)$,则 $A = A_1$.

(4) 如果 $(A * B) = (A_1 *_1 B_1)$,则 $A = A_1$,$B = B_1$.($*_1$ 表示任何一个二元联结符号.)

其中的(1)和(2)是定理前半部分的内容,(3)和(4)是它后半部分的内容.

由定义 2.2.2,(1)显然成立.

证(2) 原子公式是单独一个符号,因此它和其他五种形式不同.设 $(\neg A)$ 和其他四种形式之一相同,即有 B 和 C,使得

$$(\neg A) = (B * C).$$

划去等号两边的第一个符号,得到

$$\neg A) = B * C).$$

于是 B 以 $\neg$ 开始,这是不可能的.(B 是公式,根据公式的定义,公式不能以 $\neg$ 开始.)因此 $(\neg A)$ 和 $(B * C)$ 是不同的形式.设有 A,B,A_1 和 B_1,使得

$$(A \wedge B) = (A_1 \vee B_1).$$

· 27 ·

由此可得
$$(A \wedge B) = (A_1 \vee B_1).$$
于是 A 和 A_1 以同一个符号开始,由此可得 $A = A_1$.(否则,由于 A 和 A_1 都不空,故其中的一个将是另一个的不空的真初始段,这与引理 2.3.3 矛盾.)这样,$\wedge$ 与 $\vee$ 相同,这是不可能的.因此,$(A \wedge B)$ 和 $(A_1 \vee B_1)$ 是不同的形式.任何其他两个不同的二元联结符号的情形都是类似的.

证(3)　如果 $(\neg A) = (\neg A_1)$,则显然有 $A = A_1$.

证(4)　如果 $(A * B) = (A_1 *_1 B_1)$,则由 (2) 的证明可得 $A = A_1$,因此两边的 $*$ 和 $*_1$ 是同一个符号.所以有 $B = B_1$. □

例　设
$$A = (\underbrace{((\neg p) \leftrightarrow (q \vee r))}_{B} \to \underbrace{(r \wedge p)}_{C}).$$
A 有 $(B \to C)$ 的形式,就是说,A 是使用 $\to$ 联结 B 和 C 而生成.

A 不能使用其中的 $\leftrightarrow$,$\vee$ 或 $\wedge$ 生成,就是说,下面的
$$A = (\underbrace{((\neg p)}_{U} \leftrightarrow \underbrace{(q \vee r))}_{V} \to (r \wedge p))$$

$$A = (\underbrace{(((\neg p) \leftrightarrow q}_{U_1} \vee \underbrace{r))}_{V_1} \to (r \wedge p))$$

$$A = (\underbrace{(((\neg p) \leftrightarrow (q \vee r))}_{U_2} \to (r \wedge \underbrace{p)}_{V_2})$$
都是不可能的,因为表达式 U,V,U_1,V_1,U_2 和 V_2 中,左括号和右括号出现的数目是不相同的,从而它们都不是 $\mathcal{L}^p$ 的公式(由引理 2.3.2).

此外,A 不是原子公式,A 也不能用其中的 $\neg$ 生成.所以 A 只能具有 $(B \to C)$ 的形式.

再考虑公式 $((p \vee q) \vee (p \vee r))$.根据上述论证,它能由 $(p \vee q)$ 和 $(p \vee r)$ 用它们之间的 $\vee$ 联结而生成,但不能用其他的两个 $\vee$ 联

结某些公式而生成.因此它的那种形式是唯一的.

附注 在上节中公式的定义 2.2.3 之后的例中,我们说明了,公式的生成过程中的某些步骤是可以改变顺序的.现在,根据定理 2.3.4,可以进一步看出,如果不考虑其中步骤的顺序,$\mathscr{L}^p$ 的公式的生成过程是唯一的.

根据定理 2.3.4,$\mathscr{L}^p$ 的公式只能具有六种形式中的一种形式,就是说,一个 $\mathscr{L}^p$ 的公式不能既有 $(\neg A)$ 的形式,又有 $(A \wedge B)$ 的形式,等等.因此我们有以下的定义.

定义 2.3.5(否定式,合取式,析取式,蕴涵式,等值式)

称 $(\neg A)$ 为 A 的**否定式**(简称**否定**).

称 $(A \wedge B)$ 为 A 和 B 的**合取式**(简称**合取**).称 A 和 B 为 $(A \wedge B)$ 的**合取项**.

称 $(A \vee B)$ 为 A 和 B 的**析取式**(简称**析取**).称 A 和 B 为 $(A \vee B)$ 的**析取项**.

称 $(A \rightarrow B)$ 为 A 和 B 的**蕴涵式**(简称**蕴涵**).分别称 A 和 B 为 $(A \rightarrow B)$ 的**前件**和**后件**.

称 $(A \leftrightarrow B)$ 为 A 和 B 的**等值式**(简称**等值**).

定义 2.3.6(辖域) 如果 $(\neg A)$ 是 C 的段,则称 A 为它左方的 $\neg$ 在 C 中的**辖域**.

如果 $(A * B)$ 是 C 的段,则分别称 A 和 B 为它们之间的 $*$ 在 C 中的**左辖域**和**右辖域**.

注意,定义 2.3.6 中的 A,B 和 C 都是公式.

定理 2.3.7 任何 A 中的任何 $\neg$(如果有)有唯一的辖域.任何 A 中的任何 $*$(如果有)有唯一的左辖域和右辖域.

证 在公式 A 中,任何 $\neg$ 出现时用了关于 $\neg$ 的形成规则.因此有某个 B 使得 $(\neg B)$ 是 A 的段.B 就是这个 $\neg$ 在 A 中的辖域.

二元联结符号 $*$ 的左辖域和右辖域有类似的情形.

现在我们来证明辖域的唯一性.考虑 A 中的任何 $\neg$.设 B 和 B$'$ 都是它在 A 中的辖域.由定义 2.3.6,$(\neg B)$ 和 $(\neg B')$ 都是 A 的段.由于在 B 和 B$'$ 左方的 $\neg$ 是 A 的同一个符号,所以 B 和 B$'$ 以 A

的同一个符号开始,因此有 B=B′(根据引理 2.3.3,见定理 2.3.4 的证明中关于(2)的证明).这样,$\neg$ 的辖域是唯一的.

考虑 A 中的任何 *.设 B 和 B′ 都是它在 A 中的左辖域,C 和 C′ 都是它在 A 中的右辖域.由定义 2.3.6,(B * C)和(B′ * C′)都是 A 的段.由于 B 和 C 之间的 * 与 B′ 和 C′ 之间的 * 是 A 的同一个符号,所以 B 和 B′ 以 A 的同一个符号结尾,C 和 C′ 以 A 的同一个符号开始.根据引理 2.3.3,可得 B=B′ 和 C=C′.这样,* 的左辖域和右辖域都是唯一的. □

例 设

$$A = ((\neg(p \to q)) \lor (q \land (\neg r))).$$

第一个 $\neg$ 在 A 中的辖域是(p→q);第二个 $\neg$ 的辖域是 r;→的左辖域是 p,右辖域是 q;$\lor$ 的左、右辖域分别是($\neg$ (p→q))和 (q∧($\neg$ r));$\land$ 的左、右辖域分别是 q 和($\neg$ r).

这些辖域的唯一性,我们在读过本节中关于判定 $\mathscr{L}^p$ 的表达式是不是公式的算法之后就能验证.

附注 (1)在定理 2.3.4 的证明中的证(3)部分,由($\neg$ A)=($\neg$ A₁)能直接得到 A=A₁,因为等号左边的(,$\neg$,)分别与右边的 (,$\neg$,)是同一个符号.但在定理 2.3.7 的证明中,($\neg$ B)和($\neg$ B′)都是 A 的段,B 左边的 $\neg$ 和 B′ 左边的 $\neg$ 是 A 的同一个符号.由此可知两个 $\neg$ 左边的(是 A 的同一个符号,但不能得到 B 和 B′ 右边的)是 A 的同一个符号.因此不能得到($\neg$ B)=($\neg$ B′),也不能直接得到 B=B′.

(2)由 $\mathscr{L}^p$ 的公式生成过程的唯一性和公式中联结符号的辖域的唯一性,容易知道,如果 A 是 B 的段,则 A 中任何联结符号在 A 中的辖域和它在 B 中的辖域是相同的.

定理 2.3.8 (i)如果 A 是($\neg$ B)的段,则 A=($\neg$ B)或 A 是 B 的段.(ii)如果 A 是(B * C)的段,则 A=(B * C)或 A 是 B 的段或是 C 的段.

证 换言之,(i)就是说,如果 A 是($\neg$ B)的真段,则 A 是 B 的段.现在设 A 是($\neg$ B)的真段.

如果 A 含(┐B)的开始的左括号,则 A 是(┐B)的真初始段,因而 A 不是公式(根据引理 2.3.3).如果 A 含(┐B)的结尾的右括号,则 A 是(┐B)的真结尾段,因而 A 不是公式(根据引理 2.3.3).

设 A 含(┐B)中在 B 左方的┐.A 必须含(┐B)的开始的左括号,否则 A 以┐开始,这是不可能的.于是 A 是(┐B)的真初始段,因而 A 不是公式.

以上的三种情形都与 A 是公式矛盾.因此 A 不能含(┐B)中这三个符号中的任何一个,就是说,A 是 B 的段.

现在我们证(ii),它就是说,如果 A 是(B∗C)的真段,则 A 是 B 的段或是 C 的段.设 A 是(B∗C)的真段.

如果 A 含(B∗C)的开始的左括号或结尾的右括号,则 A 不是公式(见上面(i)的证明),这样造成矛盾.

设 A 含(B∗C)的 B 和 C 之间的∗.因为 A 是公式,这个∗在 A 中有左辖域和右辖域,令它们分别是 B_1 和 C_1.这样,由定义 2.3.6,A 含(B_1∗C_1)作为它的段,这个∗在(B∗C)中的左、右辖域分别是 B 和 C.由定理 2.3.8 之前的附注(2),可得 B=B_1 和 C=C_1,因此有(B∗C)=(B_1∗C_1).由于(B_1∗C_1)是 A 的段,A 又是(B∗C)的段,故(B∗C)=A=(B_1∗C_1),这与 A 是(B∗C)的真段的假设矛盾.

因此,A 不能含(B∗C)的这三个符号中的任何一个.就是说,A 是 B 的段或是 C 的段.   □

例 设 A 是

$$(┐B) = (┐((((┐p) \lor q) \to r))$$

的段.若 A 是(┐B)的真段,则 A 不能含(┐B)的开始的左括号,结尾的右括号,和在 B 左方的┐这三个符号中的任何一个,因此 A 是 B 的段.就是说,A 只能是 p,(┐p),q,((┐p)∨q),r 或 (((┐p)∨q)→r).换言之,任何含这三个符号之一的(┐B)的真段都不是公式.

设 A 是

$$(B * C) = ((p \wedge (\neg q)) * (\neg r))$$

的段.若 A 是(B * C)的真段,则 A 不能含(B * C)的开始的左括号,结尾的右括号,和 B 与 C 之间的 * 这三个符号中的任何一个,因此 A 是 B 的段或是 C 的段,就是说,A 只能是 p,q,$(\neg q)$,$(p \wedge (\neg q))$,r,或$(\neg r)$.任何含这三个符号之一的(B * C)的真段都不是公式.

对于 $\mathscr{L}^p$ 的表达式,我们需要判定它是不是 $\mathscr{L}^p$ 的公式.前面曾经根据表达式中左括号和右括号出现的数目不相同来确定它不是公式.但我们不能根据表达式中左、右括号出现的数目相同来确定它是公式.例如表达式(p)中出现一个左括号和一个右括号,但它不是公式.

下面给出一个判定 $\mathscr{L}^p$ 的表达式是不是公式的算法.**算法**是一组指令,这组指令给出一个机械的过程,通过这个机械的过程能够在有限步之内得到某类问题中任何一个问题的答案.要求这样的指令在执行过程中不需要创造性的思维,原则上能够编出一个程序在计算机上实现这组指令.例如,辗转相除法是求两个整数的最大公约数的算法.

令 U 是 $\mathscr{L}^p$ 的表达式.

第一步　空表达式不是公式.

第二步　单独一个符号的表达式是公式,当且仅当它是命题符号.

第三步　如果 U 的长度大于1,则 U 必须以左括号开始,否则 U 不是公式.如果 U 的第二个符号是$\neg$,则 U 必须是$(\neg V)$,其中的 V 是表达式,否则 U 不是公式.于是 U 是公式,当且仅当 V 是公式;就是说,U 是不是公式的问题归约为更短的表达式 V 是不是公式的问题.然后转入第一步.

第四步　如果 U 以左括号开始,但是它的第二个符号不是$\neg$,那么对 U 从左向右扫描,在遇到(V 后停止,其中的 V 是一个含相同数目的左括号和右括号出现的表达式.(如果对 U 扫描完毕而没有遇到这样的 V,则 U 不是公式.)U 必须是(V ∗ W),其中的 W 是表达式,否则 U 不是公式.于是 U 是公式,当且仅当 V 和 W 都是公式;就是说,U 是不是公式的问题归约为更短的表达式 V 和 W 是不是公式的问题.然后转入第一步.

因为表达式的长度是有限的,上述过程将在有限步之后结束.以上的步骤确实构成判定 $\mathscr{L}^p$ 的表达式是不是公式的算法,这一点留给读者验证.这个算法的根据是公式的定义.

在本节和上节中定义了公式,讨论了公式的结构方面的性质.这些都属于形式语言的语法的范围,因为它们不涉及符号和公式的涵义.

公式中每使用一次联结符号,就增加一对左括号和右括号.因为比较复杂的公式中有很多括号,写和看时很不方便.在结束本节之前,我们要介绍一些常用的省略公式中括号的约定.

最外面的括号通常是省略的.例如

$$((p \lor q) \to (q \land r))$$

通常写成

$$(p \lor q) \to (q \land r).$$

括号可以和方括号、波形括号结合使用:

$$(\quad) \quad [\quad] \quad \{ \quad \}$$

这样

$$((p \lor q) \to (q \land r)) \leftrightarrow (\neg q)$$

可以更清楚地写成

$$[(p \lor q) \to (q \land r)] \leftrightarrow (\neg q).$$

还可以按照优先性的约定来省略括号.按照先乘除后加减的约定,$x + (y \cdot z)$ 可以写成 $x + y \cdot z$.就是说,乘优先于加.我们约定,在下面的序列

$$\neg \qquad \land \qquad \lor \qquad \to \qquad \leftrightarrow$$

中,每个左方的联结符号优先于右方的联结符号.因此,公式

$$((\neg p) \leftrightarrow ((p \lor ((\neg q) \land r)) \to (\neg r))$$

可以写成

$$\neg p \leftrightarrow p \vee \neg q \wedge r \rightarrow \neg r,$$

这就省略了所有的括号.

当公式中同一个二元联结符号出现两次或更多次时,我们仍用括号来表明使用它们的先后次序.

我们通常并不按照这些约定所允许的来尽量地省略括号.省略括号的目的是写和看公式时尽量醒目方便.因此,把上面复杂的公式写成

$$\neg p \leftrightarrow [p \vee (\neg q \wedge r) \rightarrow \neg r],$$

可能更好.

上面已经说过,省略公式中的括号,是为了写和看的方便.当要考虑公式的结构时,我们应当写出它的原来的(没有简写的)形状,不能省略括号.

习　　题

2.3.1　证明 $\mathscr{L}^p$ 的公式的长度不能是 2,3 或 6,但其他的长度都是可能的.

2.3.2　设 U、V 和 W 是 $\mathscr{L}^p$ 的不空的表达式.证明 UV 和 VW 不能都是公式.

2.4　语　　义

我们要给形式语言以解释,规定其中的各类符号以及由它们构成的公式是表示怎样的事物的.下面先作直观的说明.

$\mathscr{L}^p$ 中的命题符号是用来表示简单命题的.五个联结符号各有它们的预想中的涵义:否定符号表示"并非",合取符号表示"并且",析取符号表示"(相容的)或",蕴涵符号表示"蕴涵",等值符号表示"等值于".因此,假设公式 A 和 B 分别表示命题 $\mathscr{A}$ 和 $\mathscr{B}$,那么下面左边的(不是原子公式的)公式分别表示右边相应的复合命题:

⌐A	非 $\mathscr{A}$.
A∧B	$\mathscr{A}$ 与 $\mathscr{B}$.
A∨B	$\mathscr{A}$ 或 $\mathscr{B}$.
A→B	$\mathscr{A}$ 蕴涵 $\mathscr{B}$.
A↔B	$\mathscr{A}$ 等值于 $\mathscr{B}$.

在绪论中已经指出,研究可推导性时不考虑作为前提和结论的命题的内容,只考虑其真假,由此确定前提的真是否蕴涵结论的真,即前提和结论之间是否有可推导性关系.因此,我们不考虑上面所说的由命题符号表示的简单命题有怎样的内容,也不考虑由公式 A 和 B 表示的命题 $\mathscr{A}$ 和 $\mathscr{B}$ 有怎样的内容,只考虑它们的真假值.

公式没有真假值.我们规定将它们所表示的命题的真假值指派给它们,作为它们的真假值.于是,原子公式(命题符号)的真假值由指派直接确定;⌐A 的真假值由 A 的真假值确定,A∧B,A∨B,A→B 和 A↔B 的真假值由 A 和 B 的真假值确定,如下面的表中所表示:

A	⌐A
1	0
0	1

A	B	A∧B	A∨B	A→B	A↔B
1	1	1	1	1	1
1	0	0	1	0	0
0	1	0	1	1	0
0	0	0	0	1	1

这些表称为否定符号,合取符号,析取符号,蕴涵符号,和等值符号的**真假值表**,也称为否定式,合取式,析取式,蕴涵式,和等值式的**真假值表**,都可以简称为否定,合取,析取,蕴涵,和等值的真假值表.

上述说明引出下面的定义.

定义 2.4.1(真假赋值) **真假赋值**是以所有命题符号的集为定义域,以真假值的集 $\{1,0\}$ 为值域的函数.

根据定义,一个真假赋值要同时给可数无限多个命题符号指派一个真假值.所以真假赋值的个数是大于命题符号的个数的.

我们用斜体小写拉丁文字母

$$v$$

(或加其他记号)表示任何真假赋值.真假赋值 v 给公式 A 指派的值(下面即将定义)记作 A^v.

定义 2.4.2(公式的真假值) 真假赋值 v 给公式指派的**真假值**递归地定义如下:

(i) $p^v \in \{1,0\}$.

(ii) $(\neg A)^v = \begin{cases} 1, & \text{如果 } A^v = 0, \\ 0, & \text{否则}. \end{cases}$

(iii) $(A \wedge B)^v = \begin{cases} 1, & \text{如果 } A^v = B^V = 1, \\ 0, & \text{否则}. \end{cases}$

(iv) $(A \vee B)^v = \begin{cases} 1, & \text{如果 } A^v = 1 \text{ 或 } B^v = 1, \\ 0, & \text{否则}. \end{cases}$

(v) $(A \rightarrow B)^v = \begin{cases} 1, & \text{如果 } A^v = 0 \text{ 或 } B^v = 1, \\ 0, & \text{否则}. \end{cases}$

(vi) $(A \leftrightarrow B)^v = \begin{cases} 1, & \text{如果 } A^v = B^v, \\ 0, & \text{否则}. \end{cases}$

定理 2.4.3 对于任何 $A \in \text{Form}(\mathscr{L}^p)$ 和任何真假赋值 v,$A^v \in \{1,0\}$.

证 对 A 的结构作归纳. □

真假赋值同时给所有的命题符号指派一个值.然而,当要考虑

真假赋值 v 给公式 A 指派怎样的值时,却只涉及 v 给在 A 中出现的有限个命题符号所指派的值.

例 设 $A=p \wedge q \rightarrow (\neg q \vee r)$, v 是一真假赋值,使得

$$(1) \qquad\qquad p^v = q^v = r^v = 1.$$

我们有

$$(p \wedge q)^v = 1,$$
$$(\neg q \vee r)^v = 1,$$
$$A^v = 1.$$

设 v_1 是另一个真假赋值,使得

$$(2) \qquad\qquad p^{v_1} = q^{v_1} = r^{v_1} = 0.$$

我们有

$$(p \wedge q)^{v_1} = 0,$$
$$(\neg q \vee r)^{v_1} = 1,$$
$$A^{v_1} = 1.$$

实际上,(1)中的 $r^v = 1$ 对于 $A^v = 1$ 已经是充分的了;(2)中的 $p^{v_1} = 0$(或者 $q^{v_1} = 0$)对于 $A^{v_1} = 1$ 也是充分的.

如果 v_2 是第三个真假赋值,使得 $p^{v_2} = 1$, $q^{v_2} = 1$, $r^{v_2} = 0$,则 $A^{v_2} = 0$.

上面的例子说明,不同的真假赋值给同一个公式所指派的值可以不同,也可以相同.

我们用正体大写希腊文字母

$$\Sigma$$

(或加其他记号)表示任何公式集,就是说,Σ 表示其中所有的公式.Σ 可以是无限集或有限集.特别地,Σ 可以是空集.

我们定义

$$\Sigma^v = \begin{cases} 1 & \text{如果对于所有}B \in \Sigma, B^v = 1, \\ 0 & \text{否则}. \end{cases}$$

注意,$\Sigma^v = 0$ 的意思是,存在 $B \in \Sigma$ 使得 $B^v = 0$,并不是对于所有 $B \in \Sigma$, $B^v = 0$.

定义 2.4.4（可满足性） Σ 是**可满足的**,当且仅当有真假赋值 v,使得 $\Sigma^v = 1$.

当 $\Sigma^v = 1$ 时,称 v **满足** Σ.

显然,Σ 的可满足性蕴涵 Σ 中所有公式的可满足性.但是逆命题并不成立,因为 Σ 的可满足性要求有同一个真假赋值满足其中的所有公式.

定义 2.4.5（重言式,矛盾式）

A 是**重言式**,当且仅当对于任何真假赋值 v,$A^v = 1$.

A 是**矛盾式**,当且仅当对于任何真假赋值 v,$A^v = 0$.

可满足的公式是可能真的公式.重言式是永真的公式.矛盾式是永假的公式.

对于任何公式 A,$A \vee \neg A$ 是重言式.这是经典逻辑中肯定的排中律.

根据定义 2.4.4 和定义 2.4.5,可满足性,重言式和矛盾式都涉及无限多的真假赋值的全体.因此,一个公式是重言式或是矛盾式或两者都不是(A 不是重言式当且仅当 $\neg$ A 是可满足公式,A 不是矛盾式就是说 A 是可满足公式),这个问题涉及真假赋值的全体.

但是,前面已经指出,真假赋值 v 给 A 指派的值仅涉及 v 给在 A 中出现的不同的命题符号(设共有 n 个)所指派的值.对于 n 个不同的命题符号,共有 2^n 个不同的真假赋值.在所有这 2^n 种情形,A 的值都能在有限步之内求出.这些值构成一个表,称为 A 的**真假值表**,由它可以看出 A 是重言式或是矛盾式或两者都不是.

例 公式

$$p \vee q \rightarrow (\neg q) \wedge r$$

的真假值表如下:

p	q	r	p	∨	q	→	(	¬	q	)	∧	r
1	1	1	1	1	1	0		0	1		0	1
1	1	0	1	1	1	0		0	1		0	0
1	0	1	1	1	0	1		1	0		1	1
1	0	0	1	1	0	0		1	0		0	0
0	1	1	0	1	1	0		0	1		0	1
0	1	0	0	1	1	0		0	1		0	0
0	0	1	0	0	0	1		1	0		1	1
0	0	0	0	0	0	1		1	0		0	0

这个表的构作过程如下. 首先写下这个公式, 并把其中的三个原子公式 p,q 和 r 写在它的左边. 把给 p,q 和 r 指派的 $(2^3 =)8$ 组不同的真假值写在它们的下边. 例如在第二种情形, $1,1,0$ 分别被指派给 p,q,r. 在每一种情形, 原子公式的值被抄写在公式中它们各自的每个出现的下边. 然后考虑公式的生成过程. 例如, 先由 p 和 q 生成 p∨q, 我们求出 p∨q 的值, 把它就写在生成 p∨q 时所用的联结符号 ∨ 的下边. 照此进行, 最后求出整个公式的值, 把它写在最后生成公式时所用的联结符号 → 的下边. 这样, 整个公式在 8 个可能的真假赋值之下所得到的值, 在 → 的下边写成一列. 我们看到, 这个公式既不是重言式, 也不是矛盾式.

从上面的例子可以看出, 这个含有三个不同命题符号的公式相当于一个三元的真假值函数 f, f 的取值如下:

$$f(1,1,1) = 0,$$
$$f(1,1,0) = 0,$$
$$f(1,0,1) = 1,$$
$$f(1,0,0) = 0,$$
$$f(0,1,1) = 0,$$

$$f(0,1,0) = 0,$$
$$f(0,0,1) = 1,$$
$$f(0,0,0) = 1.$$

一般地,含有 n 个不同命题符号的公式相当于 n 元真假值函数.

上面例子中的真假值表是那个公式的完整的真假值表.如果我们只要求知道那个公式在各种真假赋值之下所取的值,就不需要写出完整的真假值表.例如在表中的第二种情形,根据 p 的真可以得到 p∨q 的真,根据 r 的假可以得到(┐q)∧r 的假,由此可得整个公式的假.又如在最后的情形,由 p 和 q 的假可以得到 p∨q 的假,由之得到整个公式的真.用这种简捷的方法可以写出公式的虽不完整但同样有用的真假值表.

下面要介绍另一种判定公式是重言式或是矛盾式或两者都不是的方法,它和真假值表的原理相同,做起来可能更加方便.

在下面的表中:

┐1	0
┐0	1
A∧1	A
1∧A	A
A∧0	0
0∧A	0
A∨1	1
1∨A	1
A∨0	A
0∨A	A

A→1	1
1→A	A
A→0	¬A
0→A	1
A↔1	A
1↔A	A
A↔0	¬A
0↔A	¬A

A∧1 和 0∨A 等都不是表达式,因为 1 和 0 不是形式语言中的符号.但我们不妨就称之为"表达式".实际上,在其中出现的 A 并不是公式,而是想要用来表示公式的值.这些写法在这里是为了求公式的值而临时使用的.

上述表中的所谓"表达式"与它们右边的"表达式"有相同的值,然而右边的更为简单.因此我们可以把左边的"表达式"换为右边的,来简化公式的求值过程.

现在我们来陈述另一种方法.设给定了公式 A.任取 A 中的一个原子公式 p,指派 1 作为 p 的值,记作 p=1.应用上面的表中给出的一切可能的简化方法求出 A 的值,这个值可以是 1 或 0,或者等于一个新公式(在其中 p 不再出现)的值.然后令 p=0,用同样的方法求出 A 的值.这样,我们由 A 开始,令 p=1 和 p=0,得到两个分支,在各个分支得到一个新的公式或者一个值.这样得到的值称为终端.对于不是终端的新公式,我们继续上述形成两个分支的做法.整个过程将在所有的分支都得到值(成为终端)时结束,由之看出给定的公式是重言式(所有终端都是 1)或矛盾式(所有终端都是 0)或者两者都不是.用这种方法也能看出各种可能的真假赋值给公式指派的值.

例 设

$$A = p \lor q \to (\neg q) \land r,$$

我们有

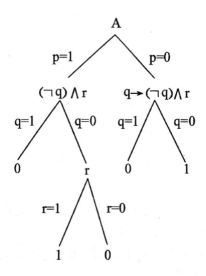

在上图的终端中有 1 也有 0,故 A 既不是重言式,也不是矛盾式.
在上图中可以看出各种真假赋值给 A 指派的值,还可以看出,由
p=1 和 q=1 就得到 A 的值是 0,由 p=0 和 q=0 就得到 A 的值是
1.

习 题

2.4.1 判定以下公式是重言式或矛盾式或两者都不是.

(1) $(p \land \neg q) \land (\neg p \lor q)$.

(2) $(p \to q) \leftrightarrow (q \to p)$.

(3) $(p \to r) \land (q \to r) \leftrightarrow (p \lor q \to r)$.

2.4.2 对于怎样的 n,公式

$$\underbrace{(\cdots((A \to A) \to A)\cdots) \to A}_{n\text{个}A}$$

是重言式?

2.4.3 设

$$A = p_1 \leftrightarrow (\cdots (p_{n-1} \leftrightarrow p_n) \cdots),$$

v 是一真假赋值. 证明: $A^v = 1$, 当且仅当有偶数个 i ($1 \leqslant i \leqslant n$), 使得 $p_i^v = 0$.
(提示: 对 n 作归纳或使用重言式

$$(B \leftrightarrow C) \leftrightarrow (C \leftrightarrow B),$$

$$[(B_1 \leftrightarrow B_2) \leftrightarrow B_3] \leftrightarrow [B_1 \leftrightarrow (B_2 \leftrightarrow B_3)].$$

这两个重言式说明 $\leftrightarrow$ 满足交换律和结合律, 因此, 对 A 中的命题符号作任何置换并且任意改变在 A 中使用各个 $\leftrightarrow$ 的顺序, 并不改变 A 的真假值. 这个事实不要求证明)

2.4.4 证明只含联结符号 $\leftrightarrow$ 的公式 A 是重言式, 当且仅当每个原子公式在 A 中出现偶数次. (提示: 使用习题 2.4.3 的提示中给出的重言式和以下的事实: 如果 B 是重言式, 则 $B \leftrightarrow C$ 是重言式当且仅当 C 是重言式.)

2.4.5 设

$$(A_i \rightarrow B_i)^v = 1 \quad (1 \leqslant i \leqslant n),$$

$$(A_1 \vee \cdots \vee A_n)^v = 1,$$

$$(B_i \wedge B_j)^v = 0 \quad (1 \leqslant i, j \leqslant n; \quad i \neq j),$$

证明 $(B_i \rightarrow A_i)^v = 1$ ($1 \leqslant i \leqslant n$).

2.5 逻辑推论

本节要定义的逻辑推论是公式之间的一种关系, 它相当于命题之间的可推导性关系.

设 $\mathscr{A}_1, \cdots, \mathscr{A}_n$ 和 $\mathscr{A}$ 是命题. 演绎逻辑研究

由 $\mathscr{A}_1, \cdots, \mathscr{A}_n$ 推导出 $\mathscr{A}$

(即 $\mathscr{A}_1, \cdots, \mathscr{A}_n$ 与 $\mathscr{A}$ 之间有可推导性关系, 也就是 $\mathscr{A}_1, \cdots, \mathscr{A}_n$ 的真蕴涵 $\mathscr{A}$ 的真) 是否成立.

设公式 $A_1, \cdots, A_n$ 和 A 分别表示 $\mathscr{A}_1, \cdots, \mathscr{A}_n$ 和 $\mathscr{A}$. 我们提出下面的问题: $\{A_1, \cdots, A_n\}$ 与 A 之间的怎样的关系相当于 $\{\mathscr{A}_1, \cdots, \mathscr{A}_n\}$ 与 $\mathscr{A}$ 之间的可推导性关系?

真假赋值给公式指派真或假, 使公式有真假值. 这使我们考虑 $\{A_1, \cdots, A_n\}$ 与 A 之间的下面的关系是否符合所说的要求: 如果一个真假赋值给 $A_1, \cdots, A_n$ 都指派真, 则它给 A 指派真. 但是, 因为

不同的真假赋值可以给同一个公式指派不同的真假值,所以还应当要求上面所说的这个真假赋值是任意的,这就使上述关系陈述得更加精确.于是引出下面的定义.

定义 2.5.1(逻辑推论) 设 $\Sigma \subseteq \mathrm{Form}(\mathcal{L}^p), A \in \mathrm{Form}(\mathcal{L}^p)$.
A 是 Σ 的**逻辑推论**(即 A 是 Σ 中公式的**逻辑推论**),记作

$$\Sigma \models A,$$

当且仅当对于任何真假赋值 $v, \Sigma^v = 1$ 蕴涵 $A^v = 1$.

逻辑推论关系 $\models$ 是 Σ(作为前提的公式)和 A(作为结论的公式)之间的关系."$\models$"可以读作"**逻辑地蕴涵**".注意,记号 $\models$ 不是形式语言中的符号,$\Sigma \models A$ 不是形式语言中的公式.$\Sigma \models A$ 是关于 Σ 和 A 的(元语言中的)命题.

我们用 $\Sigma \not\models A$ 表示 $\Sigma \models A$ 不成立,即存在真假赋值 v,使得 $\Sigma^v = 1$ 并且 $A^v = 0$.

Σ 是 $\mathcal{L}^p$ 的任何的公式集.当 Σ 是空集时,$\Sigma \models A$ 是 $\varnothing \models A$,这是逻辑推论的重要的特殊情形.$\Sigma \models A$ 涉及 Σ 和 A,它表示 Σ 和 A 之间的逻辑推论关系.$\varnothing \models A$ 只涉及 A,它表示 A 的一个性质.

由定义 2.5.1,$\varnothing \models A$ 是

1)　对于任何 $v, \varnothing^v = 1 \Rightarrow A^v = 1$.

其中的 $\varnothing^v = 1$ 的意思是

2)　对于任何 $B, B \in \varnothing \Rightarrow B^v = 1$.

因为 $B \in \varnothing$ 是假命题,故 2)是不需要证明就能肯定的真命题.因此1)中的"$\varnothing^v = 1 \Rightarrow A^v = 1$"等价于 $A^v = 1$.故 1)等价于"对于任何 $v, A^v = 1$."这样,$\varnothing \models A$ 就是说 A 是重言式.

直观上,$\Sigma \models A$ 是说 Σ 中公式的真是 A 真的充分条件.因 $\varnothing$ 中没有公式,故 $\varnothing \models A$ 是说 A 的真是无条件的,所以 A 是重言式.

对于两个公式 A 和 B,我们写

$$A \models\mid B$$

表示"$A \models B$ 并且 $B \models A$".称 A 和 B 为**逻辑等值公式**(简称为**等值公式**),当且仅当 $A \models\mid B$ 成立.任何真假赋值给逻辑等值的公式指派相同的真假值.

现在我们要说明,怎样证明一个逻辑推论以及怎样否证它.根据定义 2.5.1,当要证明 $\Sigma \models A$ 时,我们要证明对于任何真假赋值 v,如果 $\Sigma^v = 1$,则 $A^v = 1$.我们也可以用反证法,假设 $\Sigma \not\models A$,即存在真假赋值 v,使得 $\Sigma^v = 1$ 并且 $A^v = 0$,由之产生矛盾,然后肯定 $\Sigma \models A$.

当要否证 $\Sigma \models A$(即证明 $\Sigma \not\models A$)时,我们要构作真假赋值 v,使得 $\Sigma^v = 1$ 并且 $A^v = 0$.

注意,上面用反证法证明 $\Sigma \models A$ 时,所说的"存在真假赋值 v,使得 $\Sigma^v = 1$ 并且 $A^v = 0$",是假设存在这样的 v,由之产生矛盾,实际上这样的 v 并不存在.但在证明 $\Sigma \not\models A$ 时,我们确实要构作这样的 v.

例 $A \rightarrow B, B \rightarrow C \models A \rightarrow C$.

证 设 $A \rightarrow B, B \rightarrow C \not\models A \rightarrow C$,即有真假赋值 v 使得

(1) $$(A \rightarrow B)^v = 1,$$
(2) $$(B \rightarrow C)^v = 1,$$
(3) $$(A \rightarrow C)^v = 0.$$

由(3)可得

(4) $$A^v = 1,$$
(5) $$C^v = 0.$$

由(1)和(4)可得 $B^v = 1$,由此和(2)得到 $C^v = 1$,这与(5)矛盾.因此证明了例中的逻辑推论.

例 $\neg (A \leftrightarrow B) \vee C, B \wedge \neg C \not\models \neg A \wedge (B \rightarrow C)$.

证 构作真假赋值 v,使得

$$A^v = 0, B^v = 1, C^v = 0.$$

于是可得

$$(\neg (A \leftrightarrow B) \vee C)^v = 1,$$
$$(B \wedge \neg C)^v = 1,$$
$$(\neg A \wedge (B \rightarrow C))^v = 0.$$

这就证明了例中的命题.

附注 在上面的第一例中，我们由(3)出发而不从(1)或(2)出发，因为由(3)能得到(4)和(5).如果由(1)出发，推出的是"$A^v=1$并且 $B^v=1$，或 $A^v=0$ 并且 $B^v=1$，或 $A^v=0$ 并且 $B^v=0$"，这样就会使证明复杂得多.若由(2)出发，证明也同样是复杂的.

类似地，在第二例中，首先考虑使 v 满足 $(B\wedge\neg C)^v=1$，这就必定是 $B^v=1$ 和 $C^v=0$.然后再得到 $A^v=0$.如果先考虑另外的公式，情况就复杂了.

容易证明，合取符号和析取符号都满足交换律和结合律：

$$A\wedge B \models\mathrel{\mkern-5mu}\mid B\wedge A,$$

$$(A\wedge B)\wedge C \models\mathrel{\mkern-5mu}\mid A\wedge(B\wedge C),$$

$$A\vee B \models\mathrel{\mkern-5mu}\mid B\vee A,$$

$$(A\vee B)\vee C \models\mathrel{\mkern-5mu}\mid A\vee(B\vee C).$$

这些定律在形式推演中也是成立的(见下节中的定理 2.6.8 和定理 2.6.9)：

$$A\wedge B \quad \vdash\mathrel{\mkern-5mu}\dashv \quad B\wedge A,$$

$$(A\wedge B)\wedge C \quad \vdash\mathrel{\mkern-5mu}\dashv \quad A\wedge(B\wedge C),$$

$$A\vee B \quad \vdash\mathrel{\mkern-5mu}\dashv \quad B\vee A,$$

$$(A\vee B)\vee C \quad \vdash\mathrel{\mkern-5mu}\dashv \quad A\vee(B\vee C).$$

因此，我们可以写

$$A_1 \wedge \cdots \wedge A_n,$$

$$A_1 \vee \cdots \vee A_n,$$

省略其中的括号，并且可以调换其中合取项和析取项的次序.

定理 2.5.2

(i) $A_1,\cdots,A_n\models A$ 当且仅当 $\varnothing\models A_1 \wedge \cdots \wedge A_n\to A$.

(ii) $A_1,\cdots,A_n\models A$ 当且仅当 $\varnothing\models A_1\to(\cdots(A_n\to A)\cdots)$. $\qquad\square$

引理 2.5.3 如果 $A\models\mathrel{\mkern-5mu}\mid A'$ 并且 $B\models\mathrel{\mkern-5mu}\mid B'$，则

(i) $\neg A\models\mathrel{\mkern-5mu}\mid\neg A'$.

(ii) $A\wedge B\models\mathrel{\mkern-5mu}\mid A'\wedge B'$.

(iii) $A\vee B\models\mathrel{\mkern-5mu}\mid A'\vee B'$.

(iv) $A\to B\models\mathrel{\mkern-5mu}\mid A'\to B'$.

(v) $A\leftrightarrow B\models\mathrel{\mkern-5mu}\mid A'\leftrightarrow B'$. $\qquad\square$

定理 2.5.4（等值公式替换） 如果 B⊨⊨C 并且在 A 中把 B 的某些(不一定全部)出现替换为 C 而得到 A′,则 A⊨⊨A′.

证 对 A 的结构作归纳.

若 B=A,则 C=A′.这样定理成立.

基始. A 是原子公式.这时 B=A,故定理成立.

归纳步骤. A 有以下五个形式之一:¬A$_1$,A$_1$∧A$_2$,A$_1$∨A$_2$,A$_1$→A$_2$,或 A$_1$↔A$_2$.

设 A=¬A$_1$.若 B=A,则如上面所述,定理成立.若 B≠A,即 B 是 A 的真段,则 B 是 A$_1$ 的段(由定理 2.3.8).设由 A$_1$ 经过定理中所说的替换得到 A′$_1$,则 A′=¬A′$_1$.于是我们有

$$A_1 ⊨⊨ A'_1（由归纳假设），$$

$$¬A_1 ⊨⊨ ¬A'_1（由引理 2.5.3(i)）.$$

这就是 A⊨⊨A′.

设 A=A$_1$∗A$_2$.(∗ 表示 ∧,∨,→和↔中的任何一个.)若 B=A,像上面的情形,定理成立.若 B≠A,则 B 是 A$_1$ 的段或是 A$_2$ 的段(由定理 2.3.8).设由 A$_1$ 和 A$_2$ 经过定理中所说的替换分别得到 A′$_1$ 和 A′$_2$,则 A′=A′$_1$∗A′$_2$.我们有

$$A_1 ⊨⊨ A'_1, A_2 ⊨⊨ A'_2（由归纳假设），$$

$$A_1 ∗ A_2 ⊨⊨ A'_1 ∗ A'_2（由引理 2.5.3(ii)～(v)）.$$

这就是 A⊨⊨A′.

由基始和归纳步骤,定理得证. □

等值公式(包括逻辑等值公式和以后的语法等值公式)替换定理简称为**等值替换**.

定理 2.5.5(对偶性) 设 A 是由 𝓛^p 的原子公式和联结符号 ¬,∧和∨使用有关的形成规则而生成的公式,并且在 A 中交换 ∧和∨以及交换原子公式和它的否定式而得到 A′(A′称为 A 的**对偶**).于是 A′⊨⊨¬A.

证 对 A 的结构作归纳. □

2.5.1　证定理 2.5.2.

2.5.2　证定理 2.5.5.

2.5.3　证明

(1) $\neg\,(A\wedge B)\dashv\vdash\neg\,A\vee\neg\,B.$

(2) $\neg\,(A\vee B)\dashv\vdash\neg\,A\wedge\neg\,B.$

(3) $A{\rightarrow}(B\wedge C)\dashv\vdash(A{\rightarrow}B)\wedge(A{\rightarrow}C).$

(4) $A{\rightarrow}(B\vee C)\dashv\vdash(A{\rightarrow}B)\vee(A{\rightarrow}C).$

(5) $(A\wedge B){\rightarrow}C\dashv\vdash(A{\rightarrow}C)\vee(B{\rightarrow}C).$

(6) $(A\vee B){\rightarrow}C\dashv\vdash(A{\rightarrow}C)\wedge(B{\rightarrow}C).$

(7) $(A{\leftrightarrow}B){\leftrightarrow}C\dashv\vdash A{\leftrightarrow}(B{\leftrightarrow}C).$

(8) $A{\rightarrow}(B{\rightarrow}C)\vDash B{\leftrightarrow}B\wedge(A{\leftrightarrow}A\wedge C).$

2.5.4　证明

(1) $(A{\rightarrow}B)\vee(A{\rightarrow}C)\nvDash A{\rightarrow}(B\wedge C).$

(2) $A{\rightarrow}(B\vee C)\nvDash(A{\rightarrow}B)\wedge(A{\rightarrow}C).$

(3) $(A\wedge B){\rightarrow}C\nvDash(A{\rightarrow}C)\wedge(B{\rightarrow}C).$

(4) $(A{\rightarrow}C)\vee(B{\rightarrow}C)\nvDash(A\vee B){\rightarrow}C.$

2.6　形　式　推　演

　　形式推演就是绪论中讲的 Leibniz 要求建立的关于推导的演算.形式推演的正确性是能够机械地检验的.

　　公式之间的逻辑推论关系刻画前提的真蕴涵结论的真,因此它相当于命题之间的可推导性关系.逻辑推论和可推导性的证明都是不能机械地检验的.

　　例如,在上节中证明了

1)　　　　　　　　　$A{\rightarrow}B,B{\rightarrow}C\vDash A{\rightarrow}C.$

令 A,B 和 C 分别表示命题 $\mathscr{A},\mathscr{B}$ 和 $\mathscr{C}$,那么 1)就相当于

2)由"$\mathscr{A}$ 蕴涵 $\mathscr{B}$"和"$\mathscr{B}$ 蕴涵 $\mathscr{C}$"能推导出"$\mathscr{A}$ 蕴涵 $\mathscr{C}$".

2)的证明如下:设2)不成立,即"$\mathscr{A}$ 蕴涵 $\mathscr{B}$"和"$\mathscr{B}$ 蕴涵 $\mathscr{C}$"都真,但是"$\mathscr{A}$ 蕴涵 $\mathscr{C}$"假.则由"$\mathscr{A}$ 蕴涵 $\mathscr{C}$"假可得 $\mathscr{A}$ 真和 $\mathscr{C}$ 假.由"$\mathscr{A}$ 蕴涵 $\mathscr{B}$"真和 $\mathscr{A}$ 真得到 $\mathscr{B}$ 真,又由"$\mathscr{B}$ 蕴涵 $\mathscr{C}$"真和 $\mathscr{B}$ 真得到 $\mathscr{C}$ 真.这样产生 $\mathscr{C}$ 真和 $\mathscr{C}$ 假的矛盾.因此2)成立.

1)相当于2).上节中1)的证明也类似于上述2)的证明.这两个证明无疑都是正确的.但是我们不能机械地检验它们的正确性,甚至不能机械地检验它们是否成为证明,因为我们还没有关于"证明"这一概念的定义.1)和2)的证明是直观的,非形式的.

本节中要定义形式推演,定义公式之间的形式可推演性关系.形式推演涉及公式的语法结构,它的正确性是能够机械地检验的.

我们先要介绍一些使用记号的约定.

设 $\Sigma = \{A_1, A_2, A_3, \cdots\}$.为了方便,我们把 Σ 写成序列的形式 $A_1, A_2, A_3, \cdots$.但是,这样写时,因为 Σ 是集,所以这个序列 $A_1, A_2, A_3, \cdots$ 中的元的次序是没有关系的.于是,集 $\Sigma \cup \{A\}$ 和 $\Sigma \cup \Sigma'$ 分别可以写作 Σ, A 和 Σ, Σ'.

我们用记号 $\vdash$ 表示形式可推演性关系,用

$$\Sigma \vdash A$$

表示 A 是由 Σ 形式可推演(或形式可证明)的(见本节后面的定义 2.6.1).形式可推演性关系 $\vdash$ 是 Σ(作为前提的公式)和 A(作为结论的公式)之间的关系."$\vdash$"可以读作"推出".注意,记号 $\vdash$ 不是形式语言中的符号,$\Sigma \vdash A$ 不是形式语言中的公式.$\Sigma \vdash A$ 是关于 Σ 和 A 的(元语言中的)命题.

形式推演将由形式推演的规则定义.在命题逻辑中有以下的 11 条形式推演规则.

(Ref)	$A \vdash A$	**（自反）**
(+)	如果 $\Sigma \vdash A$,	
	则 $\Sigma, \Sigma' \vdash A$.	**（增加前提）**
(¬ −)	如果 $\Sigma, \neg A \vdash B$,	
	$\Sigma, \neg A \vdash \neg B$,	
	则 $\Sigma \vdash A$.	**（¬ 消去）**

$(\rightarrow-)$ 　如果 $\Sigma \vdash A \rightarrow B$,

　　　　　　　 $\Sigma \vdash A$,

　　　 则 $\Sigma \vdash B$.　　　　　 (→**消去**)

$(\rightarrow+)$ 　如果 $\Sigma, A \vdash B$,

　　　 则 $\Sigma \vdash A \rightarrow B$.　　 (→**引入**)

$(\wedge-)$ 　如果 $\Sigma \vdash A \wedge B$,

　　　 则 $\Sigma \vdash A$,

　　　　　　　 $\Sigma \vdash B$.　　　　 (∧**消去**)

$(\wedge+)$ 　如果 $\Sigma \vdash A$,

　　　　　　　 $\Sigma \vdash B$,

　　　 则 $\Sigma \vdash A \wedge B$,　　 (∧**引入**)

$(\vee-)$ 　如果 $\Sigma, A \vdash C$,

　　　　　　　 $\Sigma, B \vdash C$,

　　　 则 $\Sigma, A \vee B \vdash C$.　 (∨**消去**)

$(\vee+)$ 　如果 $\Sigma \vdash A$,

　　　 则 $\Sigma \vdash A \vee B$,

　　　　　　　 $\Sigma \vdash B \vee A$.　　 (∨**引入**)

$(\leftrightarrow-)$ 　如果 $\Sigma \vdash A \leftrightarrow B$,

　　　　　　　 $\Sigma \vdash A$,

　　　 则 $\Sigma \vdash B$.

　　　 如果 $\Sigma \vdash A \leftrightarrow B$,

　　　　　　　 $\Sigma \vdash B$,

　　　 则 $\Sigma \vdash A$.　　　　 (↔**消去**)

$(\leftrightarrow+)$ 　如果 $\Sigma, A \vdash B$,

　　　　　　　 $\Sigma, B \vdash A$,

　　　 则 $\Sigma \vdash A \leftrightarrow B$.　 (↔**引入**)

这些规则中的每一条都不是单独的一条规则,而是一个规则的模式,因为规则中的 Σ 是任何的公式集,A,B 和 C 是任何的公式.

这些规则中的后面 9 条和联结符号有关,前面两条和联结符号无关."自反"的英文是"reflexive","(Ref)"就是取其中前三个字母."(＋)"中的加号就是指增加前提.后面 9 条规则中的"消去"和"引入"即将随后说明.

下面先给出例子说明怎样使用这些规则.

例 设 $A \in \Sigma$ 并且 $\Sigma' = \Sigma - \{A\}$.下面由两个步骤构成一个序列：

(1)$A \vdash A$ （由(Ref)）.

(2)$A, \Sigma' \vdash A$ （由(＋),(1)）.

（即 $\Sigma \vdash A$.）

第(1)步直接由规则(Ref)生成.第(2)步由规则(＋)使用于(1)生成.在每一步,所使用的规则和所涉及的前面的步骤(如果涉及了)构成使这一步成立的理由.我们把理由写在右边.这些步骤构成一个证明,它是其中最后一步的证明.

因此,在这个例子中证明了,当 $A \in \Sigma$ 时,$\Sigma \vdash A$ 成立.它记作($\in$),使用集论中关于元素属于集合的记号.(Ref)是($\in$)的特殊情形.

例 下面的序列

(1)$\neg A \to B, \neg B, \neg A \vdash \neg A \to B$ （由($\in$)）.

(2)$\neg A \to B, \neg B, \neg A \vdash \neg A$ （由($\in$)）.

(3)$\neg A \to B, \neg B, \neg A \vdash B$ （由($\to -$),(1),(2)）.

(4)$\neg A \to B, \neg B, \neg A \vdash \neg B$ （由($\in$)）.

(5)$\neg A \to B, \neg B \vdash A$ （由($\neg -$),(3),(4)）.

(6)$\neg A \to B \vdash \neg B \to A$ （由($\to +$),(5)）.

由六步构成,每一步使用了十一条形式推演规则中的一条,或者使用了方才证明的($\in$).在每一步的右边写了使这一步成立的理由.这些步骤构成

$$\neg A \to B \vdash \neg B \to A$$

的证明,它是在最后一步生成的.

被证明了的 $\Sigma \vdash A$ 可以称为**形式可推演性模式**.

在上述 11 条形式推演规则中,`(Ref)是唯一的直接生成形式

可推演性模式的规则.使用(Ref)时不涉及其他的步骤.使用(+),
(→ +),(∧ −)和(∨ +)这四条规则时,要涉及一个已生成的步骤.使用(¬ −),(→ −),(∧ +),(∨ −),(↔ −)和(↔ +)这六条规则时,要涉及两个已生成的步骤.

(∈)也直接生成形式可推演性模式.

形式推演规则仅涉及公式的语法结构.例如使用(¬ −),能由

3) $\Sigma, \neg A \vdash B$

4) $\Sigma, \neg A \vdash \neg B$

生成

5) $\Sigma \vdash A.$

其中5)中的前提 Σ 就是3)和4)中的前提中的 Σ,5)中的结论 A 是由3)和4)中的前提中的 $\neg A$ 去掉 A 左边的 $\neg$ 而得.3)和4) 中的 B 是任何一个公式.这就是规则(¬ −)所涉及的其中公式的语法结构.读者可以观察其余的十条规则的情形.因此,只要弄清楚这些规则中公式之间的语法结构上的关系,我们就能够机械地检验是否正确地使用了规则.

形式推演规则的名称中所说的联结符号的消去(或引入),是指在使用这条规则所生成的形式可推演性模式中的结论中,这个联结符号的某个出现被消去(或引入)了.例如,在(→ −):

                如果 $\Sigma \vdash A \to B,$

                    $\Sigma \vdash A,$

                则 $\Sigma \vdash B.$

中,$A \to B$ 中 A 和 B 之间的 →,在使用这规则生成的 $\Sigma \vdash B$ 中的结论 B 中被消去了.在(→ +):

                如果 $\Sigma, A \vdash B,$

                则 $\Sigma \vdash A \to B.$

中,在使用这规则所生成的 $\Sigma \vdash A \to B$ 中的结论 $A \to B$ 中,A 和 B 之间的 → 被引入了.

应当指出,在(∨ −)中,在使用它所生成的 $\Sigma, A \vee B \vdash C$ 中的

结论C中,A∨B中A和B之间的∨被消去了.

大部分形式推演规则的直观意义是明显的.我们要对(¬−),(→+)和(∨−)的直观意义作一些说明.(¬−)表示直观的非形式的推理中的间接证明方法:如果由某些前提(由Σ表示),再假设某个命题为假(由¬A表示),能推出矛盾(由B和¬B表示),那么这个命题能由原来的前提推出(由Σ⊢A表示).

(→+)表示:为了由某些前提推出一个蕴涵命题"如果$\mathscr{A}$则$\mathscr{B}$"(由Σ⊢A→B表示),只要由原来的前提加进$\mathscr{A}$之后能推出$\mathscr{B}$(由Σ,A⊢B表示).例如在初等几何中,由一定的前提证明定理"如果三角形的两边相等,则它们的对角相等".这时的前提包括公理和所要证明的这个定理之前的所有定义和定理.这个证明往往是把"三角形的两边相等"加进前提之中,然后证明"它们的对角相等".

(∨−)表示分情形的证明方法.如果由某些前提(由Σ表示)分别加进$\mathscr{A}$或$\mathscr{B}$之后都能推出$\mathscr{C}$(由Σ,A⊢C和Σ,B⊢C表示),那么由原来的前提加进"$\mathscr{A}$或$\mathscr{B}$"之后能推出$\mathscr{C}$(由Σ,A∨B⊢C表示).

这样我们可以看出,前面例子中

$$¬A→B⊢¬B→A$$

的证明表示直观的非形式推理中的一个证明:由"非$\mathscr{A}$蕴涵$\mathscr{B}$"和"非$\mathscr{A}$"推出$\mathscr{B}$,因此由"非$\mathscr{A}$蕴涵$\mathscr{B}$","非$\mathscr{B}$"和"非$\mathscr{A}$"推出$\mathscr{B}$和"非$\mathscr{B}$",即推出矛盾;于是由"非$\mathscr{A}$蕴涵$\mathscr{B}$"和"非$\mathscr{B}$"推出$\mathscr{A}$,从而由"非$\mathscr{A}$蕴涵$\mathscr{B}$"推出"非$\mathscr{B}$蕴涵$\mathscr{A}$"

现在我们来陈述形式可推演性的定义.

定义 2.6.1(形式可推演性)　A是在命题逻辑中由Σ**形式可推演**(或形式可证明)的,记作

$$Σ⊢A,$$

当且仅当Σ⊢A能由(有限次使用)命题逻辑的形式推演规则生成.

由上述定义,Σ⊢A成立,当且仅当有有限序列

6) $$\Sigma_1 \vdash A_1, \cdots, \Sigma_n \vdash A_n$$

使得 6) 中的每一项 $\Sigma_k \vdash A_k (1 \leqslant k \leqslant n)$ 由使用某一形式推演规则生成,并且 $\Sigma_n \vdash A_n$ 就是 $\Sigma \vdash A$ (即 $\Sigma_n = \Sigma, A_n = A$).

说 $\Sigma_k \vdash A_k$ 由使用某一形式推演规则生成,比如由 $(\neg -)$ 生成,就是说,在 6) 中 $\Sigma_k \vdash A_k$ 之前的子序列

7) $$\Sigma_1 \vdash A_1, \cdots, \Sigma_{k-1} \vdash A_{k-1}$$

中,有两个项是

$$\Sigma_k, \neg A_k \vdash B,$$

$$\Sigma_k, \neg A_k \vdash \neg B,$$

其中的 B 是任何公式.这样,由这两个在 $\Sigma_k \vdash A_k$ 之前已经生成的项,使用 $(\neg -)$,就生成 $\Sigma_k \vdash A_k$.

再举一例,如果 $\Sigma_k \vdash A_k$ 由使用 $(\vee -)$ 生成,则在 7) 中有两个项

$$\Sigma', B \vdash A_k,$$

$$\Sigma', C \vdash A_k,$$

其中的 B 和 C 是这样的公式,使得 $\Sigma_k = \Sigma', B \vee C$.

称序列 6) 为**形式证明**.它是其中的最后一个项 $\Sigma_n \vdash A_n$ 的形式证明.

我们用 $\Sigma \nvdash A$ 表示 $\Sigma \vdash A$ 不成立.

综上所述,要证明 $\Sigma \vdash A$,就要给出关于 $\Sigma \vdash A$ 的形式证明;要证明 $\Sigma \nvdash A$,就要证明不存在关于 $\Sigma \vdash A$ 的形式证明.我们将在建立了可靠性定理(见第 4.2 节)之后讨论 $\Sigma \nvdash A$ 的证明.

同一个形式可推演性模式可以有不同的形式证明.对于某一形式可推演性模式,人们可能不知道怎样作出它的形式证明;但是,对于任何一个给出的形式证明,却能够机械地检验它是不是这个形式可推演性模式的形式证明.首先检验它是不是一个形式证明.做法是,针对形式证明中的每一步骤,根据生成这一步骤时所使用的形式推演规则以及所可能涉及的前面已经生成的步骤(在前面的例子中已说明,这些应当在每个步骤的右边写清楚),从有

关公式的语法结构上检验生成这个步骤时是否正确地使用了形式推演规则. 如果这个给出的形式证明的每一步骤在生成时都正确地使用了形式推演规则,那么它就确实是一个形式证明. 然后检验形式证明的最后一个步骤是否和所要证明的这个形式可推演性模式相同. 如果相同,那么所给出的形式证明就是这个形式可推演性模式的形式证明了.

由以上的说明可知,形式推演规则并不告诉我们怎样作出形式证明,而是使我们能检验形式证明的正确性. 在这个意义下,形式推演规则和形式证明起到了这样的作用,即把直观的非形式的推理规则和证明的概念弄清楚了.

现在我们已经充分说明了形式证明的正确性是能够机械地检验的意义. 当不至于引起误会时,"形式"这个词可以省略.

"推演"和"推理"、"推导"都有相同的涵义. 在本书中,在直观的非形式的情形使用"推理"或"推导",例如说"非形式的推理"和"可推导性关系";在形式的情形则用"推演",例如说"形式推演规则"和"形式可推演性".

附注

(1) 逻辑推论($\Sigma \models A$)和形式可推演性($\Sigma \vdash A$)是不同的事情. 前者属于语义,后者属于语法. 第四章中的可靠性和完备性将研究这两个概念之间的关系.

(2) 逻辑推论和形式可推演性都是在元语言中研究的,研究时所用的推理是直观的非形式的推理.

(3) 前面讲过,$\models$ 和 $\vdash$ 都不是形式语言中的符号. 不应把它们与 $\rightarrow$ 混淆,$\rightarrow$ 是 $\mathscr{L}^p$ 的符号. 是用来构成公式的联结符号. 但是 $\models$(或 $\vdash$)和 $\rightarrow$ 之间有这样的联系:$A \models B$ 当且仅当 $\varnothing \models A \rightarrow B$(即 $A \rightarrow B$ 是重言式),$A \vdash B$ 当且仅当 $\varnothing \vdash A \rightarrow B$.

定义 2.6.1 是归纳定义. 我们把这个定义同关于公式的定义 2.2.2 作比较,可以看出,形式可推演性模式相当于公式,形式推演规则相当于公式的形成规则,形式证明相当于公式的形成序列 (见习题 2.2.1).

当要证明所有形式可推演性模式 $\Sigma \vdash A$ 都有某个性质 R 时，可以用归纳证法，对 $\Sigma \vdash A$ 的(生成过程的)结构作归纳.(把它和第2.2节中定理2.2.4后面的归纳证明作比较.)这样证明的基始是证明由规则(Ref)直接生成的

$$A \vdash A$$

有 R 性质；归纳步骤是要证明其余十条规则都保存 R 性质.例如在($\neg -$)的情形，我们假设

$$\Sigma, \neg A \vdash B$$
$$\Sigma, \neg A \vdash \neg B$$

有 R 性质(归纳假设)，然后证明

$$\Sigma \vdash A$$

有 R 性质.

定理 2.6.2 如果 $\Sigma \vdash A$，则存在有限的 $\Sigma^\circ \subseteq \Sigma$，使得 $\Sigma^\circ \vdash A$.

证 对 $\Sigma \vdash A$ 的结构作归纳.

基始.由规则(Ref)生成的 $A \vdash A$ 的前提 A 本身是一个公式，所以 $A \vdash A$ 有定理中所说的性质.

归纳步骤.我们区分十种情形.

规则(+)的情形：

$$\text{如果 } \Sigma \vdash A,$$
$$\text{则 } \Sigma, \Sigma' \vdash A.$$

由归纳假设，存在有限的 $\Sigma^\circ \subseteq \Sigma$，使得 $\Sigma^\circ \vdash A$. Σ° 也是 Σ, Σ' 的有限子集.因此规则(+)保存定理中所说的性质.

规则($\neg -$)的情形：

$$\text{如果 } \Sigma, \neg A \vdash B,$$
$$\Sigma, \neg A \vdash \neg B,$$
$$\text{则 } \Sigma \vdash A.$$

我们先要证明

(1) 存在有限的 $\Sigma_1 \subseteq \Sigma$，使得 $\Sigma_1, \neg A \vdash B$.

(2) 存在有限的 $\Sigma_2 \subseteq \Sigma$，使得 $\Sigma_2, \neg A \vdash \neg B$.

由归纳假设，存在有限的 $\Sigma' \subseteq \{\Sigma, \neg A\}$，使得 $\Sigma' \vdash B$. 若 $\neg A \notin \Sigma'$，则 Σ' 是 Σ 的有限子集. 根据 $(+)$，由 $\Sigma' \vdash B$ 可得 Σ'，$\neg A \vdash B$. 令 $\Sigma_1 = \Sigma'$. 我们有 $\Sigma_1, \neg A \vdash B$，这就是 (1). 若 $\neg A \in \Sigma'$，则 $\Sigma' - \{\neg A\}$ 是 Σ 的有限子集. 令 $\Sigma_1 = \Sigma' - \{\neg A\}$. 我们有 $\Sigma' = \{\Sigma_1, \neg A\}$，从而得到 (1).

(2) 的证明是类似的.

根据 $(+)$，可以由 (1) 和 (2) 得到

$$\Sigma_1, \Sigma_2, \neg A \vdash B,$$
$$\Sigma_1, \Sigma_2, \neg A \vdash \neg B,$$

由此可得 $\Sigma_1, \Sigma_2 \vdash A$，其中的 Σ_1, Σ_2 是 Σ 的有限子集. 故规则 $(\neg -)$ 保存定理中所说的性质.

规则 $(\rightarrow -)$ 的情形：

$$\text{如果} \Sigma \vdash A \rightarrow B,$$
$$\Sigma \vdash A,$$
$$\text{则} \Sigma \vdash B.$$

由归纳假设，存在 Σ 的有限子集 Σ_1 和 Σ_2，使得 $\Sigma_1 \vdash A \rightarrow B$ 并且 $\Sigma_2 \vdash A$. 根据 $(+)$，可得

$$\Sigma_1, \Sigma_2 \vdash A \rightarrow B,$$
$$\Sigma_1, \Sigma_2 \vdash A.$$

于是有 $\Sigma_1, \Sigma_2 \vdash B$，其中的 Σ_1, Σ_2 是 Σ 的有限子集. 故规则 $(\rightarrow -)$ 保存定理中所说的性质.

其他情形的证明是类似的.

由基始和归纳步骤，定理得证.　　　　　□

在形式可推演性模式 $\Sigma \vdash A$ 中，前提是一个集中的所有公式，结论是一个公式. 在若干个形式可推演性模式中具有相同前提的情形，可以简化写法. 我们规定把

$$\Sigma \vdash A_1, \cdots, \Sigma \vdash A_n$$

简写为

$$\Sigma \vdash A_1, \cdots, A_n;$$

并且把

$$\Sigma \vdash B, 其中 B 是 \Sigma' 中的任何公式$$

简写为

$$\Sigma \vdash \Sigma'.$$

当Σ'是公式的无限集时,$\Sigma \vdash \Sigma'$包括无限多个形式可推演性模式.

定理 2.6.3

(i) 当$A \in \Sigma$时,$\Sigma \vdash A$.

(ii) 如果$\Sigma \vdash \Sigma'$,

$$\Sigma' \vdash A,$$

则$\Sigma \vdash A$.

证 (i)已在前面的例中证明.

(ii) 的证明如下:

(1) $\Sigma' \vdash A$(由假设).

(2) $A_1, \cdots, A_n \vdash A$,其中的 $A_1, \cdots, A_n \in \Sigma'$(由定理 2.6.2,(1)).

(3) $A_1, \cdots, A_{n-1} \vdash A_n \rightarrow A$(由$(\rightarrow +)$,(2)).

(4) $\varnothing \vdash A_1 \rightarrow (\cdots (A_n \rightarrow A) \cdots)$(与(3)类似).

(5) $\Sigma \vdash A_1 \rightarrow (\cdots (A_n \rightarrow A) \cdots)$(由$(+)$,(4)).

(6) $\Sigma \vdash A_1$(由假设,$A_1 \in \Sigma'$).

(7) $\Sigma \vdash A_2 \rightarrow (\cdots (A_n \rightarrow A) \cdots)$(由$(\rightarrow -)$,(5),(6)).

(8) $\Sigma \vdash A_n \rightarrow A$(与(7)类似).

(9) $\Sigma \vdash A_n$(由假设,$A_n \in \Sigma'$).

(10) $\Sigma \vdash A$(由$(\rightarrow -)$,(8),(9)). □

附注 定理 2.6.3 的(ii)记作(Tr).它是说形式可推演性是传递的.(Tr)是取"传递"的英文"transitive"的前两个字母.

虽然(Tr)的假设中的 $\Sigma \vdash \Sigma'$ 可能包括无限多个形式可推演性模式,但是我们在证明中只用了其中的有限个:

$$\Sigma \vdash A_1, \cdots, \Sigma \vdash A_n.$$

这是因为,根据定理 2.6.2,由假设中的 $\Sigma' \vdash A$ 可以得到 $A_1, \cdots,$ $A_n \vdash A (A_1, \cdots, A_n \in \Sigma')$. 因此,当在形式证明中使用(Tr)而写下 $\Sigma \vdash \Sigma'$ 时,我们不必担心由于它的无限性而使形式证明包括无限多的步骤,因而不符合由形式证明的定义(见定义 2.6.1)规定的形式证明只能含有限个项. 在后面定理 2.6.5(ii)的证明中就有这种情形.

定理 2.6.4

(i) $A \to B, A \vdash B$.

(ii) $A \vdash B \to A$.

(iii) $A \to B, B \to C \vdash A \to C$.

(iv) $A \to (B \to C), A \to B \vdash A \to C$.

证 我们选证(iii):

(1) $A \to B, B \to C, A \vdash A \to B$	(由($\in$)).
(2) $A \to B, B \to C, A \vdash A$	(由($\in$)).
(3) $A \to B, B \to C, A \vdash B$	(由($\to -$),(1),(2)).
(4) $A \to B, B \to C, A \vdash B \to C$	(由($\in$)).
(5) $A \to B, B \to C, A \vdash C$	(由($\to -$),(4),(3)).
(6) $A \to B, B \to C \vdash A \to C$	(由($\to +$),(5)).

其余的证明留给读者. □

根据定义 2.6.1,形式证明中的每一步骤应当由使用形式推演规则生成.但是在写出形式证明时,我们可以使用已经证明的形式可推演性模式,因为它们可以归约为规则.所以,形式推演规则是形式推演中的公理,形式可推演性模式是形式推演中的定理.

定理 2.6.5

(i) $\neg \neg A \vdash A$.

(ii) 如果 $\Sigma, A \vdash B$,

   $\Sigma, A \vdash \neg B$,

  则 $\Sigma \vdash \neg A$.   (**归谬律**)

(iii) $A \vdash \neg \neg A$.

(iv) $A, \neg A \vdash B$.

(v) $A \vdash \neg A \rightarrow B$.

(vi) $\neg A \vdash A \rightarrow B$.

证 我们选证(i)和(ii),其余的证明留给读者.

证(i).

(1) $\neg\neg A, \neg A \vdash \neg A$ （由($\in$)）.

(2) $\neg\neg A, \neg A \vdash \neg\neg A$ （由($\in$)）.

(3) $\neg\neg A \vdash A$ （由($\neg -$),(1),(2)）.

证(ii).

(1) $\Sigma, \neg\neg A \vdash \Sigma$ （由($\in$)）.

(2) $\neg\neg A \vdash A$ （由本定理(i)）.

(3) $\Sigma, \neg\neg A \vdash A$ （由($+$),(2)）.

(4) $\Sigma, A \vdash B$ （由假设）.

(5) $\Sigma, \neg\neg A \vdash B$ （由(Tr),(1),(3),(4)）.

(6) $\Sigma, \neg\neg A \vdash \neg B$ （与(5)类似）.

(7) $\Sigma \vdash \neg A$ （由($\neg -$),(5),(6)）. □

附注 定理2.6.5(ii)记作($\neg +$),即 $\neg$ 的**引入**.($\neg +$)是归谬律,($\neg -$)是**反证律**.它们在形状上是相似的,但在强弱上是不同的.反证律比归谬律更强.($\neg +$)已在上面证明.但是,如果在规则中把($\neg -$)换为($\neg +$),则不能证明($\neg -$).这涉及独立性的概念,它将在第4.6节中讨论.

由于($\neg -$)比($\neg +$)更强,所以凡是使用($\neg +$)能证明的,使用($\neg -$)必定能证明;但是使用($\neg -$)能证明的,使用($\neg +$)未必能证明.当使用两者都能证明时,使用($\neg +$)通常更为方便.

由于形式推演是一种新的事物,读者现在可能对它还不是很习惯.这里要对怎样做形式推演作一般性说明.

设要证 $\Sigma \vdash A$.我们一般先考虑其中的结论A是怎样的公式,同时也要考虑前提 Σ 中有怎样的公式.根据定理2.3.4,命题语言的公式有6种情形.前面讲过,当A是蕴涵式 $B \rightarrow C$ 时,可以先证 $\Sigma, B \vdash C$,然后使用($\rightarrow +$)由它得到 $\Sigma \vdash A$.当 Σ 中有(或者由 Σ

能推出)某个蕴涵式 B→C 和它的前件 B 时,可以使用(→−)得到 Σ⊢C,然后继续进行推演.

如果 A 是否定式 ⌐ B,则可以考虑找到公式 C,使得能证明 Σ,B ⊢C 和 Σ,B ⊢ ⌐ C,于是使用(⌐ +)得到 Σ⊢A.

在 A 是合取式、析取式或等值式的情形,Σ⊢A 的证明方法将随后陈述.

我们也可以不考虑 A 是有怎样形式的公式,根据它来作证明,而是使用(⌐ −)进行证明.例如要证 Σ⊢B→C.我们可以不像上面所说的那样,先证 Σ,B ⊢C,然后使用(→+)由它得到 Σ⊢B→C,而是找到公式 C′,使得能证明 Σ,⌐ (B→C) ⊢C′ 和 Σ, ⌐ (B→C) ⊢ ⌐ C′,然后使用(⌐ −)由它们得到 Σ⊢B→C.但是这样的证明往往是比较不简捷的.

还应当指出,虽然前面已经强调说明,形式推演规则和由其定义的形式推演只涉及有关公式的语法结构,但是它们是有直观涵义的.想着它们的直观涵义能有助于直观地做出形式推演.

定理 2.6.6

(i) A→B ⊢ ⌐ B→ ⌐ A.

(ii) A→ ⌐ B ⊢B→ ⌐ A.

(iii) ⌐ A→B ⊢ ⌐ B→A.

(iv) ⌐ A→ ⌐ B ⊢B→A.

(v) 如果 A ⊢B,则 ⌐ B ⊢ ⌐ A.

(vi) 如果 A ⊢ ⌐ B,则 B ⊢ ⌐ A.

(vii) 如果 ⌐ A ⊢B,则 ⌐ B ⊢A.

(viii) 如果 ⌐ A ⊢ ⌐ B,则 B ⊢A.

证 我们选证(ii):

(1) A→ ⌐ B,B,A ⊢B   (由(∈)).

(2) A→ ⌐ B,A ⊢ ⌐ B   (由定理 2.6.4(i)).

(3) A→ ⌐ B,B,A ⊢ ⌐ B   (由(+),(2)).

(4) A→ ⌐ B,B ⊢ ⌐ A   (由(⌐ +),(1),(3)).

(5) A→ ⌐ B ⊢B→ ⌐ A   (由(→+),(4)).   □

定理 2.6.7

(i) $\neg A \to A \vdash A$.

(ii) $A \to \neg A \vdash \neg A$.

(iii) $A \to B, A \to \neg B \vdash \neg A$.

(iv) $A \to B, \neg A \to B \vdash B$.

(v) $\neg(A \to B) \vdash A$.

(vi) $\neg(A \to B) \vdash \neg B$.

证 我们选证(v)：

(1) $\neg(A \to B), \neg A \vdash \neg(A \to B)$ （由($\in$)）.

(2) $\neg A \vdash A \to B$ （由定理 2.6.5(vi)）.

(3) $\neg(A \to B), \neg A \vdash A \to B$ （由($+$),(2)）.

(4) $\neg(A \to B) \vdash A$ （由($\neg -$),(3),(4)）. □

对于两个公式 A 和 B,我们写

$$A \dashv\vdash B$$

表示"$A \vdash B$ 并且 $B \vdash A$". 称 A 和 B 为**语法等值公式**,当且仅当 $A \dashv\vdash B$ 成立. 当不至于引起误会时,语法等值公式也简称为**等值公式**.

我们用 $\dashv$ 表示 $\vdash$ 的逆.

定理 2.6.8

(i) $A \wedge B \vdash A, B$.

(ii) $A, B \vdash A \wedge B$.

(iii) $A \wedge B \dashv\vdash B \wedge A$. （∧**交换律**）

(iv) $(A \wedge B) \wedge C \dashv\vdash A \wedge (B \wedge C)$. （∧**结合律**）

(v) $\neg(A \wedge B) \dashv\vdash A \to \neg B$.

(vi) $\neg(A \to B) \dashv\vdash A \wedge \neg B$.

(vii) $\varnothing \vdash \neg(A \wedge \neg A)$. （**不矛盾律**）

证 我们选证(vi).

证(vi)的 $\vdash$.

(1) $\neg(A \to B) \vdash A$ （由定理 2.6.7(v)）.

(2) $\neg(A \to B) \vdash \neg B$ （由定理 2.6.7(vi)）.

(3) $\neg(A \rightarrow B) \vdash A \wedge \neg B$　（由$(\wedge+),(1),(2)$）.

证(vi)的$\dashv$.

(1) $A \wedge \neg B \vdash A$　（由本定理(i)）.

(2) $A \wedge \neg B, A \rightarrow B \vdash A$　（由$(+),(1)$）.

(3) $A \wedge \neg B, A \rightarrow B \vdash A \rightarrow B$　（由$(\in)$）.

(4) $A \wedge \neg B, A \rightarrow B \vdash B$　（由$(\rightarrow-),(3),(2)$）.

(5) $A \wedge \neg B \vdash \neg B$　（由本定理(i)）.

(6) $A \wedge \neg B, A \rightarrow B \vdash \neg B$　（由$(+),(5)$）.

(7) $A \wedge \neg B \vdash \neg(A \rightarrow B)$　（由$(\neg+),(4),(6)$）.　□

定理 2.6.9

(i) $A \vdash A \vee B, B \vee A$.

(ii) $A \vee B \dashv\vdash B \vee A$.　（$\vee$**交换律**）

(iii) $(A \vee B) \vee C \dashv\vdash A \vee(B \vee C)$.　（$\vee$**结合律**）

(iv) $A \vee B \dashv\vdash \neg A \rightarrow B$.

(v) $A \rightarrow B \dashv\vdash \neg A \vee B$.

(vi) $\neg(A \vee B) \dashv\vdash \neg A \wedge \neg B$.　（De Morgen **律**）

(vii) $\neg(A \wedge B) \dashv\vdash \neg A \vee \neg B$.　（De Morgen **律**）

(viii) $\varnothing \vdash A \vee \neg A$.　（**排中律**）

证　我们选证(iv).

证(iv)的$\vdash$.

(1) $A \vdash \neg A \rightarrow B$　（由定理$2.6.5(v)$）.

(2) $B \vdash \neg A \rightarrow B$　（由定理$2.6.4(ii)$）.

(3) $A \vee B \vdash \neg A \rightarrow B$　（由$(\vee-),(1),(2)$）.

证(iv)的$\dashv$.

(1) $A \vdash A \vee B$　（由本定理(i)）.

(2) $\neg(A \vee B) \vdash \neg A$　（由定理$2.6.6(v),(1)$）.

(3) $\neg A \rightarrow B, \neg(A \vee B) \vdash \neg A$　（由$(+),(2)$）.

(4) $\neg A \rightarrow B, \neg(A \vee B) \vdash \neg A \rightarrow B$　（由$(\in)$）.

(5) $\neg A \rightarrow B, \neg(A \vee B) \vdash B$　（由$(\rightarrow-),(4),(3)$）.

(6) $\neg A \rightarrow B, \neg(A \vee B) \vdash A \vee B$　（由$(\vee+),(5)$）.

(7) $\neg A{\to}B,\neg(A\lor B)\vdash\neg(A\lor B)$ （由$(\in)$).

(8) $\neg A{\to}B\vdash A\lor B$ （由$(\neg-)$,(6),(7)). □

定理2.6.9(iv)的$\dashv$部分可以利用该定理(vi)的$\vdash$(它的证明不用到(iv)),定理2.6.8(vi)的$\dashv$,以及定理2.6.6(viii)得到更简单的证明.

附注

(1) 由定理2.6.8(vi)的证明容易看出,关于合取符号的形式推演规则$(\land-)$和$(\land+)$的使用是简单的.证明(vi)的$\dashv$部分实际上是使用了$(\land-)$.

(2) 关于析取符号的形式推演规则$(\lor-)$和$(\lor+)$,使用起来比较不简单.例如在定理2.6.9(iv)的$\vdash$部分中,前提是析取式$A\lor B$,在这种情形使用$(\lor-)$得证.在它的$\dashv$部分中,结论是$A\lor B$.这时好像可以先证$\neg A{\to}B\vdash A$(或$\neg A{\to}B\vdash B$),然后使用$(\lor+)$得到证明.实际上并不是这样.从直观上看,A(或B)比$A\lor B$更强,所以$\neg A{\to}B\vdash A$(或$\neg A{\to}B\vdash B$)比$\neg A{\to}B\vdash A\lor B$肯定得更多.这样,$\neg A{\to}B\vdash A$(或$\neg A{\to}B\vdash B$)是不一定成立的.(实际上它们是不成立的,这在读了第四章第4.2节可靠性之后能够证明.)上面是使用反证律$(\neg-)$证明了$\neg A{\to}B\vdash A\lor B$.

(3)使用$(\neg-)$证明$\neg A{\to}B\vdash A\lor B$,就是要找到某个C,使得

($*1$) $\qquad\qquad \neg A{\to}B,\neg(A\lor B)\vdash C$

($*2$) $\qquad\qquad \neg A{\to}B,\neg(A\lor B)\vdash\neg C$

成立.这个C有三种情形:(一)C是前提中的$\neg A{\to}B$,因此$\neg C$是$\neg(\neg A{\to}B)$;(二)$\neg C$是前提中的$\neg(A\lor B)$,因此C是$A\lor B$;(三)C是某个现在还不清楚的公式.一般说,第三种情形的C是比较难找的.在前两种情形,所要证明的($*1$)和($*2$)中总有一个已显然成立了.

上述证明中选择的C是$A\lor B$,因此要建立上述证明中的(6)和(7):

$$\neg A{\to}B,\neg(A\lor B)\vdash A\lor B$$

$$\neg A \to B, \neg (A \lor B) \vdash \neg (A \lor B)$$

其中的(7)显然成立,故关键的步骤是(6).为了建立(6),再用(¬ –)是没有意义了;故必须使用前提中的¬A→B.(6)是通过(5)建立的,(5)是由(4)和(3)得到的,(3)又是使用(¬ –)得到的.

迄今为止,形式证明中的步骤及其根据都是详细写出的.以后可能为了简便而省略某些比较明显的步骤.证明中的根据也会省略.

定理 2.6.10

(i) $A \lor (B \land C) \dashv\vdash (A \lor B) \land (A \lor C)$.

(ii) $A \land (B \lor C) \dashv\vdash (A \land B) \lor (A \land C)$.

(iii) $A \to (B \land C) \dashv\vdash (A \to B) \land (A \to C)$.

(iv) $A \to (B \lor C) \dashv\vdash (A \to B) \land (A \to C)$.

(v) $(A \land B) \to C \dashv\vdash (A \to C) \lor (B \to C)$.

(vi) $(A \lor B) \to C \dashv\vdash (A \to C) \land (B \to C)$.

定理 2.6.10 的证明留给读者.

附注

(1) 定理 2.6.10 的(i)是 $\lor$ 对于 $\land$ 的分配律,(ii)是 $\land$ 对于 $\lor$ 的分配律.

由于 $\lor$ 和 $\land$ 都满足交换律,故(i)和(ii)可以分别记作

$$(B \land C) \lor A \dashv\vdash (B \lor A) \land (C \lor A),$$

$$(B \lor C) \land A \dashv\vdash (B \land A) \lor (C \land A).$$

(2) 定理 2.6.10 的(iii)和(iv)分别是→对于它的右辖域中的 $\land$ 和 $\lor$ 的分配律.(v)和(vi)好像分别是→对于它左辖域中的 $\land$ 和 $\lor$ 的分配律,实际上并不是这样;因为在(v)中 $\dashv\vdash$ 的左方是 $\land$,右方却是 $\lor$;在(vi)中 $\dashv\vdash$ 的左方是 $\lor$,右方却是 $\land$.

(3)下面的

$$(A \land B) \to C \dashv\vdash (A \to C) \land (B \to C)$$

$$(A \lor B) \to C \dashv\vdash (A \to C) \lor (B \to C)$$

是不成立的.这在读了可靠性之后能够证明.

定理 2.6.11

(i) $A \leftrightarrow B, A \vdash B.$

   $A \leftrightarrow B, B \vdash A.$

(ii) $A \leftrightarrow B \dashv\vdash B \leftrightarrow A.$ （$\leftrightarrow$**交换律**）

(iii) $A \leftrightarrow B \dashv\vdash \neg A \leftrightarrow \neg B.$

(iv) $\neg (A \leftrightarrow B) \dashv\vdash A \leftrightarrow \neg B.$

(v) $\neg (A \leftrightarrow B) \dashv\vdash \neg A \leftrightarrow B.$

(vi) $A \leftrightarrow B \dashv\vdash (\neg A \vee B) \wedge (A \vee \neg B).$

(vii) $A \leftrightarrow B \dashv\vdash (A \wedge B) \vee (\neg A \wedge \neg B).$

(viii) $(A \leftrightarrow B) \leftrightarrow C \dashv\vdash A \leftrightarrow (B \leftrightarrow C).$ （$\leftrightarrow$**结合律**）

(ix) $A \leftrightarrow B, B \leftrightarrow C \vdash A \leftrightarrow C.$

(x) $A \leftrightarrow \neg A \vdash B.$

(xi) $\varnothing \vdash (A \leftrightarrow B) \vee (A \leftrightarrow \neg B).$

定理 2.6.11 的证明留给读者.

$A \leftrightarrow B$ 可以看作 $(A \rightarrow B) \wedge (B \rightarrow A)$. 因此关于 $\leftrightarrow$ 的形式推演规则可以陈述为：

($\leftrightarrow -$) 如果 $\Sigma \vdash A \leftrightarrow B$,

       则 $\Sigma \vdash A \rightarrow B, B \rightarrow A.$

($\leftrightarrow +$) 如果 $\Sigma \vdash A \rightarrow B, B \rightarrow A$,

       则 $\Sigma \vdash A \leftrightarrow B.$

下面的定理和引理依次相当于上节中的定理 2.5.2, 引理 2.5.3, 定理 2.5.4 和定理 2.5.5, 证明和上节中的证明类似.

定理 2.6.12

(i) $A_1, \cdots, A_n \vdash A$ 当且仅当 $\varnothing \vdash A_1 \wedge \cdots \wedge A_n \rightarrow A.$

(ii) $A_1, \cdots, A_n \vdash A$ 当且仅当 $\varnothing \vdash A_1 \rightarrow (\cdots (A_n \rightarrow A) \cdots).$

引理 2.6.13 如果 $A \dashv\vdash A'$ 并且 $B \dashv\vdash B'$, 则

(i) $\neg A \dashv\vdash \neg A'.$

(ii) $A \wedge B \dashv\vdash A' \vee B'.$

(iii) $A \vee B \dashv\vdash A' \vee B'.$

(iv) $A \rightarrow B \dashv\vdash A' \rightarrow B'.$

(v) A↔B ⊢⊣ A′↔B′.

定理 2.6.14（等值公式替换） 设 B ⊢⊣ C 并且在 A 中把 B 的某些(不一定全部)出现替换为 C 而得到 A′,则 A ⊢⊣ A′.

定理 2.6.15（对偶性） 设 A 是由 $\mathscr{L}p$ 的原子公式和联结符号 ¬ , ∧ 和 ∨ 使用有关的形成规则而生成的公式,A′是 A 的对偶. 则 A′ ⊢⊣ ¬ A.

当前提是空集时,我们得到形式可推演性的重要的特殊情形 ∅ ⊢A. 显然,∅ ⊢A 当且仅当对于任何 Σ,Σ ⊢A.

前面讲过,当 Σ ⊢A 成立时,称 A 为由 Σ 形式可证明的. 现在,当 ∅ ⊢A 成立(即对于任何 Σ,Σ ⊢A 成立)时,称 A 为**形式可证明的**. 不矛盾律 ¬ (A∧ ¬ A) 和排中律 A∨ ¬ A 是形式可证明公式的例子.

附注 由定理 2.6.2,形式可推演性模式 Σ ⊢A 中的前提 Σ 可以减少为有限集. 由定理 2.6.12,当形式可推演性模式 A_1,⋯, A_n ⊢A 中的前提是有限集时,它和一个形式可证明的公式 A_1 ∧ ⋯ ∧ A_n →A 等价. 因此,在某种意义上,Σ 和 A 之间的形式可推演性关系可以用形式可证明公式来表示. 形式可证明公式的意义将在第四章中可靠性和完备性的讨论中表现出来.

本节中所陈述的经典命题逻辑的形式推演规则(以及将在后面陈述的关于经典一阶逻辑以及非经典逻辑的形式推演规则)自然地表示了直观的非形式推理的规则. 建立在这样规则的基础上的形式推演系统称为**自然推演系统**.

形式推演有另一种类型的系统——公理推演系统. 我们将在第六章中介绍公理推演系统.

我们看到,详细写出自然推演的形式证明是相当繁琐的,因为在证明中经常要重复使用相同的公式. 形式证明有一种更加简单清楚的写法,我们将在本书的附录中介绍这种简明的写法,读者可以参考.

习　　题

2.6.1　证定理 2.6.9(v),(vi),(viii).

2.6.2　证定理 2.6.11(iv),(viii),(x),(xi).

2.6.3　证明：

(1) $(A \rightarrow B) \rightarrow B \vdash (B \rightarrow A) \rightarrow A$.

(2) $(A \rightarrow B) \rightarrow C \vdash (A \rightarrow C) \rightarrow C$.

(3) $(A \rightarrow B) \rightarrow C \vdash (C \rightarrow A) \rightarrow (A' \rightarrow A)$.

(4) $(A \wedge \neg B) \rightarrow (A' \vee C), B \rightarrow \neg A, A \rightarrow \neg C \vdash A \rightarrow A'$.

2.6.4　由($\neg$ +)和下面的：

(1)如果 $\Sigma \vdash \neg \neg A$,则 $\Sigma \vdash A$.

证明($\neg$ -).

以下四题是比较难解的.

2.6.5　由(Ref),(+),($\rightarrow$+)和下面的：

(1) 如果 $\Sigma \vdash \neg \neg A$,则 $\Sigma \vdash A$.

(2) 如果 $\Sigma \vdash A$,则 $\Sigma \vdash \neg \neg A$.

(3) 如果 $\Sigma \vdash A \rightarrow B, \neg B$,则 $\Sigma \vdash \neg A$.

证明($\neg$ -).

2.6.6　由(Ref),(+),($\rightarrow$+)和下面的：

(1) 如果 $\Sigma \vdash \neg \neg A$,则 $\Sigma \vdash A$.

(2) 如果 $\Sigma \vdash A \rightarrow \neg B, B$,则 $\Sigma \vdash \neg A$.

证明($\neg$ -).

2.6.7　由(Ref),(+),($\rightarrow$+)和下面的：

(1) 如果 $\Sigma \vdash A$,则 $\Sigma \vdash \neg \neg A$.

(2) 如果 $\Sigma \vdash \neg A \rightarrow B, \neg B$,则 $\Sigma \vdash A$.

证明($\neg$ -).

2.6.8　由(Ref),(+),($\rightarrow$+)和下面的

(1) 如果 $\Sigma \vdash \neg A \rightarrow \neg B, B$,则 $\Sigma \vdash A$.

证明($\neg$ -).

2.7　析取范式和合取范式

在前面两节中介绍了逻辑推论 $\Sigma \vDash A$ 和形式可推演性 $\Sigma \vdash A$

之后,接着要研究它们之间的关系,即可靠性和完备性.这是最重要的问题.由于经典一阶逻辑有同样的问题,并且经典的命题逻辑和一阶逻辑密切相关,我们将在第三章介绍经典一阶逻辑之后,在第四章中集中研究可靠性和完备性.

这样,在命题逻辑中我们还将介绍两个内容:本节的范式和下节的联结符号完备集.

范式是具有标准形式的公式.公式可以经过变换成为范式,使得更加便于对它们作符号的处理.

本节中要讨论命题逻辑中的两种范式:析取范式和合取范式.

定义 2.7.1(单式,子式)

称原子公式和原子公式的否定式为**单式**.

称以单式为析(合)取项的析(合)取式为**析(合)取子式**,简称**子式**.

定义 2.7.2(析取范式,合取范式)

称以合取子式为析取项的析取式为**析取范式**.

称以析取子式为合取项的合取式为**合取范式**.

析取范式和合取范式分别有以下的形式:

$$(A_{11} \wedge \cdots \wedge A_{1n_1}) \vee \cdots \vee (A_{k1} \wedge \cdots \wedge A_{kn_k}),$$

$$(A_{11} \vee \cdots \vee A_{1n_1}) \wedge \cdots \wedge (A_{k1} \vee \cdots \vee A_{kn_k}),$$

其中的 $A_{ij}(1 \leqslant i \leqslant k, 1 \leqslant j \leqslant n_i)$ 是单式.

例 观察以下的公式

(1) p.

(2) $\neg p \vee q$.

(3) $\neg p \wedge q \wedge \neg r$.

(4) $\neg p \vee (q \wedge \neg r)$.

(5) $\neg p \wedge (q \vee \neg r) \wedge (\neg q \vee r)$.

(1)是原子公式,因此是单式.它是只有一个析取项的析取式,也是只有一个合取项的合取式(故(1)中不出现析取符号或合取符号).因此它是有一个单式的析取子式或合取子式.它是有一个合取子式 p 的析取范式,也是有一个析取子式 p 的合取范式.

(2)是有两个析取项的析取式,并且是有两个合取子式(每个子式有一个单式)的析取范式.它也是有一个合取项的合取式,并且是有一个析取子式(它有两个单式)的合取范式.

类似地,(3)是合取式,并且是合取范式.它也是析取式,并且是析取范式.

(4)是析取范式,但不是合取范式.

(5) 是合取范式,但不是析取范式.

如果在(4)和(5)中交换 ∨ 和 ∧ ,则(4)变换为合取范式,(5)变换为析取范式.

定理 2.7.3 任何 $A \in \mathrm{Form}(\mathscr{L}^p)$ 逻辑等值于某一析取范式.

证 如果 A 是矛盾式,则 A 和析取范式 $p \wedge \neg p$ 逻辑等值,p 是在 A 中出现的任何一个原子公式.

如果 A 不是矛盾式,我们可以不失去一般性地考虑 A 的一个例子,来证明本定理.设 A 中出现三个原子公式 p,q 和 r.又设 A 的真假值是 1 当且仅当给 p,q,r 分别指派 1,1,0 或 1,0,1 或 0,0,1.(至少有一个这样的指派使 A 的值是 1,因为 A 不是矛盾式.)

对于上述每一个指派,我们构作一个有三个单式的合取子式,这三个单式是 p 或 p 的否定,q 或 q 的否定和 r 或 r 的否定(根据这个指派给 p,q,r 指派 1 或 0 来确定).因此,对于上述指派,我们依次构作以下的三个合取子式:

(1) $p \wedge q \wedge \neg r$,

(2) $p \wedge \neg q \wedge r$,

(3) $\neg p \wedge \neg q \wedge r$.

显然,(1)的值是 1 当且仅当给 p,q,r 分别指派 1,1,0;(2)的值是 1 当且仅当指派 1,0,1;(3)的值是 1 当且仅当指派 0,0,1.因此下面的析取范式(以(1),(2),(3)为子式):

$$(p \wedge q \wedge \neg r) \vee (p \wedge \neg q \wedge r) \vee (\neg p \wedge \neg q \wedge r)$$

与 A 是逻辑等值的.

如果 A 是重言式,则所要求的析取范式可以简单地就是 p ∨

¬ p,其中的 p 是在 A 中出现的任何一个原子公式. □

在 A 含三个不同原子公式,并且不是矛盾式的情形,用上述证明中的方法构作的析取范式最少有一个子式,最多有八个子式.

定理 2.7.4

任何 A∈Form($\mathscr{L}^p$)逻辑等值于某一合取范式.

证 与定理 2.7.3 的证明类似,要作一些修改. □

附注 在读了第四章中的完备性定理之后,我们将能证明,上述析取范式和合取范式与原来的公式也是语法等值的.

称与公式 A 等值的析(合)取范式为 A **的析(合)取范式**.

公式可以有不同的析(合)取范式.

因为公式和它的范式是等值的,所以对公式性质的讨论可以改变为对它的范式的讨论.范式的特殊的标准形式有利于这种讨论.

称一个公式和它的否定式为**互补公式**,其中的任何一个是另一个的补式.

定理 2.7.5

一个析取范式是矛盾式,当且仅当它的每个(合取)子式含互补的单式.

一个合取范式是重言式,当且仅当它的每个(析取)子式含互补的单式. □

定理 2.7.6

一个公式是矛盾式,当且仅当它的析取范式的每个(合取)子式含互补的单式.

一个公式是重言式,当且仅当它的合取范式的每个(析取)子式含互补的单式. □

一个公式的**完全析(合)取范式**是这样的析(合)取范式,它的各个子式含这个公式的所有原子公式(所有原子公式在各个子式中只出现一次),并且各个子式都不相同.

如果 A 不是重言式也不是矛盾式,那么在定理 2.7.3 和定理 2.7.4 的证明中所构作的范式是完全析取范式和完全合取范式.

现在我们介绍另一种由公式构作它的析(合)取范式的方法.

我们有以下的逻辑等值关系(它们很容易证明):

1) $A \rightarrow B \dashv\vdash \neg A \lor B$.

2) $A \leftrightarrow B \dashv\vdash (\neg A \lor B) \land (A \lor \neg B)$.

3) $A \leftrightarrow B \dashv\vdash (A \land B) \lor (\neg A \land \neg B)$.

4) $\neg\neg A \dashv\vdash A$.

5) $\neg (A_1 \land \cdots \land A_n) \dashv\vdash \neg A_1 \lor \cdots \lor \neg A_n$.

6) $\neg (A_1 \lor \cdots \lor A_n) \dashv\vdash \neg A_1 \land \cdots \land \neg A_n$.

7) $A \land (B_1 \lor \cdots \lor B_n) \dashv\vdash (A \land B_1) \lor \cdots \lor (A \land B_n)$.

8) $A \lor (B_1 \land \cdots \land B_n) \dashv\vdash (A \lor B_1) \land \cdots \land (A \lor B_n)$.

由逻辑等值公式的可替换性(定理 2.5.4),我们可以在原来的公式中把上面左边的公式替换为相应的右边的公式,以得到与原来的公式逻辑等值的公式.用 1)~3)能消去$\rightarrow$和$\leftrightarrow$.用 4)~6)能从 $\neg$ 的辖域中消去$\neg$,$\land$和$\lor$,就是使任何$\neg$都以原子公式为辖域.用 7)能从$\land$的辖域中消去$\lor$;用 8)能从$\lor$的辖域中消去$\land$.于是得到析取范式和合取范式.

某些逻辑等值关系可以用来简化变换的过程或者得到更简单的范式.例如,下面的逻辑等值关系

$$A \lor A \dashv\vdash A$$

$$A \land A \dashv\vdash A$$

能用来删去重复的析取项和合取项.这种可以删去的析取项和合取项可以是子式中的单式,也可以是范式中的子式.

如果范式的一个子式所含的所有单式都在另一个子式中出现,那么,使用下面的逻辑等值关系

$$A \lor (A \land B) \dashv\vdash A$$

$$A \land (A \lor B) \dashv\vdash A$$

就能删去更长的子式.

使用

$$A \lor (B \land \neg B \land C) \dashv\vdash A$$

$$A \land (B \lor \neg B \lor C) \dashv\vdash A$$

能删去范式中含互补单式的子式.

很容易验证,在上述的所有逻辑等值关系中,把 ⊨⊨ 换为语法等值关系 ⊢⊣,就得到语法等值公式.因此,由语法等值公式的可替换性(定理2.6.14),用上述方法得到的范式和原来的公式也是语法等值的.

范式的化简问题不在本书中讨论.

习 题

2.7.1 证明定理2.7.4.

2.7.2 写出下列公式的析取范式和合取范式:

(1) $(A{\rightarrow}A{\vee}B){\rightarrow}B{\wedge}C{\leftrightarrow}\neg\ A{\wedge}C.$

(2) $(A{\leftrightarrow}B{\wedge}A{\vee}\neg\ C){\rightarrow}(A{\wedge}\neg\ B{\rightarrow}C).$

(3) $(A{\leftrightarrow}B){\leftrightarrow}[(\neg\ A{\leftrightarrow}C){\rightarrow}(B{\leftrightarrow}\neg\ C)].$

(4) $\neg\ (A{\wedge}\neg\ A).$

2.7.3 设 A 不是矛盾式,A 含 n 个不同的命题符号,B 是 A 的完全析取范式.证明 A 是重言式当且仅当 B 含 2^n 个子式.

2.8 联结符号的完备集

某些联结符号在一起是完备的,意思是它们能被用来定义所有的联结符号.这需要说明.

例如,公式 A→B 和 ¬ A∨B 是逻辑等值的.这样,我们说,→能由¬和∨定义.于是,∨能由¬和→定义,因为 A∨B 和¬ A→B 逻辑等值.

到现在为止,我们讲了一个一元联结符号和四个二元联结符号.实际上有更多的一元和二元的联结符号,还有 $n>2$ 的 n 元联结符号.

本节中我们临时使用两个斜体小写拉丁文字母 f 和 g(或加下标)表示任何的联结符号.我们写

$$f\mathrm{A}_1\cdots\mathrm{A}_n$$

表示用 n 元联结符号 f 联结公式 $A_1, \cdots, A_n$ 所构成的公式.

我们说两个 $n(n \geqslant 1)$ 元联结符号是相同的, 是指它们有相同的真假值表. 因此, 对于任何 $n \geqslant 1$, 有 $2^{(2^n)}$ 个不同的 n 元联结符号. 例如, 有 $2^{(2^1)} = 4$ 个不同的一元联结符号, $2^{(2^2)} = 16$ 个不同的二元联结符号.

令 f_1, f_2, f_3 和 f_4 是所有不同的一元联结符号. 它们有以下的真假值表:

A	f_1A	f_2A	f_3A	f_4A
1	1	1	0	0
0	1	0	1	0

其中的 f_3 是否定符号.

令 $g_1, \cdots, g_{16}$ 是所有不同的二元联结符号. 它们有以下的真假值表:

A	B	g_1AB	g_2AB	g_3AB	g_4AB	g_5AB	g_6AB	g_7AB	g_8AB
1	1	1	1	1	1	0	1	1	1
1	0	1	1	1	0	1	1	0	0
0	1	1	1	0	1	1	0	1	0
0	0	1	0	1	1	1	0	0	1

A	B	g_9AB	$g_{10}AB$	$g_{11}AB$	$g_{12}AB$	$g_{13}AB$	$g_{14}AB$	$g_{15}AB$	$g_{16}AB$
1	1	0	0	0	1	0	0	0	0
1	0	1	1	0	0	1	0	0	0
0	1	1	0	1	0	0	1	0	0
0	0	0	1	1	0	0	0	1	0

其中的 g_2, g_4, g_8 和 g_{12} 分别是 $\vee, \rightarrow, \leftrightarrow$ 和 $\wedge$.

g_5 称为 Sheffer 竖, 通常记作 $|$; g_{15} 通常记作 $\downarrow$.

不同的三元联结符号有 $2^{(2^3)} = 256$ 个, 例如其中的一个是"如果-则-否则", 它有下面的真假值表:

A	B	C	如果 A 则 B, 否则 C.
1	1	1	1
1	1	0	1
1	0	1	0
1	0	0	0
0	1	1	1
0	1	0	0
0	0	1	1
0	0	0	0

称联结符号的集为**完备的**, 当且仅当任何 $n(n \geqslant 1)$ 元的联结符号都能由其中的联结符号定义.

令 f 是任何一个 n 元联结符号. 由 f 联结原子公式 $p_1, \cdots, p_n$ 构成公式 $fp_1 \cdots p_n$. 使用定理 2.7.3 的证明中所陈述的方法, 我们能得到与 $fp_1 \cdots p_n$ 逻辑等值的析取范式. 由于在析取范式中只出现联结符号 $\neg, \wedge$ 和 $\vee$, 所以我们有下面的定理.

定理 2.8.1 $\{\neg, \wedge, \vee\}$ 是联结符号的完备集.

推论 2.8.2 $\{\neg, \vee\}, \{\neg, \wedge\}$ 和 $\{\neg, \rightarrow\}$ 是联结符号的完备集.

由上面的定理和推论看来, 好像在联结符号的完备集中不能缺少否定符号. 实际上并非如此. 我们有下面的定理 (证明留给读者).

定理 2.8.3 $\{\mid\}$ 和 $\{\downarrow\}$ 是联结符号的完备集.

现在我们转向考虑不是建立在五个常用的联结符号的基础之上的,而是建立在某些完备的联结符号,例如 $\{\neg, \to\}$ 的基础之上的命题逻辑系统.

令 $\mathscr{L}_0^p$ 是 $\mathscr{L}^p$ 的子语言,它是由 $\mathscr{L}^p$ 去掉三个联结符号 $\wedge$, $\vee$ 和 $\leftrightarrow$ 而得. $\mathrm{Form}(\mathscr{L}_0^p)$ 是 $\mathscr{L}_0^p$ 的公式集,我们省略它的定义.显然, $\mathrm{Form}(\mathscr{L}_0^p)$ 是 $\mathrm{Form}(\mathscr{L}^p)$ 的真子集.

设 $\Sigma \subseteq \mathrm{Form}(\mathscr{L}_0^p)$, $A \in \mathrm{Form}(\mathscr{L}_0^p)$,并且 $\vdash_0$ 是由规则 (Ref), $(+)$, $(\neg-)$, $(\to-)$ 和 $(\to+)$ 定义的形式可推演性.显然有

$$\Sigma \vdash_0 A \Rightarrow \Sigma \vdash A.$$

对于 $A \in \mathrm{Form}(\mathscr{L}^p)$ 和 $\Sigma \subseteq \mathrm{Form}(\mathscr{L}^p)$,我们(递归地)定义它们在 $\mathscr{L}_0^p$ 中的翻译 A_0 和 Σ_0:

对于原子公式 A, $A_0 = A$;

$(\neg A)_0 = \neg A_0$;

$(A \wedge B)_0 = \neg (A_0 \to \neg B_0)$;

$(A \vee B)_0 = \neg A_0 \to B_0$;

$(A \to B)_0 = A_0 \to B_0$;

$(A \leftrightarrow B)_0 = \neg [(A_0 \to B_0) \to \neg (B_0 \to A_0)]$;

$\Sigma_0 = \{A_0 \mid A \in \Sigma\}$.

于是我们有下面的定理.

定理 2.8.4 设 $\Sigma \subseteq \mathrm{Form}(\mathscr{L}^p)$, $A \in \mathrm{Form}(\mathscr{L}^p)$,则 $\Sigma \vdash A$ 当且仅当 $\Sigma_0 \vdash_0 A_0$.

定理 2.8.4 的证明留给读者.

习　　题

2.8.1　证明 $\{\to, g_{14}\}$ 是完备集.

2.8.2　证定理 2.8.3.

2.8.3 $\{\wedge, \vee\}$不是完备集.

2.8.4 $\{\leftrightarrow, g_9\}$不是完备集.

2.8.5 $\wedge$和$\vee$不能由$\neg$定义.

2.8.6 $\leftrightarrow$不能由$\rightarrow$定义.

2.8.7 在二元联结符号中,只有$|$和$\downarrow$单独具有完备性.

2.8.8 证定理2.8.4.

第三章　经典一阶逻辑

在命题逻辑部分,我们分析构成复合命题的成分,分析复合命题的逻辑形式.简单命题被看作构成复合命题的初始成分,作为取得真假值的整体.构成简单命题的成分,简单命题的逻辑形式,在命题逻辑中是不分析的.这样,命题逻辑不能包括所有的逻辑规律.

例如下面的推理:

$$\begin{cases} \text{所有自然数有大于它的素数.(前提)} \\ 2^{100}\text{是自然数.(前提)} \\ 2^{100}\text{有大于它的素数.(结论)} \end{cases}$$

其中的前提和结论都不是使用联结词构成的,因此都不是复合命题而是简单命题.它们是不同的简单命题.因此,这个推理是由两个不同的简单命题推出另一个不同的简单命题,这在命题逻辑中是不能说明的.

但是,上述推理却是正确的.它的正确性决定于其中前提和结论这些简单命题的逻辑形式,决定于关系和量词的特征.由于简单命题的逻辑形式在命题逻辑中是不加分析的,所以这个推理的正确性不能在命题逻辑中得到说明.我们要进一步对简单命题分析其逻辑形式,从而显示出前提和结论的逻辑形式上的联系,才能认识这种推理的形式和规律.

在本章中将要介绍经典一阶逻辑.在经典一阶逻辑中要使用联结词以及量词构成命题(其中包括简单命题),研究这种命题的逻辑形式和它们之间的可推导性规律.经典一阶逻辑中命题的逻辑形式和量词的特征有密切联系,因此它又称为量词逻辑或量词理论.

一阶逻辑有各种名称:谓词逻辑,狭谓词逻辑,初等逻辑,狭函数演算,关系演算,量词理论,等等.一阶逻辑似乎是目前比较流行的用法.

由本章至第六章中所陈述的一阶逻辑是经典一阶逻辑.

3.1 量　词

本节中要说明一阶逻辑中的命题,特别是使用量词构成的命题的逻辑形式.

任何科学理论有它的研究对象,这些对象构成一个不空的集,称为**论域**.论域中的元素,即所研究的对象,称为**个体**.一个理论还要研究个体之间的关系(包括个体的性质)以及作用于个体的函数.

可以指定某些个体、关系和函数作为初始的事物,然后由它们定义其他的个体、关系和函数.这四个成分(论域和指定的个体、关系和函数)构成一个**结构**.例如,自然数的结构由论域 N(自然数集),指定的个体 0(零),关系 =(相等),以及函数 $'$(后继),+(加),和·(乘)构成,记作

$$\langle N, 0, =, ', +, \cdot \rangle.$$

群的结构是

$$\langle G, e, =, \cdot \rangle,$$

其中 G 是群的元的不空集,e 是指定的个体(它是群的单位元),= 是指定的相等关系,·是指定的函数(它是群的乘法运算).

在数学中研究各种结构.数学命题是关于所研究的结构的论域和指定的个体,关系和函数的.

下面的命题都是不含联结词的简单命题:

4 是偶数.

$4 < 5.$

$3^2 + 4^2 = 5^2.$

它们是讲某些个体有某个关系的.“$4 < 5$”讲 4 和 5 有二元的“小于”关系.“$3^2 + 4^2 = 5^2$”讲 3,4 和 5 有三元的“两数平方之和等于第

三数的平方"关系."4 是偶数"讲 4 有"是偶数"的性质,性质是一元关系.

构成某些命题时需要使用变元.以论域为变化范围的变元用来构成关于个体的一般性命题,例如

$$对于所有 x, x^2 \geqslant 0.$$

$$对于所有 x 和 y, x^2 - y^2 = (x+y)(x-y).$$

变元也用来表示某种条件,例如

$$x + x = x \cdot x$$

表示这样的条件:一个数和它自己相加,又和它自己相乘,所得的结果相等.这个条件只有 0 和 2 能够满足.类似地,

$$x \cdot x = y$$

表示这样的条件:指派给 y 的值是指派给 x 的值的平方.

联结词仍用来构成复合命题,这和命题逻辑中所陈述的完全相同.

此外,在命题(特别是数学命题)中经常使用"所有"(或"任何","每个";详细说,是"对于所有的")和"存在"(或"有";详细说,是"存在至少一个")这两个词.例如,在极限

$$\lim_{x \to a} f(x) = b$$

的定义:

对于每一 $\varepsilon > 0$,存在 $\delta > 0$,使得

如果 $|x - a| < \delta$,则 $|f(x) - b| < \varepsilon$.

中,就用了这两个词.这些词是**量词**."所有"是**全称量词**,它表示论域的全体,其涵义是所有(论域中的)个体都有某个性质."存在"是**存在量词**,它表示论域的不空的部分,其涵义是存在至少一个(论域中的)个体,它有某个性质.

令 R 是一个性质,$R(x)$ 表示 x 有 R 性质.用量词构成的命题:

1)   对于所有 $x, R(x)$.

2)   存在 x,使得 $R(x)$.

分别称为**全称命题**和**存在命题**.当论域中所有个体都有 R 性质

时,1)是真命题;否则(即当论域中有个体没有 R 性质时),1)是假命题.当论域中有个体有 R 性质时,2)是真命题;否则(即当论域中所有个体都没有 R 性质时),2)是假命题.

使用量词构成的全称命题和存在命题是简单命题.1)和2)中的 $R(x)$ 可能含联结词,但 1)和2)不是由联结词联结某些成分而构成的,所以它们不是复合命题.

量词有重要特征,需要作更多说明.

设论域是自然数集 N.下面的

$$7\ 是素数.$$

$$8\ 是素数.$$

都是命题,7 和 8 是 N 中的个体.把 7 和 8 替换为以 N 为范围的变元 x,我们得到

3) x 是素数.

它不是命题,没有真假值,因为它含变元 x.3)是一种函数,它在论域 N 上有定义.当把某一个体指派为 x 的值时,它就成为命题.3)称为**命题函数**.

一般地,论域 D 上的 n **元命题函数**是把 D^n 映射到 $\{1,0\}$ 中的 n 元函数.

3)是 N 上的一元命题函数.在 3)的前面放一个 x 的量词,得到

4)   对于所有 x,x 是素数.

5)   存在 x,使得 x 是素数.

因为 x 的范围是 N,所以 4)和 5)的涵义分别是

6)   对于所有自然数 x,x 是素数.

7)   存在自然数 x,使得 x 是素数.

它们是命题,其中的 6)是假命题,7)是真命题.

注意,4)和 5)中的变元 x 与 3)中的 x 有不同的涵义.4)和 5)中的 x 不再是以论域 N 为范围的变元.4)中的 x 表示"所有自然数",5)中的 x 表示"存在自然数".它们已经被量化.命题函数中的变元是真正的变元,称为**自由变元**.被量化的变元表面上是变

元,实际上已不是变元,称为**约束变元**.

再给一个量化的例.设 N 仍是论域,则

8) $\qquad\qquad\qquad x$ 整除 y.

是 N 上的二元命题函数,其中含两个自由变元 x 和 y.在 8)中用全称量词使 y 量化,得到

9) $\qquad\qquad$ 对于所有 y,x 整除 y.

在其中 y 是约束变元,x 仍是自由变元.9)的涵义是

$\qquad\qquad\qquad x$ 整除所有自然数.

9)是一元命题函数,它的值只由 x 确定.显然,9)成为真命题,当且仅当指派 1 作为 x 的值.在 9)中用全称量词使 x 量化,就得到假命题

$\qquad\qquad$ 对于所有 x 和 y,x 整除 y.

其中没有自由变元.

全称量词和存在量词可以分别解释为合取和析取的推广.在论域 D 是有限集的情形,令 $D=\{a_1,\cdots,a_n\}$,我们有下面的等价命题:

$\qquad\qquad$ 对于所有 x,$R(x)$,当且仅当

$\qquad\qquad R(a_1)$ 并且 $\cdots$ 并且 $R(a_n)$.

$\qquad\qquad$ 存在 x,使得 $R(x)$,当且仅当

$\qquad\qquad R(a_1)$ 或 $\cdots$ 或 $R(a_n)$.

其中的 R 是一个性质.但是,如果要针对无限的论域陈述这样的命题,就自然要使用量词.

量词的范围可以由原来的论域限制为论域的某个子集.例如,设论域为实数集,我们考虑以下的命题:

10) $\qquad\qquad$ 对于所有 $x\neq 0$,$x^2>0$.

11) $\qquad\qquad$ 存在 $x<0$,使得 $x^2<0$.

在 10)中,"$\neq 0$"把全称量词的范围限制为由非零实数构成的论域的子集.在 11)中,"<0"把存在量词的范围限制为由负实数构成的论域的子集.称 10)和 11)中的量词为**受限制量词**,即限制范围的量词.受限制的全称量词表示论域的某个子集中所有个体有某

个性质;受限制的存在量词表示论域的某个子集中存在至少一个个体有某个性质.

10)的涵义是

$$\{x\,|\,x\neq0\}\subseteq\{x\,|\,x^2>0\}.$$

因此 10)可以陈述为等价命题

12)　　　　　对于所有 x,如果 $x\neq0$,则 $x^2>0$.

11)显然等价于

13)　　　　　存在 x,使得 $x<0$ 并且 $x^2<0$.

在 12)和 13)中,起限制作用的"$\neq0$"和"<0"已经移到量词之外,因此 12)和 13)中的量词范围已不受限制,而是原来的论域(实数集)了.

我们要注意把 10)和 11)中的受限制量词分别变换为 12)和 13)中的不受限制的量词的方式.在 12)中,全称量词和蕴涵一起使用;但是在 13)中,存在量词和合取一起使用.

12)不能改为

　　　　　对于所有 x,$x\neq0$ 并且 $x^2>0$.

这显然比 10)更强.13)不能改为

　　　　　存在 x 使得,如果 $x<0$,则 $x^2<0$.

这比 11)更弱.11)是假命题,因为不存在实数 $x<0$,使得 $x^2<0$;但是任何一个非负实数 x 使"如果 $x<0$,则 $x^2<0$"是真的.

全称量词和存在量词是两个基本的量词,由它们可以定义"存在至少 n 个""存在至多 n 个"和"存在恰好 n 个"($n\geq1$)这些量词.

综上所述,变元的范围是由个体构成的论域,全称量词被解释为"对于论域中的所有个体",存在量词被解释为"存在论域中的至少一个个体".这种变元和量词是个体变元和个体量词.一阶逻辑只含个体变元和个体量词.

在二阶逻辑中,除个体变元和个体量词外,还允许使用关于论域的子集和笛卡儿积的(即关于论域上的关系和函数的)变元和量词.例如在下面的命题中:

所有不空的自然数集都有最小元.

所有有界不空的实数集都有上确界.

我们要考虑自然数集和实数集的所有子集,要使用关于集的变元和量词.

在二阶以上的高阶逻辑中,将使用关于集的集,集的集的集等的变元和量词.

一般认为,一阶逻辑对于陈述科学理论是足够的.

3.2　一　阶　语　言

一阶语言 $\mathscr{L}$ 是一阶逻辑使用的形式语言.

$\mathscr{L}$ 可以和任何结构都没有联系,也可以和某个结构有联系.一般意义下的、和任何结构都没有联系的一阶语言由八类符号组成.

个体符号包括一个无限序列的符号.我们用正体小写拉丁文字母.

$$a \quad b \quad c$$

(或加其他记号)表示任何个体符号.

关系符号包括一个无限序列的符号.我们用正体大写拉丁文字母.

$$F \quad G \quad H$$

(或加其他记号)表示任何关系符号.任何关系符号 F 有确定的元数 $n \geqslant 1$,称元数为 n 的 F 为 n 元关系符号.

有一个特殊的二元关系符号,称为**相等符号**,记作≡.$\mathscr{L}$ 可以含≡,因而称为含相等符号的一阶语言.$\mathscr{L}$ 也可以不含≡.为了强调相等符号的特殊性,我们用≡,而不用 F,G,H 来表示它.换言之,F,G,H 都不是相等符号.

函数符号是一个无限序列的符号.正体小写拉丁文字母

$$f \quad g \quad h$$

(或加其他记号)用来表示任何函数符号.任何函数符号 f 有确定的元数 $m \geqslant 1$,称元数为 m 的 f 为 m 元函数符号.

自由变元符号和**约束变元符号**是两个无限序列的符号. 我们用正体小写拉丁文字母(或加其他记号)

$$u \quad v \quad w$$

表示任何自由变元符号；用

$$x \quad y \quad z$$

表示任何约束变元符号.

联结符号

$$\neg \quad \wedge \quad \vee \quad \rightarrow \quad \leftrightarrow$$

和第二章中相同.

量词符号

$$\forall \quad \exists$$

依次是**全称量词符号**和**存在量词符号**.

量词是由量词符号和约束变元符号组成的表达式. $\forall x$ 和 $\forall y$ 是**全称量词**；$\exists x$ 和 $\exists z$ 是**存在量词**. $\forall x$ 是 x 的全称量词, 读作"对于所有 x(在论域中的值)". $\exists x$ 是 x 的存在量词, 读作"存在 x(在论域中的值)使得". 其 $\forall x$ 和 $\exists x$ 中的 x 是被量化的约束变元符号.

最后一类符号包括三个**标点符号**, 简称标点:

$$(\quad) \quad ,$$

它们依次是**左括号, 右括号**和**逗号**.

当和某个结构有联系时, $\mathscr{L}$ 也是由以上八类符号组成；但是其中的个体符号, 关系符号和函数符号这三类符号应当分别与这个结构中的指定的个体, 关系和函数有一一对应关系, 并且 n 元关系符号和函数符号对应于 n 元关系和函数. 因此这三类符号(不包括关系符号中的 $\equiv$), 在各个一阶语言中可以是不同的. 我们假设, 在所有的一阶语言中, 其余的符号(包括 $\equiv$, 自由和约束变元符号, 联结符号, 量词符号和标点符号)都是相同的(或者, 对于 $\equiv$ 来说, 在所有含相等符号的一阶语言中它都是相同的).

例如和自然数的结构 $\langle N, 0, =, {}', +, \cdot \rangle$ 联系的一阶语言, 它除了和 0 对应的个体符号, 和 = 对应的相等符号, 和 ${}'$ 对应的一元函数符号,以及分别和+,·对应的两个二元函数符号之外,不再含其他的个体符号,关系符号和函数符号.此外它还含自由和约束变元符号,联结符号,量词符号和标点符号.

又如和群的结构$\langle G, e, =, \cdot \rangle$联系的一阶语言,它含和$e$对应的个体符号,和=对应的相等符号,以及和·对应的二元函数符号,此外不含其他个体符号,关系符号和函数符号.它还含另外五类符号.

对于一阶语言中个体符号,关系符号和函数符号的数目没有限制.通常它们是有限的或可数无限的.

由$\mathscr{L}$的表达式我们要定义$\mathscr{L}$的项,原子公式和公式的集.它们分别记作$\text{Term}(\mathscr{L})$,$\text{Atom}(\mathscr{L})$和$\text{Form}(\mathscr{L})$.

定义 3.2.1($\text{Term}(\mathscr{L})$)　$t \in \text{Term}(\mathscr{L})$,当且仅当它能由(有限次使用)以下的(i)和(ii)生成:

(i)$a, u \in \text{Term}(\mathscr{L})$.

(ii)如果$t_1, \cdots, t_n \in \text{Term}(\mathscr{L})$,并且$f$是$n$元函数符号,则$f(t_1, \cdots, t_n) \in \text{Term}(\mathscr{L})$.

$\text{Term}(\mathscr{L})$的定义是归纳定义,其中的(i)和(ii)是$\mathscr{L}$的项的形成规则.

正体小写拉丁文字母

$$t$$

(或加其他记号)用来表示任何项.

称不含自由变元符号的项为**闭项**.

例　以下的项

$$a, \quad f(b), \quad g(a, f(b))$$

是闭项;

$$u, \quad g(u, b), \quad f(g(f(u), b))$$

不是闭项.

在生成项的过程中,每一步得到的表达式是项,并且是最后生成的项的段.

可以用归纳法证明$\text{Term}(\mathscr{L})$的元都有某个性质R.证明的基

始是证不含函数符号的项(即任何个体符号或自由变元符号)有 R 性质;归纳步骤是证由使用函数符号生成的项保存 R 性质,这就是,假设项 $t_1, \cdots, t_n$ 有 R 性质(归纳假设),证 $f(t_1, \cdots, t_n)$ 有 R 性质.

称这样的证明为**对项的(生成过程的)结构作归纳**.

定义 3.2.2 $(\mathrm{Atom}(\mathscr{L}))$ $\mathscr{L}$ 的表达式是 $\mathrm{Atom}(\mathscr{L})$ 的元,当且仅当它有以下(i)和(ii)两种形式之一:

(i)$F(t_1, \cdots, t_n)$,其中的 F 是 n 元关系符号,并且 $t_1, \cdots, t_n \in \mathrm{Term}(\mathscr{L})$.

(ii)$\equiv(t_1, t_2)$,其中的 $t_1, t_2 \in \mathrm{Term}(\mathscr{L})$.

原子公式 $\equiv(t_1, t_2)$ 简写为

$$t_1 \equiv t_2.$$

为了定义 $\mathrm{Form}(\mathscr{L})$,我们要作一些使用符号的规定.

令 $U, V_1, \cdots, V_n$ 是 $\mathscr{L}$ 的表达式,$s_1, \cdots, s_n$ 是 $\mathscr{L}$ 的符号.我们把 U 写成

$$U(s_1, \cdots, s_n).$$

表示 $s_1, \cdots, s_n$ 在 U 中出现.如果在上下文中先出现了 $U(s_1, \cdots, s_n)$,那么随后出现的

$$U(V_1, \cdots, V_n)$$

是由 $U(s_1, \cdots, s_n)$ 在其中同时用 V_i 代入 $s_i (1 \leqslant i \leqslant n)$ 而得的表达式.

例 令 $U(a, u) = F(a) \rightarrow G(a, u)$,则

$$U(u, a) = F(u) \rightarrow G(u, a),$$

$U(u, a)$ 是由 $U(a, u)$ 在其中同时用 u 代入 a,并且用 a 代入 u 而得.

如果先用 u 代入 a,得到 $F(u) \rightarrow G(u, u)$;然后在这个表达式中用 a 代入 u,我们将得到 $F(a) \rightarrow G(a, a)$,这是不正确的.

定义 3.2.3 $(\mathrm{Form}(\mathscr{L}))$ $A \in \mathrm{Form}(\mathscr{L})$,当且仅当它能由(有限次使用)以下的(i)~(iv)生成:

(i) $\mathrm{Atom}(\mathscr{L}) \subseteq \mathrm{Form}(\mathscr{L})$.

(ii) 如果 A∈Form($\mathscr{L}$),则($\neg$ A)∈Form($\mathscr{L}$).

(iii) 如果 A,B∈Form($\mathscr{L}$),则(A＊B)∈Form($\mathscr{L}$),＊是∧,∧,→和↔中的任何一个.

(iv) 如果 A(u)∈Form($\mathscr{L}$),并且 x 不在 A(u)中出现,则 $\forall$xA(x),$\exists$xA(x)∈Form($\mathscr{L}$).

Form($\mathscr{L}$)的定义是归纳定义,其中的(i)~(iv)是 $\mathscr{L}$ 的公式的形成规则.

附注

(1) Form($\mathscr{L}$)的定义 3.2.3 中的形成规则(i)相当于Form($\mathscr{L}^p$)的定义 2.2.2 中的(i).联结符号不在 $\mathscr{L}^p$ 的原子公式中出现;联结符号和量词都不在 $\mathscr{L}$ 的原子公式中出现.定义 3.2.3 中的(ii)和(iii)与定义 2.2.2 中的相同.(iv)是用来经过使用量词生成新公式的.由(iv)可以明显看出,量词符号不能和自由变元符号一起使用;并且一个约束变元符号 x 在某个公式中出现,当且仅当 x 的量词 $\forall$x 或 $\exists$x 在其中出现.

(2) 在生成 $\mathscr{L}$ 中公式的过程中,每一步得到一个公式,它不一定是最后生成的公式的段,因为形成规则(iv)要求用约束变元符号代入原来公式中的自由变元符号.这和 $\mathscr{L}^p$ 的公式以及 $\mathscr{L}$ 的项的生成情形不同.

(3) 根据形成规则(iv)中的条件"x 不在 A(u)中出现",由 $\forall$yF(u,y)能生成

$$\exists x\forall yF(x,y), \quad \forall x\forall yF(x,y),$$

但不能生成

$$\exists y\forall yF(y,y), \quad \forall y\forall yF(y,y).$$

由此可见,$\exists$x$\forall$yF(x,y)和$\forall$x$\forall$yF(x,y)中的 x 和 y 必定是不同的约束变元符号,但是$\exists$xG(x)→$\forall$yH(y)中的 x 和 y 却可以是不同的,也可以是相同的约束变元符号.这留给读者验证.

(4) 因为在(iv)中规定了 x 不在 A(u)中出现,所以 A(u)含 u 而不含 x,A(x)含 x 而不含 u.A(u)中 u 的出现之处和 A(x)中 x 的出现之处是互相对应的.除此之外,A(u)和 A(x)的其他符号和

语法结构完全相同.如果在(iv)中不规定 x 不在 A(u)中出现,则 A(x)中 x 的出现之处在 A(u)中未必是 u 的出现.这是一个重要的特征,它的意义将在下节中讲语义时说明.

例 公式

$$\forall x\{F(b) \to \exists y[\forall z\, G(y,z) \lor H(u,x,y)]\}$$

的生成过程如下(由下向上生成):

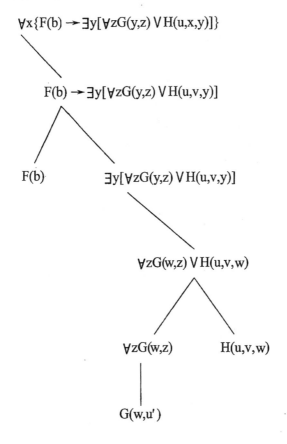

正体大写拉丁文字母

A B C

仍用来表示 $\mathscr{L}$ 的任何公式.在后面介绍的非经典逻辑中的公式也

将用这三个字母表示.

不含自由变元符号的公式称为**闭公式**或**语句**.下面的公式

$$F(a,b), \forall yF(a,y), \exists x \forall yF(x,y)$$

是语句,但

$$F(u,v), \exists yF(u,y)$$

不是语句.

$\mathscr{L}$ 的语句的集记作 $\text{Sent}(\mathscr{L})$.

$\text{Term}(\mathscr{L}), \text{Atom}(\mathscr{L}), \text{Form}(\mathscr{L})$ 和 $\text{Sent}(\mathscr{L})$ 都是可数无限集.

根据定义 3.2.3,由公式 A(u) 生成的 $\forall xA(x)$ 和 $\exists xA(x)$ 是公式.但是它们的段 A(x) 不是公式,因为 A(x) 含约束变元符号 x 但不含 x 的量词.A(x) 是在 A(u) 中用 x 代入 u 而得到的表达式.这种表达式和公式在结构上是相似的,它们的区别只在于,这种表达式含某个约束变元符号但不含它的量词.称这种表达式为**拟公式**.拟公式也用 A,B,C 表示.

可以用归纳法证明 $\text{Form}(\mathscr{L})$ 的所有元都有某个性质 R.基始是证 $\text{Atom}(\mathscr{L})$ 的元都有 R 性质.归纳步骤是证由使用联结符号或量词而生成的公式保存 R 性质.

称这样的证明为**对 $\mathscr{L}$ 公式的(生成过程的)结构作归纳**.

由于 $\mathscr{L}^p$ 中的联结符号都包含在 $\mathscr{L}$ 中,并且命题逻辑的语义和形式推演都包含在一阶逻辑中(见第 3.3～3.5 节),我们通常把命题逻辑看作是一阶逻辑的部分.这并不是说命题逻辑的所有内容都包含在一阶逻辑之中.例如,$\mathscr{L}$ 不含 $\mathscr{L}^p$ 中的命题符号.我们可以把命题符号加进 $\mathscr{L}$ 之中,并且规定命题符号也是 $\mathscr{L}$ 的原子公式,这样就有 $\mathscr{L}^p \subseteq \mathscr{L}$,$\text{Form}(\mathscr{L}^p) \subseteq \text{Form}(\mathscr{L})$.但是 $\mathscr{L}$ 有它自己的原子公式,所以不需要这样做.

命题可以用 $\mathscr{L}$ 中的公式表示.例如,命题

对于所有自然数,有大于它的素数.

可以陈述为

对于所有 x,如果 x 是自然数,

则有 y,使得 y 是素数并且 $y > x$.

令 F 和 G 是一元关系符号,H 是二元关系符号.又令 F(x)表示"x 是自然数",G(x)表示"x 是素数",H(x,y)表示"x 大于 y".则上述命题就表示为公式

$$\forall x[F(x) \rightarrow \exists y(G(y) \wedge H(y,x))].$$

我们注意,写出上面公式时所用的论域是包含自然数集在内的,因此用 F 表示"是自然数".如果论域就是自然数集,那么下面的公式

$$\forall x \exists y[G(y) \wedge H(y,x)]$$

就表示上述命题.

$\mathscr{L}$ 的项和公式有若干结构方面的性质,它们与第 2.3 节中讨论的性质是类似的.下面陈述这些性质而不加证明.

定理 3.2.4 $\mathscr{L}$ 的任何项恰好具有以下三种形式之一:个体符号,自由变元符号,或 $f(t_1, \cdots, t_n)$,其中的 f 是 n 元函数符号;并且在各种情形,项所具有的那种形式是唯一的.

定理 3.2.5 如果 t 是 $f(t_1, \cdots, t_n)$ 的段,则 $t = f(t_1, \cdots, t_n)$ 或 t 是任何 $t_i(1 \leqslant i \leqslant n)$ 的段.

定理 3.2.6 $\mathscr{L}$ 的任何公式恰好具有以下八种形式之一:原子公式,$(\neg A)$,$(A \wedge B)$,$(A \vee B)$,$(A \rightarrow B)$,$(A \leftrightarrow B)$,$\forall xA(x)$ 或 $\exists xA(x)$;并且在各种情形,公式所具有的那种形式是唯一的.

定义 3.2.7(全称公式,存在公式)

称 $\forall xA(x)$ 为**全称公式**,它是 A(u) 的全称公式.

称 $\exists xA(x)$ 为**存在公式**,它是 A(u) 的存在公式.

定义 3.2.8(辖域) 如果 $\forall xA(x)$ 或 $\exists xA(x)$ 是 B 的段,称 A(x)为在它左边的 $\forall x$ 或 $\exists x$ 在 B 中的**辖域**.

显然,量词的辖域不是公式,而是拟公式.如果联结符号的辖域出现在量词的辖域中,则它们可能是拟公式.

例 在公式 $\exists x \forall y \exists z F(x,y,z)$ 中,$\exists x$ 的辖域是 $\forall y \exists z F(x, y, z)$,$\forall y$ 的辖域是 $\exists z F(x,y,z)$,$\exists z$ 的辖域是 F(x,y,z).这些辖域都是拟公式.

在公式 $\exists x[G(u) \rightarrow H(u,x)]$ 中,$\rightarrow$ 的左辖域是公式 G(u),右

辖域是拟公式 H(u,x).

定理 3.2.9 ℒ 的任何公式中的任何全称量词或存在量词(如果有)有唯一的辖域.

定理 3.2.10 如果 A 是 ∀xB(x) 或 ∃xB(x) 的段,则 A = ∀xB(x) 或 ∃xB(x),或 A 是 B(x) 的段.

判定 ℒ 的表达式是不是公式的算法,我们省略.

在一阶语言的陈述和公式的定义中,对于变元符号可以有不同的处理方法,例如可以只用一类变元符号,然后用其他方法表示变元符号的某个出现是自由的或是约束的,随之公式用不同的方法定义.各种处理方法都有相同的作用.

习　题

3.2.1 将下列命题翻译为 ℒ 的公式(选择适当的符号):

(1) 所有有理数都是实数.

(2) 有些实数不是有理数.

(3) 所有实数都不是有理数.

(4) 并非所有实数都是有理数.

(5) 所有整数是奇数或是偶数.

(6) 没有整数是奇数又是偶数.

(7) 5 只被 1 和 5 整除.

(8) 如果有火车误点,那么所有火车都误点.

3.2.2 令 F(x,y) 表示"x 喜欢 y".将下列命题翻译为 ℒ 的公式:

(1) 有人喜欢所有的人.

(2) 没有人不喜欢所有的人.

(3) 有人所有的人不喜欢他.

(4) 没有人所有的人喜欢他.

3.2.3 令 F(x) 表示"x 是人",G(x) 表示"x 是一件事",H(x,y) 表示"x 能做好 y".将下列命题翻译为 ℒ 的公式:

(1) 所有的人不能做好每件事.

(2) 有些人不能做好任何事.

3.2.4 令 F(x) 表示"x 是人",G(x) 表示"x 是一个时刻",H(x,y) 表示"他能在 y 时刻欺骗 x".翻译下列命题(如果命题的涵义不清楚,可以作多种翻译）：

(1) 他在所有的时刻都能欺骗一些人.

(2) 他在有些时刻能欺骗所有的人.

(3) 他不能在所有的时刻欺骗所有的人.

3.2.5　令 F(x) 表示"x 是自然数"，G(x) 表示"x 是素数"，H(x,y) 表示"x 小于 y"，0 表示零. 翻译下列命题(如果涵义不清楚,可以作多种翻译)：

(1) 零不小于任何自然数.

(2) 如果任何自然数是素数,则零不是素数.

(3) 没有自然数小于零.

(4) 没有自然数使得所有自然数都小于它.

(5) 没有自然数使得没有自然数小于它.

(6) 任何有这个性质(即:所有小于它的自然数都是素数)而又不是素数的自然数都是素数.

3.3　语　义

一阶语言 $\mathscr{L}$,即令与某个结构有联系,它是没有语义方面意义的语法对象. 但是在预想中, $\mathscr{L}$ 的项是用来表示论域中个体的, $\mathscr{L}$ 的公式是用来表示命题的. 这要通过解释来实现.

对命题语言的解释是简单的. 通过真假赋值给命题符号指派真假值,就构成了对命题语言的解释. 一阶语言包括更多种类的符号,因此对一阶语言的解释要复杂得多.

我们先考虑个体符号,关系符号和函数符号以外的各类符号,它们对于所有一阶语言来说都是相同的. 联结符号的解释与第二章中相同. 量词(包括量词符号和约束变元符号)的涵义已在上节中作了直观的说明. 自由变元符号表示以论域为范围的变元. 标点符号的作用就像自然语言中的标点一样.

现在考虑个体符号,关系符号和函数符号的解释. 我们要区分 $\mathscr{L}$ 和结构有联系或没有联系两种情形. 在 $\mathscr{L}$ 和某个结构有联系的情形,个体符号,(n 元)关系符号和(m 元)函数符号分别被解释为这个结构中指定的论域中的个体,论域上的(n 元)关系和(m

元)全函数(即处处有定义的函数).这三类符号和它们所表示的个体,关系和函数之间有一一对应关系.因此,当 $\mathcal{L}$ 和某个结构有联系时, $\mathcal{L}$ 中的公式是我们预想用来表示关于这个结构的命题的.

如果 $\mathcal{L}$ 不和任何结构有联系,作解释时仍需要一个论域.但是在这种情形,论域只是一个一般的不空的集.然后,个体符号,(n 元)关系符号和(m 元)函数符号分别被解释为论域中的任何个体,论域上的任何(n 元)关系和(m 元)全函数.注意在这种情形,同一类的不同符号可以有不同的解释,也可以有相同的解释.

需要特别指出,关系符号中的二元相等符号必定被解释为论域中的相等关系.

综上所述,对于 $\mathcal{L}$ 的解释包括一个论域和一个函数,这个函数把 $\mathcal{L}$ 中的个体符号,(n 元)关系符号和(m 元)函数符号分别映射到论域中的个体,论域上的(n 元)关系和(m 元)全函数.这是在这个论域中对于 $\mathcal{L}$ 的解释.

我们进一步规定,如果 n 元关系符号 F 被解释为论域上的 n 元关系 R ,项 $t_1,\cdots,t_n$ 分别被解释为论域中的个体 $a_1,\cdots,a_n$,则原子公式

$$F(t_1,\cdots,t_n)$$

被解释为命题

$$a_1,\cdots,a_n \text{ 有 } R \text{ 关系}.$$

如果 m 元函数符号 f 被解释为论域上的 m 元全函数 f ,项 $t_1,\cdots,t_m$ 分别被解释为论域中的个体 $a_1,\cdots,a_m$,则项

$$f(t_1,\cdots,t_m)$$

被解释为论域中的个体

$$f(a_1,\cdots,a_m).$$

下面先看几个例子.令论域为自然数集 N ,闭项

$$f(g(a),f(b,c))$$

中的个体符号 a,b 和 c 分别被解释为 4,5 和 6,二元函数符号 f 和一元函数符号 g 分别被解释为加和平方,则上述闭项被解释为

$$4^2 + (5 + 6),$$

它是 N 中的个体 27.

令论域为 N,语句(闭公式)

$$f(g(a),g(c)) \equiv g(b)$$

中符号的解释和上面例子中相同,则上述语句被解释为假命题

$$4^2 + 6^2 = 5^2.$$

对于含自由变元符号的项和公式,情形就与闭项和语句不同.先考虑项的情形.令论域为 N,项

1) $$f(g(u),f(b,w))$$

中 b,f 和 g 的解释和上面例子中相同,则 1)被解释为

2) $$x^2 + (5 + y),$$

其中的 x 和 y 是以 N 为范围的变元,它们是自由变元.因为 1)含自由变元符号 u 和 w,它们是表示自由变元的,所以在 2)中出现自由变元 x 和 y,使得 2)不是 N 中的个体,而是 N 上的二元全函数.给 x 和 y 指派 N 中的个体,就得到(x 和 y 在这些个体处的) 2)的值.我们说,这是项 1)在上述解释之下,再给其中的 u 和 w 指派 N 中的某些个体而得到的值.

一般地说,一个含 m 个不同的自由变元符号的项被解释为论域上的 m 元全函数.这个项经过解释,再给其中的自由变元符号指派论域中的某些个体,就得到论域中的个体作为它的值.

现在考虑公式的情形.令论域仍为 N,公式

3) $$f(g(u),g(w)) \equiv g(b)$$

的解释和上面例子中相同,则 3)被解释为

4) $$x^2 + y^2 = 5^2,$$

它不是命题,而是 N 上的二元命题函数.给 x 和 y 指派 N 中的个体,就得到真或假的命题作为(x 和 y 在这些个体处的)4)的真假值.我们说,这是公式 3)在上述解释之下,再给其中的 u 和 w 指派 N 中的某些个体而得到的真假值.

一般地说,一个含 n 个不同的自由变元符号的公式被解释为论域上的 n 元命题函数.这个公式经过解释,再给其中的自由变元

符号指派论域中的某些个体,就得到真或假的命题作为它的真假值.

根据以上的说明可以看出,把个体符号解释为论域中的个体,以及给自由变元符号指派论域中的个体,这两者的意义是不同的.前者是由于个体符号本来是用来表示论域中个体的,后者是由于,如果不作这种指派,则含自由变元符号的项被解释为论域上的全函数而不是论域中的个体,含自由变元符号的公式被解释为论域上的命题函数而不是命题.由此可见,$\mathscr{L}$的项的值和公式的真假值一般不仅依赖于解释,还依赖于给项和公式所含的自由变元符号指派论域中的个体.这样,为了得到项的值和公式的真假值,需要对解释加上这样的指派.

由于不同的项或公式含不同的自由变元符号,所以,对于一个项或公式,要给其中所含的自由变元符号指派论域中的个体,而对于另一个项或公式,又要给其中所含的另一些自由变元符号构作另一个指派.这是能够做到的,但是并不方便.因此,我们令一个指派同时给所有的自由变元符号指派论域中的个体(给不同的自由变元符号可以指派不同的个体,也可以指派相同的个体);并且这样来安排,当求出任何给定的项的值或任何给定的公式的真假值时,对于不在其中出现的自由变元符号来说,所构作的指派实际上是不起作用的.这和真假赋值给所有的命题符号指派真假值的情形(见第2.4节)是类似的.

我们把解释和指派合在一起称为**赋值**.赋值以解释的论域作为它的论域.下面将给出赋值的定义.因为赋值包括了解释,所以不需要关于解释的定义了.

我们回忆(见第1.1节),论域 D 上的 n 元关系是 D^n 的子集,D 上的相等关系是 D^2 的子集

$$\{\langle x,y\rangle \,|\, x,y \in D \quad \text{并且 } x = y\}$$
$$\text{即}\{\langle x,x\rangle \,|\, x \in D\}.$$

我们仍用表示真假赋值的斜体小写拉丁文字母 v(或加其他记号,见第2.4节)表示任何赋值.

定义 3.3.1(赋值) 对于一阶语言 $\mathscr{L}$ 的**赋值** v 包括一个论域 D 和一个函数,记作 v,它以 $\mathscr{L}$ 中所有个体符号,关系符号,函数符号和自由变元符号构成的集为定义域,并且,如果把

$$v(\mathrm{a}), v(\mathrm{F}), v(\equiv), v(\mathrm{f}), v(\mathrm{u})$$

分别写作

$$\mathrm{a}^v, \mathrm{F}^v, \equiv^v, \mathrm{f}^v, \mathrm{u}^v$$

(其中的 a,F,f,u 分别是任何个体符号,n 元关系符号,m 元函数符号,自由变元符号),则有

(i) $\mathrm{a}^v, \mathrm{u}^v \in D$.

(ii) $\mathrm{F}^v \subseteq D^n$;

　　$\equiv^v = \{\langle x, x \rangle \mid x \in D\} \subseteq D^2$.

(iii) $\mathrm{f}^v : D^m \to D$.

附注

(1) 应当把 a,F,$\equiv$,f,u 分别和 $\mathrm{a}^v, \mathrm{F}^v, \equiv^v, \mathrm{f}^v, \mathrm{u}^v$ 区分开.前者是 $\mathscr{L}$ 中的符号,后者是 v 给它们的解释或指派.

$\mathrm{a}^v, \mathrm{F}^v, \mathrm{f}^v$ 和 u^v 都是由赋值函数 v 确定的.当 v 的论域改变时,v 所作的解释或指派就改变了.即令在论域不变的情形,a^v 等也随着 v 的改变而改变.但 $\equiv$ 的情形不同.当 v 的论域不变时,$\equiv^v$ 并不随着 v 的改变而改变,它始终是这个论域上的相等关系.只有当论域改变时,$\equiv^v$ 改变为另一个论域上的相等关系.

(2) 函数 f^v 的定义域是 D^m,就是说,f^v 是 D 上的 m 元全函数(处处有定义的函数).

(3) 前面讲过,把个体符号解释为论域中的个体,和给自由变元符号指派论域中的个体,两者的意义是不同的.因此,不能由赋值定义中的 $\mathrm{a}^v \in D$ 和 $\mathrm{u}^v \in D$ 而把个体符号和自由变元符号看作是没有区别的.

项 t 在赋值 v 之下的值记作 t^v.公式 A 在 v 之下的真假值记作 A^v.

定义 3.3.2(项的值) $\mathscr{L}$ 的项在以 D 为论域的赋值 v 之下的**值**递归地定义如下:

(i) $a^v, u^v \in D$.

(ii) $f(t_1, \cdots, t_n)^v = f^v(t_1^v, \cdots, t_n^v)$.

定理 3.3.3 设 v 是以 D 为论域的赋值, 并且 $t \in \mathrm{Term}(\mathcal{L})$, 则 $t^v \in D$.

证 对 t 的结构作归纳. □

为了定义公式在赋值之下的真假值, 我们介绍下面的使用符号的规定. 设 v 是以 D 为论域的赋值, $a \in D$, u 是自由变元符号. 我们令

$$v(u/a)$$

表示一个以 D 为论域的赋值, 它除了

$$u^{v(u/a)} = a$$

之外, 和 v 完全相同. 就是说, 对于任何个体符号 a, 关系符号 F, 函数符号 f, 和自由变元符号 w, 有

$$a^{v(u/a)} = a^v,$$
$$F^{v(u/a)} = F^v,$$
$$f^{v(u/a)} = f^v,$$
$$w^{v(u/a)} = \begin{cases} a, & \text{如果 } w = u, \\ w^v, & \text{否则}. \end{cases}$$

定义 3.3.4 (公式的真假值) $\mathcal{L}$ 的公式在以 D 为论域的赋值 v 之下的**真假值**递归的定义如下:

(i) $F(t_1, \cdots, t_n)^v = \begin{cases} 1, \text{如果 } \langle t_1^v, \cdots, t_n^v \rangle \in F^v, \\ 0, \text{否则}. \end{cases}$

$\quad (t_1 \equiv t_2)^v = \begin{cases} 1, \text{如果 } t_1^v = t_2^v, \\ 0, \text{否则}. \end{cases}$

(ii) $(\neg A)^v = \begin{cases} 1, \text{如果 } A^v = 0, \\ 0, \text{否则}. \end{cases}$

(iii) $(A \wedge B)^v = \begin{cases} 1, \text{如果 } A^v = B^v = 1, \\ 0, \text{否则}. \end{cases}$

(iv) $(A \vee B)^v = \begin{cases} 1, \text{如果 } A^v = 1 \text{ 或 } B^v = 1, \\ 0, \text{否则}. \end{cases}$

(v) $(A \rightarrow B)^v = \begin{cases} 1, 如果\ A^v = 0\ 或\ B^v = 1, \\ 0, 否则. \end{cases}$

(vi) $(A \leftrightarrow B)^v = \begin{cases} 1, 如果\ A^v = B^v, \\ 0, 否则. \end{cases}$

(vii) $\forall x A(x)^v = \begin{cases} 1, 如果, 由\ A(x) 构作\ A(u)(取\ u\ 不在 \\ \quad A(x) 中出现), 对于任何\ a \in D, 有 \\ \quad A(u)^{v(u/a)} = 1, \\ 0, 否则. \end{cases}$

(viii) $\exists x A(x)^v = \begin{cases} 1, 如果, 由\ A(x) 构作\ A(u)(取\ u\ 不 \\ \quad 在\ A(x) 中出现), 存在\ a \in D, 使得 \\ \quad A(u)^{v(u/a)} = 1, \\ 0, 否则. \end{cases}$

附注

(1) 定义 3.3.4(i) 中"$\langle t_1^v, \cdots, t_n^v \rangle \in F^v$"的意思是"$t_1^v, \cdots, t_n^v$ 有 F^v 关系","$t_1^v = t_2^v$"的意思是"t_1^v 和 t_2^v 有 $\equiv^v$ 关系(即 t_1^v 和 t_2^v 相等").

(2) 在定义 3.3.4(vii) 和 (viii) 中我们规定,在构作 A(u) 时取不在 A(x) 中出现的自由变元符号 u. 这是能够做到的. 因为 A(x) 是有限长的,其中只含有限多个不同的自由变元符号,但是自由变元符号有可数无限多个. 另外,根据 A(u) 的构作情形,x 显然不在 A(u) 中出现. 这样,A(x) 中 x 的出现之处,在 A(u) 中是 u 的出现; A(u) 中 u 的出现之处,在 A(x) 中是 x 的出现. 除 x 和 u 之外, A(x) 和 A(u) 的符号和语法结构完全相同. 因此 A(x) 和 A(u) 有相同的直观涵义,A(x) 和 A(u) 分别说到 x 和 u,其说法完全相同. (如果 u 在 A(x) 中出现,则 A(u) 中 u 的出现之处,在 A(x) 中不一定都是 x 的出现,于是 A(x) 说到 x 和 A(u) 说到 u 的说法就不相同.)

(3) 定义 3.3.4 是递归定义. $\forall x A(x)$ 和 $\exists x A(x)$ 是由 A(u) 生成的,所以 $\forall x A(x)^v$ 和 $\exists x A(x)^v$ 要由 $A(u)^v$ 来定义. 直观地讲, 如果命题 $A(u)^v$ 是说论域中的个体 u^v 有某个性质,则命题 $\forall$

xA(x)^{v}是说论域中的所有个体都有这个性质,命题∃xA(x)^{v}是说论域中存在个体有这个性质.因此,∀xA(x)^v=1 的涵义是,不论 u^{v}是论域中怎样的个体,即不论 v 给 u 指派论域中怎样的个体作为它的值,都有 A(u)^v=1.∃xA(x)^v=1 的涵义是,论域中存在个体使得,令 u^{v}是这个个体,即 v 给 u 指派这个个体作为它的值,就得到 A(u)^v=1.这就是说,在 ∀xA(x)^v=1 的情形,在得到 A(u)^v=1 时 v 给 u 的指派需要考虑论域的所有个体;在 ∃xA(x)^v=1 的情形,在得到 A(u)^v=1 时 v 给 u 的指派需要考虑论域的某些个体.

由于 ∀xA(x)和∃xA(x)可能含自由变元符号,所以 A(u)中除了含构作 A(u)时所用的 u 之外,还可能含原来出现在 ∀xA(x)或∃xA(x)中的自由变元符号,令它们是 w.现在的问题是,对于 A(u)中那种原来出现在 ∀xA(x)或∃xA(x)中的每个 w(如果有),v 给 w 的指派应当和 v 原来给 ∀xA(x)或∃xA(x)中的 w 的指派保持一致.为此,我们使用了赋值 v(u/a)来代替原来的 v,并且在(vii)中要求

对于任何 $a \in D$,有 A(u)$^{v(u/a)}$ = 1;

在(viii)中要求

存在 $a \in D$,使得 A(u)$^{v(u/a)}$ = 1.

这就精确地表达了上面的意思.

(4) 赋值 v(u/a)是为了求 ∀xA(x)^{v}和∃xA(x)^{v}而使用的.前面讲过,虽然一个赋值要给所有习数无限多个自由变元符号作指派,但是针对给定的项或公式,我们可以考虑一个赋值只是给这个项或公式所含的自由变元符号构作指派.这样,如果说赋值 v 是给 ∀xA(x)或∃xA(x)中的自由变元符号构作的指派,那么 v(u/a)除此之外还要给自由变元符号 u(u 不在 ∀xA(x)或∃xA(x)中出现)构作指派.

(5) 定义 3.3.4(vii)中"否则"的意思是"如果,由 A(x)构作 A(u)(取 u 不在 A(x)中出现),存在 $a \in D$ 使得 A(u)$^{v(u/a)}$=0";(viii)中"否则"的意思是"如果,由 A(x)构作 A(u)(取 u 不在 A(x)

中出现),对于任何 $a\in D$,有 $A(u)^{v/(u/a)}=0$".

定理 3.3.5 设 v 是以 D 为论域的赋值,A 是公式,则 $A^v\in\{1,0\}$.

证 对 A 的结构作归纳. □

容易看出,赋值和第 2.4 节中定义的真假赋值的作用是类似的,但它们并不相同.

我们说,有相同论域的两个赋值 v 和 v' 在符号 a(或 F,f,u)上是**一致的**,如果 $a^v=a^{v'}$(或 $F^v=F^{v'}$,$f^v=f^{v'}$,$u^v=u^{v'}$).

定理 3.3.6 设 v 和 v' 是有相同论域的两个赋值,并且它们在项 t 和公式 A 所含的个体符号,关系符号,函数符号和自由变元符号上都是一致的.则有

(i)$t^v=t^{v'}$.

(ii)$A^v=A^{v'}$.

证 对 t 和 A 的结构作归纳. □

设 $\Sigma\subseteq\mathrm{Form}(\mathscr{L})$.我们令

$$\Sigma^v=\begin{cases}1 & \text{如果对于任何 } B\in\Sigma,B^v=1,\\ 0 & \text{否则}.\end{cases}$$

定义 3.3.7(可满足性) $\Sigma\subseteq\mathrm{Form}(\mathscr{L})$ 是**可满足的**,当且仅当有(以某个不空集为论域的)赋值 v,使得 $\Sigma^v=1$.

当 $\Sigma^v=1$ 时,称 v **满足** Σ.

定义 3.3.8(有效性) $A\in\mathrm{Form}(\mathscr{L})$ 是**有效的**,当且仅当对于(以任何不空集为论域的)任何赋值 v,$A^v=1$.

有效性也称为**普遍有效性**.

附注 可满足公式(或公式集)是可真的公式(或公式集).可满足公式(或公式集)是相对于以特定的不空集为论域的特定赋值而是真的.公式在给以赋值之后就有了具体内容,因此可满足性刻划了由内容确定的命题的真的概念.

有效公式是永真的公式.有效公式的真是由它的形式结构确定的,这与其中的各种符号在赋值之下产生的涵义没有关系.因此有效性刻划了命题的这样一种真的概念,这时我们所注意的是从

命题的内容抽象出的它的逻辑形式.

可满足性和有效性是重要的语义概念,它们互相紧密联系.我们将在第四章中研究.

例 令
$$A = f(g(a),g(u)) \equiv g(b),$$
v 是以 N 为论域的赋值,使得 $a^v = 3, u^v = 4, b^v = 5, f^v$ 是加,g^v 是平方.于是 A^v 是真命题

(1) $$3^2 + 4^2 = 5^2$$

因此 A 是可满足的.(1)的真是由其内容确定的.事实上,还有别的赋值能使得 A 真.但是 A 不是有效的.如果在上述赋值中令 $b^v = 6, A^v$ 将是假的.设
$$B = F(u) \lor \neg F(u),$$
v 是任何赋值,则 B^v 是真命题

(2) u^v 有 F^v 性质或没有 F^v 性质.

它的真与论域是怎样的集,u^v 是其中怎样的个体,以及 F^v 是怎样的性质都没有关系.(2)的真是由它的逻辑形式确定的.逻辑形式确定了 B 的有效性.

$\mathscr{L}$ 中的有效公式相当于 $\mathscr{L}^p$ 中的重言式.它们之间的相似是明显的,但它们有一个重要的区别.判定 $\mathscr{L}^p$ 中公式是不是重言式,是有算法的(例如用真假值表).然而,若要知道 $\mathscr{L}$ 中公式是否有效,我们必须考虑所有不同大小的集和以它们为论域的所有指派.在无限论域 D 的情形,这个过程一般不是有限性质的.我们没有方法在有限步之内求出 $\forall xA(x)^v$ 或 $\exists xA(x)^v$ 的值,因为这要求先给出对应于无限多个 $a \in D$ 的 $A(u)^{v(u/a)}$ 的值.(见定义 3.3.4)

对于 $\mathscr{L}$ 的某些公式来说,判定其是否有效或可满足(A 是可满足的,当且仅当 $\neg$ A 不是有效的),是可能的.但是,Church[1936] 证明了,不存在判定 $\mathscr{L}$ 中公式的有效性或可满足性的算法.这个内容属于数理逻辑的一个分支——递归论,它不包括在本书范围之内.

3.4 逻辑推论

一阶逻辑中的逻辑推论,在定义,写法和有关的名词用法上,可以说都和命题逻辑中相同;只是在命题逻辑中用真假赋值,在一阶逻辑中用赋值.

定义 3.4.1(逻辑推论) 设 $\Sigma \subseteq \mathrm{Form}(\mathscr{L})$,$A \in \mathrm{Form}(\mathscr{L})$.A 是 Σ 的**逻辑推论**,记作

$$\Sigma \models A,$$

当且仅当对于任何赋值 v,$\Sigma^v = 1$ 蕴涵 $A^v = 1$.

在 $\varnothing \models A$ 的特殊情形,A 是有效公式.

记号 $\models$ 和 $\not\models$ 的用法和第二章中相同.

定义 3.4.1 中的 v 是任何论域中的任何赋值,这是说,对于逻辑推论 $\Sigma \models A$ 中的个体符号,关系符号,函数符号和自由变元符号,不论作怎样的赋值,$\Sigma \models A$ 都是成立的.

根据经典命题逻辑中逻辑推论的定义 2.5.1(它涉及真假赋值和公式的真假值的定义 2.4.1 和定义 2.4.2)和经典一阶逻辑中逻辑推论的定义 3.4.1(它涉及赋值、项的值和公式的真假值的定义 3.3.1、定义 3.3.2 和定义 3.3.4),容易看出,经典命题逻辑中的逻辑推论关系,如果把其中的公式换为一阶语言中的公式,它们在经典一阶逻辑中都是成立的.

下面举例说明怎样证明和否证逻辑推论.这和第 2.5 节中的情形是类似的.

例 $\exists x \neg A(x) \models \neg \forall x A(x)$.

证 用反证法.设 $\exists x \neg A(x) \not\models \neg \forall x A(x)$,即存在以 D 为论域的赋值 v,使得

(1) $\qquad\qquad \exists x \neg A(x)^v = 1$;

(2) $\qquad\qquad (\neg \forall x A(x))^v = 0$.

由 A(x) 构作 A(u),取 u 不在 A(x) 中出现.由(1)可得,存在 $a \in D$,使得 $(\neg A(u))^{v(u/a)} = 1$,因此有

(3)　　　　　　存在 $a \in D$,使得 $A(u)^{v(u/a)} = 0$.

由(2)得到 $\forall x A(x)^{v} = 1$,这和(3)矛盾.因此证明了例中的逻辑推论. □

例　$\forall x [A(x) \rightarrow B(x)] \models \forall x A(x) \rightarrow \forall x B(x)$.

证　设 $\forall x [A(x) \rightarrow B(x)] \not\models \forall x A(x) \rightarrow \forall x B(x)$,即有以 D 为论域的赋值 v,使得

(1)　　　　　$\forall x [A(x) \rightarrow B(x)]^{v} = 1$;

(2)　　　　　$(\forall x A(x) \rightarrow \forall x B(x))^{v} = 0$.

由(2)得到

(3)　　　　　$\forall x A(x)^{v} = 1$;

(4)　　　　　$\forall x B(x)^{v} = 0$.

由 A(x) 和 B(x) 分别构作 A(u) 和 B(u),取 u 不在 A(x),B(x) 中出现.由(1),(3)和(4)分别得到(5),(6)和(7):

(5) 对于任何 $a \in D$,$[A(u) \rightarrow B(u)]^{v(u/a)} = 1$;

(6) 对于任何 $a \in D$,$A(u)^{v(u/a)} = 1$;

(7) 存在 $a \in D$,使得 $B(u)^{v(u/a)} = 0$.

由(5)和(6)可得

对于任何 $a \in D$,$B(u)^{v(u/a)} = 1$,

这和(7)矛盾.因此证明了例中的逻辑推论. □

上面两个例子都是证明逻辑推论,在证明中并不要构作赋值.下面的例子是要否证逻辑推论,在否证中要构作赋值,因此要确定赋值所包括的论域.这里需要说明,当确定赋值所包括的论域时,问题在于论域的大小,即论域的基数,和论域中有怎样的个体无关.我们用例子来说明.

假设要对原子公式 F(u) 构作赋值 v,取含两个元的集 $\{a, b\}$ 作为论域,则 u^{v} 有下面的 1) 和 2) 两种可能:

1)　　　　　$u^{v} = a$;

2)　　　　　$u^{v} = b$.

F^{v} 有下面 3)~6) 四种可能:

3)　　　　　$F^{v} = \{a, b\}$;

4)	$\mathrm{F}^v = \{a\}$;

5)	$\mathrm{F}^v = \{b\}$;

6)	$\mathrm{F}^v = \varnothing$.

于是,当使用 1)和 3)时,得到 $\mathrm{F(u)}^v = 1$;当使用 1)和 5)时,得到 $\mathrm{F(u)}^v = 0$;等等.

我们把论域换成另一个含两个元的集 $\{c,d\}$,它和 $\{a,b\}$ 没有相同的元.两个论域有一一对应关系,令 a 和 c 对应,b 和 d 对应.现在对 $\mathrm{F(u)}$ 以 $\{c,d\}$ 为论域构作赋值 v',则 $\mathrm{u}^{v'}$ 有 1′)和 2′)两种可能:

1′)	$\mathrm{u}^{v'} = c$;

2′)	$\mathrm{u}^{v'} = d$.

$\mathrm{F}^{v'}$ 有下面 3′)~6′)四种可能:

3′)	$\mathrm{F}^{v'} = \{c,d\}$;

4′)	$\mathrm{F}^{v'} = \{c\}$;

5′)	$\mathrm{F}^{v'} = \{d\}$;

6′)	$\mathrm{F}^{v'} = \varnothing$.

当使用 1′)和 3′)时,得到 $\mathrm{F(u)}^{v'} = 1$;当使用 1′)和 5′)时,得到 $\mathrm{F(u)}^{v'} = 0$;等等.

由此可见,对 $\mathrm{F(u)}$ 用 $\{a,b\}$ 作为论域构作赋值所得到的结果,换成用 $\{c,d\}$ 同样能够得到.这样,我们直观地说明了,当确定赋值的论域时问题在于论域的大小,和论域中有怎样的个体无关.这一点不需要作出证明.

例 $\forall x A(x) \to \forall x B(x) \not\models \forall x [A(x) \to B(x)]$.

显然,

$$x^2 - y^2 = (x+y)(x-y)$$

的意思是,对于任何 x 和 y,它都成立;但是

$$(x+y)^2 \neq x^2 + y^2$$

的意思是,存在 x 和 y,使得 $(x+y)^2 \neq x^2 + y^2$,而不是,对于任何 x 和 y,$(x+y)^2 \neq x^2 + y^2$.

因此,我们只要取 $A(x)$ 和 $B(x)$ 的特例来证明例中的命题.

我们令拟公式 A(x)和 B(x)分别是拟原子公式 F(x)和 G(x),然后来证明

$$\forall xF(x) \rightarrow \forall xG(x) \not\models \forall x[F(x) \rightarrow G(x)].$$

证 令 $D = \{a, b\}$. 由 F(x)和 G(x)分别构作 F(u)和 G(u).(u 当然不在 F(x),G(x)中出现.)以 D 为论域构作赋值 v,使得

$$F^v = \{a\}, \qquad G^v = \{b\} \text{ 或 } \varnothing.$$

于是得到

(1) $$F(u)^{v(u/a)} = 1;$$
(2) $$F(u)^{v(u/b)} = 0;$$
(3) $$G(u)^{v(u/a)} = 0;$$
(4) $$G(u)^{v(u/b)} = 1 \text{ 或 } 0.$$

事实上,(4)和所讨论的问题无关. 我们得到

(5) $\forall xF(x)^v = 0$ (由(2));
(6) $[\forall xF(x) \rightarrow \forall xG(x)]^v = 1$ (由(5));
(7) $[F(u) \rightarrow G(u)]^{v(u/a)} = 0$ (由(1),(3));
(8) $\forall x[F(x) \rightarrow G(x)]^v = 0$ (由(7)).

由(6)和(8),得到

$$\forall xF(x) \rightarrow \forall xG(x) \not\models \forall x[F(x) \rightarrow G(x)];$$

因此证明了

$$\forall xA(x) \rightarrow \forall xB(x) \not\models \forall x[A(x) \rightarrow B(x)]. \qquad \square$$

附注 我们在上面构作以 $D = \{a, b\}$ 为论域的赋值,证明了

(1) $$\forall xF(x) \rightarrow \forall xG(x) \not\models \forall x[F(x) \rightarrow G(x)].$$

实际上,使用含唯一个体的论域,是不能证明(1)的.下面说明这一点.

令 $D = \{a\}$. 设能够构作以 D 为论域的赋值 v,使得

(2) $$[\forall xF(x) \rightarrow \forall xG(x)]^v = 1,$$
(3) $$\forall x[F(x) \rightarrow G(x)]^v = 0,$$

从而使(1)得到证明.

由 F(x)和 G(x)分别构作 F(u)和 G(u).由于 D 含唯一的个

体 a ,故由(3)可得

$$[F(u) \to G(u)]^{v(u/a)} = 0,$$

由此得到

(4) $\qquad F(u)^{v(u/a)} = 1,$

(5) $\qquad G(u)^{v(u/a)} = 0.$

由(5)有 $\forall xG(x)^v = 0$. 因 D 含唯一的个体 a ,故由(4)得到 $\forall xF(x)^v = 1$. 于是有

$$[\forall xF(x) \to \forall xG(x)]^v = 0,$$

它与(2)矛盾,这就证明了不能使用含唯一个体的论域来证明(1).

引理 3.4.2   设 $A \vDash A'$, $B \vDash B'$ 并且 $C(u) \vDash C'(u)$,则

(i) $\neg A \vDash \neg A'$.

(ii) $A \wedge B \vDash A' \wedge B'$.

(iii) $A \vee B \vDash A' \vee B'$.

(iv) $A \to B \vDash A' \to B'$.

(v) $A \leftrightarrow B \vDash A' \leftrightarrow B'$.

(vi) $\forall xC(x) \vDash \forall xC'(x)$.

(vii) $\exists xC(x) \vDash \exists xC'(x)$.

证   (i)~(v)和引理 2.5.3 中的相同. 我们证(vi),把(vii)的证明留给读者.

设 v 是任何赋值,论域是 D ,并设

(1) $\qquad \forall xC(x)^v = 1.$

构作 $C(u)$ 和 $C'(u)$,取 u 不在 $C(x)$, $C'(x)$ 中出现. 由(1)得到

(2) $\qquad$ 对于任何 $a \in D$, $C(u)^{v(u/a)} = 1.$

由(2)和引理中的假设,可得

(3) $\qquad$ 对于任何 $a \in D$, $C'(u)^{v(u/a)} = 1.$

于是有 $\forall xC'(x) = 1$,因此得到

$$\forall xC(x) \vDash \forall xC'(x).$$

$\forall xC'(x) \vDash \forall xC(x)$ 的证明是类似的. $\qquad$ □

设 B 和 C 是拟公式,例如令

$$B = F(x) \vee G(u,x),$$

$$C = \neg\, F(x) \rightarrow G(u,x).$$

因为 B 和 C 不是公式,所以 B⊢C 是没有意义的. 若在 B 和 C 中用任何自由变元符号 w 代入约束变元符号 x(B 和 C 含 x 而不含 x 的量词),就得到公式 B′和 C′:

$$B' = F(w) \vee G(u,w),$$
$$C' = \neg\, F(w) \rightarrow G(u,w).$$

并且 B′⊢C′. 在这种情形,我们用 B⊢C 表示 B′⊢C′.

一般地,如果 B 和 C 是拟公式,它们含约束变元符号 $x_1, \cdots, x_n$ 但不含它们的量词,并且由 B 和 C 用任何自由变元符号 $u_1, \cdots, u_n$ 同时分别代入 $x_1, \cdots, x_n$ 而得到公式 B′和 C′. 我们用 B⊢C 表示 B′⊢C′.

定理 3.4.3(等值公式替换) 设 B⊢C,并且在 A 中把 B 的某些(不一定全部)出现替换为 C 而得到 A′. 则 A⊢A′.

证 与定理 2.5.4 的证明类似,使用引理 3.4.2. □

注意,定理 3.4.3 中的 B 和 C 可能是拟公式.

定理 3.4.4(对偶性) 设 A 是由 $\mathscr{L}$ 的原子公式,联结符号 $\neg$, $\wedge$ 和 $\vee$,以及两个量词使用有关的形成规则而生成的公式,并且在 A 中交换 $\wedge$ 和 $\vee$, $\forall$ 和 $\exists$,以及交换原子公式和它的否定式而得到 A′(A′是 A 的**对偶**). 则 A′⊢$\neg$ A.

证 对 A 的结构作归纳. □

注意,在定理 3.4.4 中,A 中的原子公式可能是拟公式.

习 题

3.4.1 证明定理 3.4.4.

3.4.2 证明下列逻辑推论:

(1) $\neg\, \forall x A(x) \vdash\vdash \exists x\, \neg\, A(x).$

(2) $\neg\, \exists x A(x) \vdash\vdash \forall x\, \neg\, A(x).$

(3) $\forall x[A(x) \wedge B(x)] \vdash\vdash \forall x A(x) \wedge \forall x B(x).$

(4) $\exists x[A(x) \vee B(x)] \vdash\vdash \exists x A(x) \vee \exists x B(x).$

3.4.3 证明

(1) $\exists x[A(x) \wedge B(x)] \vDash \exists xA(x) \wedge \exists xB(x)$.

(2) $\exists xA(x) \wedge \exists xB(x) \nvDash \exists x[A(x) \wedge B(x)]$.

(3) $\forall xA(x) \vee \forall xB(x) \vDash \forall x[A(x) \vee B(x)]$.

(4) $\forall x[A(x) \vee B(x)] \nvDash \forall xA(x) \vee \forall xB(x)$.

(5) $\exists x \forall yA(x,y) \vDash \forall y \exists xA(x,y)$.

(6) $\forall y \exists xA(x,y) \nvDash \exists x \forall yA(x,y)$.

3.5 形 式 推 演

一阶逻辑中的形式推演和命题逻辑中的相似,所不同的是一阶逻辑含更多的形式推演规则.命题逻辑中的十一条形式推演规则都包括在一阶逻辑之中;但是,作为一阶逻辑中的规则,在其中出现的公式是一阶语言中的公式.所增加的是下列关于量词和相等符号的规则.

($\forall -$) 如果 $\Sigma \vdash \forall xA(x)$,

则 $\Sigma \vdash A(t)$.　　　　（$\forall$ **消去**）

($\forall +$) 如果 $\Sigma \vdash A(u)$,u 不在 Σ 中出现,

则 $\Sigma \vdash \forall xA(x)$　　　　（$\forall$ **引入**）

($\exists -$) 如果 $\Sigma, A(u) \vdash B$,u 不在 Σ 或 B 中出现,

则 $\Sigma, \exists xA(x) \vdash B$.　　　（$\exists$ **消去**）

($\exists +$) 如果 $\Sigma \vdash A(t)$,

则 $\Sigma \vdash \exists xA(x)$,其中的 $A(x)$ 是在 $A(t)$ 中把 t 的某些(不一定全部)出现替换为 x 而得.

（$\exists$ **引入**）

($\equiv -$) 如果 $\Sigma \vdash A(t_1)$,

$\Sigma \vdash t_1 \equiv t_2$,

则 $\Sigma \vdash A(t_2)$,其中的 $A(t_2)$ 是在 $A(t_1)$ 中把 t_1 的某些(不一定全部)出现替换为 t_2 而得.

（$\equiv$ **消去**）

($\equiv +$) $\varnothing \vdash u \equiv u$.　　（$\equiv$ **引入**）

附注

(1) 在($\forall-$)中,公式 A(t)是由 A(x)把 t 代入 x(即代入 x 在 A(x)中的所有出现之处)而得.在($\forall+$)和($\exists-$)的情形,也是作了代入.但是在($\exists+$)中由 A(t)得到 A(x),和在($\equiv-$)中由 A(t_1)得到 A(t_2)时,不是作了代入,而是作了替换(即可以只替换一部分).替换和代入应当区分开来.

(2) ($\forall+$)和($\exists-$)可以分别陈述如下:

$$\begin{cases} 如果\ \Sigma\vdash A(t),t\ 不在\ \Sigma\ 中出现, \\ 则\ \Sigma\vdash\forall xA(x). \end{cases}$$

$$\begin{cases} 如果\ \Sigma,A(t)\vdash B,t\ 不在\ \Sigma\ 或\ B\ 中出现, \\ 则\ \Sigma,\exists xA(x)\vdash B. \end{cases}$$

项 t 比自由变元符号 u 的范围更广(自由变元符号都是项,项可以不是自由变元符号),所以这样的陈述比前面的陈述有更广的应用范围.但是前面的陈述已经够用,故不需要这样的陈述.

但是,如果把($\forall-$)和($\exists+$)中的 t 改成 u,那就不够用了.

(3) ($\forall-$)和($\exists+$)的直观意义是比较清楚的.如果 A(x)表示"x 有 R 性质",则 $\forall xA(x)$ 表示"论域中所有个体有 R 性质",A(t)表示"t 所表示的个体有 R 性质",$\exists xA(x)$ 表示"论域中有个体有 R 性质".因此,$\forall xA(x)$ 比 A(t)更强,A(t)比 $\exists xA(x)$ 更强,这就说明了($\forall-$)和($\exists+$)的直观意义.

(4) ($\forall+$)和($\exists-$)的直观意义要作更多的说明.显然,在($\forall+$)中不能删去"u 不在 Σ 中出现",因为 $\forall xA(x)$ 比 A(u)更强;在($\exists-$)中不能删去"u 不在 Σ 或 B 中出现",因为 A(u)比 $\exists xA(x)$ 更强.

对于($\forall+$)来说,如果 u 在 Σ 中出现,则 A(u)中的 u 所表示的论域中的个体就是 Σ 中的 u 所表示的个体,这样,$\Sigma\vdash A(u)$ 是说由 Σ 推出这个 u 所表示的个体有某个性质.因此,"u 不在 Σ 中出现"是说 A(u)中的 u 是与 Σ 没有关系的,即 u 所表示的论域中的个体是与 Σ 所表示的命题没有关系的,于是 u 所表示的可以是论域中的任何个体.这样,"$\Sigma\vdash A(u)$,u 不在 Σ 中出现"是说,由 Σ

能推出论域中的任何一个个体有某个性质,因此由 Σ 能推出论域中的所有个体有这个性质,即 Σ ⊢∀xA(x).

例如,要证明一个线段的中垂线上的所有点与这线段的两端距离相等,只须取中垂线上的任何一点,证明它与这线段的两端距离相等.

(∃−)的情形是类似的.“u 不在 Σ 或 B 中出现”是说 u 所表示的个体是与 Σ 和 B 所表示的命题没有关系的,因此 u 可以表示论域中的任何一个个体.这样,“Σ,A(u) ⊢B,u 不在 Σ 或 B 中出现”是说,由 Σ 和“论域中的任何一个个体有某个性质”能推出 B,因此由 Σ 和“存在论域中的个体有这个性质”能推出 B,即 Σ,∃xA(x) ⊢B.

例如,要证明如果行列式有两行或两列成比例则行列式为零,只须取行列式的任何两行或两列,设它们成比例,证明行列式为零.

(5) 在(∃+)中由 A(t)得到 A(x)时,不要求把 t 全部替换为 x.例如由 5=5 可以得到“有 x,使得 $x=x$”(这时把 5=5 中的 5 全部替换为 x),也可以得到“有 x,使得 $5=x$”(这时只把一个 5 替换为 x.)

(6) (≡−)表示等量的可替换性,在等量的替换中,可以只作部分替换.(≡+)表示任何个体等同于它自己.

定义 3.5.1 (**形式可推演性**) 设 Σ⊆Form(𝓛),A∈Form(𝓛).

A 是在一阶逻辑中由 Σ **形式可推演**(或**形式可证明**)的,记作
$$Σ ⊢A,$$
当且仅当 Σ ⊢A 能由(有限次使用)一阶逻辑中的形式推演规则生成.

关于量词的形式推演规则有以下的推广.

(∀−) 如果 Σ ⊢∀x₁⋯∀xₙA(x₁,⋯,xₙ),

　　　　则 Σ ⊢A(t₁,⋯,tₙ).

(∀+) 如果 Σ ⊢A(u₁,⋯,uₙ),u₁,⋯,uₙ 不在 Σ 中出现,则

$$\Sigma \vdash \forall x_1 \cdots A x_n A(x_1, \cdots, x_n).$$

（∃−）如果 $\Sigma, A(u_1, \cdots, u_n) \vdash B, u_1, \cdots, u_n$ 不在 Σ 或 B 中出现，

则 $\Sigma, \exists x_1 \cdots \exists x_n A(x_1, \cdots, x_n) \vdash B.$

（∃＋）如果 $\Sigma \vdash A(t_1, \cdots, t_n)$，

则 $\Sigma \vdash \exists x_1 \cdots \exists x_n A(x_1, \cdots, x_n)$，其中的 $A(x_1, \cdots, x_n)$ 是在 $A(t_1, \cdots, t_n)$ 中把 t_i 的某些(不一定全部)出现替换为 x_i 而得$(1 \leqslant i \leqslant n)$.

在上面的推广中，$x_1, \cdots, x_n$ 应当是各不相同的，否则将得到像 $\forall x \forall x A(x,x)$ 这样的表达式，它不是公式. 在(∀＋)和(∃−)中的 $u_1, \cdots, u_n$ 应当各不相同，否则在 $x_1, \cdots, x_n$ 中将会有相同的符号，因而使得 $\forall x_1 \cdots \forall x_n A(x_1, \cdots, x_n)$ 和 $\exists x_1 \cdots \exists x_n A(x_1, \cdots, x_n)$ 不是公式. 但在(∀−)和(∃＋)中，$t_1, \cdots, t_n$ 可以不同，也可以相同. 例如，由

$$\forall x \forall y \forall z F(x,y,z) \vdash \forall x \forall y \forall z F(x,y,z)$$

能得到

$$\forall x \forall y \forall z F(x,y,z) \vdash F(t_1,t_2,t_3),$$
$$\forall x \forall y \forall z F(x,y,z) \vdash F(t_1,t_2,t_2),$$
$$\forall x \forall y \forall z F(x,y,z) \vdash F(t_1,t_1,t_1).$$

当使用(∀＋)和(∃−)时，特别要注意是否满足了其中的条件. 例如下面的两个序列

$$\begin{cases} (1) \ A(u) \vdash A(u) & （由(Ref)）. \\ (2) \ A(u) \vdash \forall x A(x) & （由(∀＋),(1)）. \end{cases}$$

$$\begin{cases} (1) \ A(u) \vdash A(u) & （由(Ref)）. \\ (2) \ \exists x A(x) \vdash A(u) & （由(∃−),(1)）. \end{cases}$$

都不构成形式证明，因为，由于 u 在 $A(u)$ 中出现，故规则(∀＋)和(∃−)在其中的使用是不正确的.

实际上，$A(u) \vdash \forall x A(x)$ 和 $\exists x A(x) \vdash A(u)$ 是不成立的，这在读了可靠性定理(见第 4.2 节)之后就能证明.

显然,命题逻辑中的形式可推演性模式都是一阶逻辑中的形式可推演性模式,但是其中的公式应当换为一阶逻辑中的公式.

记号 ⊢⊣ ,⊣ 和 Σ ⊢ 的涵义与第2.6节中相同.

一阶逻辑中的形式可推演性模式 Σ ⊢A 的定义是归纳定义.可以用归纳证法,对 Σ ⊢A 的(生成过程的)结构作归纳,来证明任何 Σ ⊢A 都有某个性质.

定理2.6.2在一阶逻辑中也是成立的,证明留给读者.

定理 3.5.2

(i) $\forall x_1 \cdots \forall x_n A(x_1, \cdots, x_n)$ ⊢$A(t_1, \cdots, t_n)$.

(ii) $A(t_1, \cdots, t_n)$ ⊢$\exists x_1 \cdots \exists x_n A(x_1, \cdots, x_n)$,其中的 $A(x_1, \cdots, x_n)$是在 $A(t_1, \cdots, t_n)$中把 t_i 的某些(不一定全部)出现替换为 x_i 而得$(1 \leqslant i \leqslant n)$.

(iii) $\forall x A(x)$ ⊢⊣ $\forall y A(y)$.

(iv) $\exists x A(x)$ ⊢⊣ $\exists y A(y)$.

(v) $\forall x \forall y A(x,y)$ ⊢⊣ $\forall y \forall x A(x,y)$.

(vi) $\exists x \exists y A(x,y)$ ⊢⊣ $\exists y \exists x A(x,y)$.

(vii) $\forall x A(x)$ ⊢$\exists x A(x)$.

(viii) $\exists x \forall y A(x,y)$ ⊢$\forall y \exists x A(x,y)$.

证 我们选证(iv)和(v),其中 ⊢和⊣ 的证明是相同的.

证(iv)的 ⊢.

(1) $A(u)$ ⊢$A(u)$ (取 u 不在 $A(y)$中出现).

(2) $A(u)$ ⊢$\exists y A(y)$ (由$(\exists +)$,(1)).

(3) $\exists x A(x)$ ⊢$\exists y A(y)$ (由$(\exists -)$,(2)).

证(v)的 ⊢.

(1) $\forall x \forall y A(x,y)$ ⊢$A(u,v)$

(由本定理(i),取不在 $A(x,y)$中出现的、不同的 u 和 v).

(2) $\forall x \forall y A(x,y)$ ⊢$\forall y \forall x A(x,y)$

(由$(\forall +)$,(1)). □

附注 上面证明中的"取 u 不在 $A(y)$中出现"和"取不在 $A(x,y)$中出现的、不同的 u 和 v"是能够做到的,因为有可数无限

多个自由变元符号.但是前面讲过的

$$\begin{cases} A(u) \vdash A(u) \\ A(u) \vdash \forall xA(x) \end{cases}$$

是错误的,因为不可能取 $A(u) \vdash A(u)$ 中右边的 u,使得它不在左边的 $A(u)$ 中出现.

定理 3.5.3

(i) $\neg \forall xA(x) \dashv\vdash \exists x \neg A(x)$.

(ii) $\neg \exists xA(x) \dashv\vdash \forall x \neg A(x)$.

证 我们选证(i).

证 (i) 的 $\vdash$.

(1) $\neg A(u) \vdash \exists x \neg A(x)$ (取 u 不在 $A(x)$ 中出现).

(2) $\neg \exists x \neg A(x), \neg A(u) \vdash \exists x \neg A(x)$.

(3) $\neg \exists x \neg A(x), \neg A(u) \vdash \neg \exists x \neg A(x)$.

(4) $\neg \exists x \neg A(x) \vdash A(u)$ (由($\neg -$),(2),(3)).

(5) $\neg \exists x \neg A(x) \vdash \forall xA(x)$ (由($\forall +$),(4)).

(6) $\neg \forall xA(x), \neg \exists x \neg A(x) \vdash \forall xA(x)$.

(7) $\neg \forall xA(x), \neg \exists x \neg A(x) \vdash \neg \forall xA(x)$.

(8) $\neg \forall xA(x) \vdash \exists x \neg A(x)$ (由($\neg -$),(6)(7)).

证(i)的 $\dashv$.

(1) $\forall xA(x) \vdash A(u)$ (取 u 不在 $A(x)$ 中出现).

(2) $\neg A(u) \vdash \neg \forall xA(x)$ (由(1)).

(3) $\exists x \neg A(x) \vdash \neg \forall xA(x)$ (由($\exists -$),(1)). □

附注

(1) 由定理 3.5.2(v)的证明可以看出,关于全称量词的形式推演规则($\forall -$)和($\forall +$)的使用是简单的(证(v)中的(1)实际上是使用了($\forall -$)),所要注意的只是,当使用($\forall +$)时,要求 u 不在 Σ 中出现.

(2) 但是,使用关于存在量词的形式推演规则($\exists -$)和($\exists +$)是比较不简单的.例如在定理 3.5.3(i)的 $\dashv$ 部分中,前提是存在公式 $\exists x \neg A(x)$,这时使用了($\exists -$)得到证明.在它的

├ 部分中,结论是 ∃x ┐ A(x). 在这种情形,好像可以先证

$$┐ \forall xA(x) ├ ┐ A(t),$$

然后由它使用(∃ +)而证明 ├.实际上并不是这样.从直观上看,
┐ A(t) 比 ∃x ┐ A(x) 更强;所以 ┐ ∀xA(x) ├ ┐ A(t) 比
┐ ∀xA(x) ├∃x ┐ A(x)肯定得更多.这样,┐ ∀xA(x) ├ ┐
A(t)是不一定成立的.(实际上它是不成立的,这在读了可靠性之
后能够证明.)上面是使用了反证律(┐ −)证明 ┐ ∀xA(x) ├∃x
┐ A(x)的.

(3) 使用(┐ −)证明 ┐ ∀xA(x) ├∃x ┐ A(x),情形和定理
2.6.9(iv)的 ┐ 部分相似(见定理 2.6.9 后的附注).在上述证明
中,(6)是关键步骤,因为(7)是显然成立的.由(6)和(7)得到(8).
我们在证明中写出(6)和(7)这两步,是为了明显看出使用了
(┐ −).实际上由(5)可直接得到(8)(使用定理 2.6.6(vii)).

(4) 当证明形式可推演性模式 Σ ├∃xA(x)(其中的结论是
存在公式)时,如果能通过建立 Σ ├A(t)和使用(∃ +)而得证,这
样的证明称为构造性证明,否则称为非构造性证明.上述关于
┐ ∀xA(x) ├∃x ┐ A(x)的证明是非构造性的,实际上它没有构
造性证明.(构造性逻辑将在第七章中研究.)

定理 3.5.4

(i) ∀x[A(x)→B(x)] ├∀xA(x)→∀xB(x).

(ii) ∀x[A(x)→B(x)] ├∃xA(x)→∃xB(x).

(iii) ∀x[A(x)→B(x)], ∀x[B(x)→C(x)]
     ├∀x[A(x)→C(x)].

(iv) A→∀xB(x) ├┤ ∀x[A→B(x)],x 不在 A 中出现.

(v) A→∃xB(x) ├┤ ∃x[A→B(x)],x 不在 A 中出现.

(vi) ∀xA(x)→B ├┤ ∃x[A(x)→B],x 不在 B 中出现.

(vii) ∃xA(x)→B ├┤ ∀x[A(x)→B],x 不在 B 中出现.

我们先要说明,这里(iv)和(v)中的"x 不在 A 中出现"以及
(vi)和(vii)中的"x 不在 B 中出现"的意义,与形式推演规则
(∀ +)和(∃ −)中的"u 不在 Σ 中出现"和"u 不在 Σ 或 B 中出现"

的意义是不同的.(∀+)和(∃−)中的条件若被删去,这些规则就不正确了.(iv)和(v)中的条件若被删去,即如果 x 在 A 中出现,则 A 中必含 x 的量词,使得 x 出现在这个量词的辖域之中,因为 A 是公式.于是,在 ⊢ 右边的公式 ∀x[A→B(x)] 和 ∃x[A→B(x)] 中,x 的上述量词又出现在公式左端 x 的量词的辖域之中,这在公式中是不允许的(根据 $\mathscr{L}$ 公式的定义).(vi)和(vii)的情形与上述的类似.

证 我们选证(vi)的 ⊢.

(1) ¬∃x[A(x)→B] ⊢∀x¬[A(x)→B] (由定理 3.5.3 (ii)).

(2) ∀x¬[A(x)→B] ⊢¬[A(u)→B] (取 u 不在(1)中出现).

(3) ¬[A(u)→B] ⊢A(u).

(4) ¬[A(u)→B] ⊢¬B.

(5) ¬∃x[A(x)→B] ⊢A(u) (由(1),(2),(3)).

(6) ¬∃x[A(x)→B] ⊢¬B (由(1),(2),(4)).

(7) ¬∃x[A(x)→B] ⊢∀xA(x) (由(5)).

(8) ∀xA(x)→B,¬∃x[A(x)→B] ⊢¬B (由(6)).

(9) ∀xA(x)→B,¬∃x[A(x)→B] ⊢∀xA(x) (由(7)).

(10) ∀xA(x)→B,¬∃x[A(x)→B] ⊢∀xA(x)→B.

(11) ∀xA(x)→B,¬∃x[A(x)→B] ⊢B (由(10),(9)).

(12) ∀xA(x)→B ⊢∃x[A(x)→B] (由(11),(8)). □

附注 上面这个证明是非构造性的.实际上,定理 3.5.4(vi) 的 ⊢ 部分没有构造性证明.

正体大写拉丁文字母 Q(或加下标)将用来表示量词符号 ∀ 或 ∃[①].

下面定理 3.5.5,定理 3.5.6 和定理 3.5.7 的证明留给读者.

_____

① Q是"量词"的英文"quantifier"的第一个字母的大写.

定理 3.5.5

(i) $A \land \forall x B(x) \dashv\vdash \forall x [A \land B(x)]$, x 不在 A 中出现.

(ii) $A \land \exists x B(x) \dashv\vdash \exists x [A \land B(x)]$, x 不在 A 中出现.

(iii) $\forall x A(x) \land \forall x B(x) \dashv\vdash \forall x [A(x) \land B(x)]$.

(iv) $\exists x [A(x) \land B(x)] \vdash \exists x A(x) \land \exists x B(x)$.

(v) $Q_1 x A(x) \land Q_2 y B(y) \dashv\vdash Q_1 x Q_2 y [A(x) \land B(y)]$,

x 不在 B(y)中出现, y 不在 A(x)中出现.

定理 3.5.6

(i) $A \lor \forall x B(x) \dashv\vdash \forall x [A \lor B(x)]$, x 不在 A 中出现.

(ii) $A \lor \exists x B(x) \dashv\vdash \exists x [A \lor B(x)]$, x 不在 A 中出现.

(iii) $\forall x A(x) \lor \forall x B(x) \vdash \forall x [A(x) \lor B(x)]$.

(iv) $\exists x A(x) \lor \exists x B(x) \dashv\vdash \exists x [A(x) \lor B(x)]$.

(v) $Q_1 x A(x) \lor Q_2 y B(y) \dashv\vdash Q_1 x Q_2 y [A(x) \lor B(y)]$, x 不在
B(y)中出现, y 不在 A(x)中出现.

定理 3.5.7

(i) $\forall x [A(x) \leftrightarrow B(x)] \vdash \forall x A(x) \leftrightarrow \forall x B(x)$.

(ii) $\forall x [A(x) \leftrightarrow B(x)] \vdash \exists x A(x) \leftrightarrow \exists x B(x)$.

(iii) $\forall x [A(x) \leftrightarrow B(x)], \forall x [B(x) \leftrightarrow C(x)]$
$\vdash \forall x [A(x) \leftrightarrow C(x)]$.

(iv) $\forall x [A(x) \leftrightarrow B(x)] \vdash \forall x [A(x) \rightarrow B(x)]$.

(v) $\forall x [A(x) \leftrightarrow B(x)] \vdash \forall x [B(x) \rightarrow A(x)]$.

(vi) $\forall x [A(x) \rightarrow B(x)], \forall x [B(x) \rightarrow A(x)]$
$\vdash \forall x [A(x) \leftrightarrow B(x)]$.

我们令

$\exists!! x A(x)$ 表示 $\forall x \forall y [A(x) \land A(y) \rightarrow x \equiv y]$.

$\exists! x A(x)$ 表示 $\exists x [A(x) \land \forall y (A(y) \rightarrow x \equiv y)]$.

$\exists!! x$ 读作"存在至多一个 x 使得". 它的涵义是"存在论域中的至多一个个体使得". 它并不表示"存在".

$\exists! x$ 读作"存在恰好一个 x 使得". 它的涵义是"存在论域中的恰好一个个体使得".

定理 3.5.8

(i) $A(t_1), t_1 \equiv t_2 \vdash A(t_2)$,其中的 $A(t_2)$ 是在 $A(t_1)$ 中把 t_1 的某些(不一定全部)出现替换为 t_2 而得.

(ii) $\varnothing \vdash t \equiv t$.

(iii) $t_1 \equiv t_2 \dashv\vdash t_2 \equiv t_1$.

(iv) $t_1 \equiv t_2, t_2 \equiv t_3 \vdash t_1 \equiv t_3$.

(v) $A(t) \dashv\vdash \forall x[x \equiv t \rightarrow A(x)]$,其中的 $A(x)$ 是在 $A(t)$ 中把 t 的某些(不一定全部)出现替换为 x 而得.

(vi) $A(t) \dashv\vdash \exists x[x \equiv t \wedge A(x)]$,其中的 $A(x)$ 与(v)中的相同.

(vii) $\exists! xA(x) \vdash \exists xA(x), \exists!! xA(x)$.

(viii) $\exists xA(x), \exists!! xA(x) \vdash \exists! xA(x)$.

(ix) $\exists! xA(x) \dashv\vdash \exists x \forall y[A(y) \leftrightarrow x \equiv y]$.

证 我们选证(v).

证(v)的 $\vdash$.

(1) $A(t), u \equiv t \vdash A(t)$ (取 u 不在 $A(t)$ 中出现).

(2) $u \equiv t \vdash t \equiv u$ (由本定理(iii)).

(3) $A(t), u \equiv t \vdash t \equiv u$.

(4) $A(t), t \equiv u \vdash A(u)$ (由本定理(i)).

(5) $A(t), u \equiv t \vdash A(u)$ (由(1),(3),(4)).

(6) $A(t) \vdash u \equiv t \rightarrow A(u)$.

(7) $A(t) \vdash \forall x[x \equiv t \rightarrow A(x)]$.

证 (v)的 $\dashv$.

(1) $\forall x[x \equiv t \rightarrow A(x)] \vdash t \equiv t \rightarrow A(t)$.

(2) $\varnothing \vdash t \equiv t$ (由本定理(ii)).

(3) $\forall x[x \equiv t \rightarrow A(x)] \vdash t \equiv t$.

(4) $\forall x[x \equiv t \rightarrow A(x)] \vdash A(t)$. □

引理 3.5.9 设 $A \dashv\vdash A', B \dashv\vdash B'$ 并且 $C(u) \dashv\vdash C'(u)$. 则

(i) $\neg A \dashv\vdash \neg A'$.

(ii) $A \wedge B \dashv\vdash A' \wedge B'$.

(iii) A∨B ⊢⊣ A′∨B′.

(iv) A→B ⊢⊣ A′→B′.

(v) A↔B ⊢⊣ A′↔B′.

(vi) ∀xC(x) ⊢⊣ ∀xC′(x).

(vii) ∃xC(x) ⊢⊣ ∃xC′(x).

证 (i)~(v)与引理 2.6.13 中相同.下面要证(vi)和(vii).

我们有

(1) C(u) ⊢⊣ C′(u). (由假设).

(2) ∅ ⊢C(u)↔C′(u).

(3) ∅ ⊢∀x[C(x)↔C′(x)].

(4) ∅ ⊢∀xC(x)↔∀xC′(x)(由(3),定理 3.5.7(i)).

(5) ∅ ⊢∃xC(x)↔∃xC′(x)(由(3),定理 3.5.7(ii)).

于是由(4)和(5)分别得到(vi)和(vii). □

设 B 和 C 是拟公式.我们用 B ⊢⊣ C 表示 B′ ⊢⊣ C′,其中的 B′ 和 C′ 是像上节中那样分别由 B 和 C 得到的公式.

定理 3.5.10(等值公式替换) 设 B ⊢⊣ C,并且在 A 中把 B 的某些(不一定全部)出现替换为 C 而得到 A′.则 A ⊢⊣ A′.

证 对 A 的结构作归纳,使用引理 3.5.9. □

定理 3.5.11(对偶性) 设 A 是由 $\mathscr{L}$ 的原子公式,联结符号 ¬,∧ 和 ∨,以及两个量词使用有关的形成规则而生成的公式,并且 A′ 是 A 的对偶.则 A′ ⊢⊣ ¬A.

证 对 A 的结构作归纳. □

注意,定理 3.5.10 中的 B 和 C,以及定理 3.5.11 中 A 所含的原子公式可能是拟公式.

习 题

3.5.1 证定理 3.5.2(vi),(viii).

3.5.2 证定理 3.5.3(ii).

3.5.3 证定理 3.5.4(v),(vii).

3.5.4 证定理 3.5.8(ii),(iii),(vi)~(ix).

3.6 前束范式

前束范式是一阶逻辑中的一种范式.在一阶逻辑中,公式可以变换为和它等值的前束范式.

定义 3.6.1(前束范式) 称 $\mathscr{L}$ 的公式为**前束范式**,当且仅当它有下面的形式

$$Q_1 x_1 \cdots Q_n x_n B,$$

其中的 $Q_1, \cdots, Q_n$ 是 $\forall$ 或 $\exists$,并且 B 不含量词.

称 $Q_1 x_1 \cdots Q_n x_n$ 为**前束词**;称 B 为**母式**.

不含量词的公式是前束范式的特殊情形.

定理 3.6.2(约束变元符号替换) 设在公式 A 中把 $QxB(x)$ 的某些(不一定全部)出现替换为 $QyB(y)$ 而得到公式 A′.于是 A ⊨ A′ 并且 A ⊢ A′.

证 我们先要证明

(1) $\qquad\qquad QxB(x) \models QyB(y).$

(2) $\qquad\qquad QxB(x) \vdash QyB(y).$

显然,x 不在 $QyB(y)$ 中出现.下面要肯定,y 不在 $QxB(x)$ 中出现.如果 y 在 $QxB(x)$ 中出现,因而 y 在公式 A 中出现,则 y 的量词在 A 中出现.y 的这个量词可能出现在 B(x) 中,或者出现在 $QxB(x)$ 的左边.不论哪一种情形,B(y) 中的 y 在 A′ 中都将出现在 y 的两个量词的辖域中(并且其中的一个量词出现在另一个的辖域之中),这在公式 A′ 中是不允许的.因此 y 不在 $QxB(x)$ 中出现.于是,x 在 $QxB(x)$ 中出现之处恰好是 y 在 $QyB(y)$ 中出现之处,此外 $QxB(x)$ 和 $QxB(y)$ 的符号和语法结构完全相同.因此,不论 $QxB(x)$ 和 $QyB(y)$ 是公式或拟公式,(1)是成立的;并且由定理 3.5.2(iii)和(iv),(2)也是成立的.

由(1)和(2),根据等值公式的可替换性(定理 3.4.3 和定理 3.5.10),本定理得证. □

定理 3.6.3 $\mathscr{L}$ 的任何公式与某个前束范式等值.

证 我们有

$\neg \forall xA(x) \dashv\vdash \exists x \neg A(x).$

$\neg \exists xA(x) \dashv\vdash \forall x \neg A(x).$

$A \wedge QxB(x) \dashv\vdash Qx[A \wedge B(x)], x$ 不在 A 中出现.

$A \vee QxB(x) \dashv\vdash Qx[A \vee B(x)], x$ 不在 A 中出现.

$\forall xA(x) \wedge \forall xB(x) \dashv\vdash \forall x[A(x) \wedge B(x)].$

$\exists xA(x) \vee \exists xB(x) \dashv\vdash \exists x[A(x) \vee B(x)].$

$Q_1xA(x) \wedge Q_2yB(y) \dashv\vdash Q_1xQ_2y[A(x) \wedge B(y)], x$ 不在 $B(y)$ 中出现, y 不在 $A(x)$ 中出现.

$Q_1xA(x) \vee Q_2yB(y) \dashv\vdash Q_1xQ_2y[A(x) \vee B(y)], x$ 不在 $B(y)$ 中出现, y 不在 $A(x)$ 中出现.

其中的 $\dashv\vdash$ 可以换为 $\vdash\dashv$.

由等值公式可替换性(定理 3.4.3 和定理 3.5.10)和命题逻辑中的等值公式,我们可以逐步把公式中的 $\to$ 和 $\leftrightarrow$ 替换为 $\neg$, $\wedge$ 和 $\vee$,并且使 $\neg$ 的辖域中不出现 $\neg$, $\wedge$ 和 $\vee$. 再由上述等值公式,可以逐步把量词移到联结符号 $\neg$, $\wedge$ 和 $\vee$ 的辖域之外,因而使量词放在公式的最前边. 于是得到前束范式,它和原来的公式是等值的.

在必要时应当替换某些约束变元符号.   □

例

$\neg \{\forall x\exists yF(u,x,y) \to \exists x[\neg \forall yG(y,w) \to H(x)]\}$

$\dashv\vdash \neg \{\neg \forall x\exists yF(u,x,y) \vee \exists x[\neg\neg \forall yG(y,w) \vee H(x)]\}$

$\dashv\vdash \neg\neg \forall x\exists yF(u,x,y) \wedge \neg \exists x[\forall yG(y,w) \vee H(x)]$

$\dashv\vdash \forall x\exists yF(u,x,y) \wedge \neg \exists x\forall y[G(y,w) \vee H(x)]$

$\dashv\vdash \forall x\exists yF(u,x,y) \wedge \forall x\exists y \neg [G(y,w) \vee H(x)]$

$\dashv\vdash \forall x\{\exists yF(u,x,y) \wedge \exists y[\neg G(y,w) \wedge \neg H(x)]\}$

$\dashv\vdash \forall x\{\exists yF(u,x,y) \wedge \exists z[\neg G(z,w) \wedge \neg H(x)]\}$

$\dashv\vdash \forall x\exists y\exists z[F(u,x,y) \wedge \neg G(z,w) \wedge \neg H(x)].$

称与公式 A 等值的前束范式为 A 的**前束范式**.

前束范式的母式可以进一步变换为析取范式或合取范式.

习 题

3.6.1 将下列公式变换为前束范式：

(1) $[\neg\ \exists xF(x) \vee \forall yG(y)] \wedge [F(u) \rightarrow \forall zH(z)]$.

(2) $\exists xF(u,x) \leftrightarrow \forall yG(y)$.

(3) $\forall x\{F(x) \rightarrow \exists y[G(y) \rightarrow F(x) \vee \forall zG(z)]\}$.

第四章　可靠性和完备性

命题逻辑和一阶逻辑都有可靠性定理和完备性定理.本书中把它们放在一起研究,希望有助于读者集中理解.

在绪论中讲过,数理逻辑研究推理,研究前提和结论之间的可推导性关系.前提和结论之间的(非形式的)可推导性关系是由它们的真假值之间的关系(即前提的真蕴涵结论的真)确定的.用赋值(在命题逻辑中是真假赋值)定义的逻辑推论刻划了(非形式的)可推导性;逻辑推论是语义的概念.

用有限多条形式推演规则定义的形式推演涉及公式的语法结构.形式推演是语法的概念.

设对于任何 $\Sigma \subseteq \text{Form}(\mathscr{L})$ 和 $A \in \text{Form}(\mathscr{L})$,

1) $$\Sigma \vdash A \Rightarrow \Sigma \models A.$$

它表示:凡是形式可推演性所反映的前提和结论之间的关系,在非形式的推理中都是成立的;因此形式可推演性并不超出非形式推理的范围.形式可推演性对于反映非形式的推理是可靠的;1)称为可靠性定理.

设对于任何 Σ 和 A,

2) $$\Sigma \models A \Rightarrow \Sigma \vdash A.$$

它表示:凡是在非形式的推理中成立的前提和结论之间的关系,形式可推演性都是能反映的;因此形式可推演性在反映非形式的推理时并没有遗漏.形式可推演性对于反映非形式的推理是完备的;2)称为完备性定理.

可靠性和完备性将语法概念形式可推演性和语义概念逻辑推论联系起来,并且建立了两者的等价性.

4.1 可满足性和有效性

可满足性和有效性是重要的语义概念,它们之间有密切联系,它们与可靠性和完备性之间有密切联系.这些概念的定义已在第3.3节中陈述,本节中要作进一步研究.

定理 4.1.1

(i) A 是可满足的,当且仅当 $\neg$ A 是不有效的.

(ii) A 是有效的,当且仅当 $\neg$ A 是不可满足的.

证 由定义直接得证. □

定理 4.1.2

(i) $A(u_1, \cdots, u_n)$ 是可满足的,当且仅当 $\exists x_1 \cdots \exists x_n A(x_1, \cdots, x_n)$ 是可满足的.

(ii) $A(u_1, \cdots, u_n)$ 是有效的,当且仅当 $\forall x_1 \cdots \forall x_n A(x_1, \cdots, x_n)$ 是有效的.

证 为了陈述的简单,我们可以先证明以下的(1)和(2):

(1) A(u) 是可满足的,当且仅当 $\exists x A(x)$ 是可满足的.

(2) A(u) 是有效的,当且仅当 $\forall x A(x)$ 是有效的.

然后用归纳法由它们分别证明(i)和(ii).

我们先证(1).设 A(u) 是可满足的,即有以 D 为论域的赋值 v,使得 $A(u)^v = 1$.显然,$v(u/u^v)$ 和 v 相同,因此有

(3) $$A(u)^{v(u/u^v)} = 1.$$

因为 $u^v \in D$,所以由(3)可得 $\exists x A(x)^v = 1$,即 $\exists x A(x)$ 是可满足的.

设 $\exists x A(x)$ 是可满足的,即有以 D 为论域的赋值 v,使得 $\exists x A(x)^v = 1$.于是有 $a \in D$,使得 $A(u)^{v(u/a)} = 1$.因此 A(u) 是可满足的.这样证明了(1).

(2)可以用类似的方法证明,也可以由定理 4.1.1 和(1)证明如下:

$$A(u)\text{是有效的}$$
$$\Leftrightarrow \neg\, A(u)\text{是不可满足的}$$
$$\Leftrightarrow \exists x \neg\, A(x)\text{是不可满足的}$$
$$\Leftrightarrow \neg\, \forall xA(x)\text{是不可满足的}$$
$$\Leftrightarrow \forall xA(x)\text{是有效的}. \qquad \square$$

因为任何公式和它的前束范式等值,我们有

定理 4.1.3

(i) A 是可满足的,当且仅当 A 的前束范式是可满足的.

(ii) A 是有效的,当且仅当 A 的前束范式是有效的. $\qquad \square$

定义 4.1.4(论域中的可满足性,有效性) 设 $\Sigma \subseteq \mathrm{Form}(\mathscr{L})$, $A \in \mathrm{Form}(\mathscr{L})$.

(i) **Σ 在 D 中是可满足的**,当且仅当有以 D 为论域的赋值 v, 使得 $\Sigma^v = 1$.

(ii) **A 在 D 中是有效的**,当且仅当对于任何以 D 为论域的赋值 v,$A^v = 1$.

显然有下列推论:

Σ 在 D 中是可满足的$\Rightarrow\Sigma$ 是可满足的.

A 是有效的$\Rightarrow$A 在 D 中是有效的.

A 在 D 中是可满足的$\Leftrightarrow\neg\, A$ 在 D 中是不有效的.

A 在 D 中是有效的$\Leftrightarrow\neg\, A$ 在 D 中是不可满足的.

$A(u_1,\cdots,u_n)$ 在 D 中是可满足的

$\qquad\Leftrightarrow \exists x_1\cdots\exists x_nA(x_1,\cdots,x_n)$ 在 D 中是可满足的.

$A(u_1,\cdots,u_n)$ 在 D 中是有效的

$\qquad\Leftrightarrow \forall x_1\cdots\forall x_nA(x_1,\cdots,x_n)$ 在 D 中是有效的.

A 在 D 中是可满足的

$\qquad\Leftrightarrow$A 的前束范式在 D 中是可满足的.

A 在 D 中是有效的

$\qquad\Leftrightarrow$A 的前束范式在 D 中是有效的.

本节中还要证明的定理 4.1.7 将在做习题 5.1.2 时用到.为了证明定理 4.1.7,需要建立两个引理作准备,其中的引理 4.1.6

比较繁琐. 如果不读这两个引理, 因而也不读定理 4.1.7 的证明, 而只是弄清楚定理的内容(不难弄清楚), 用它做后面的习题, 也是可以的.

设 D 和 D_1 是两个论域, $|D| \leqslant |D_1|$. 设 $D' \subseteq D_1$, 使得 D 和 D' 之间有一一对应关系. 令 $a \in D$ 与 $a' \in D'$ 互相对应.

设 c 是 D 中的任何个体. 对于任何 $b \in D_1$, 我们确定唯一的 $b^* \in D$ 如下:

$$1) \qquad\qquad b^* = \begin{cases} a & \text{如果 } b = a' \in D', \\ c & \text{如果 } b \notin D'. \end{cases}$$

设 A 在 D 中是可满足的, 即有以 D 为论域的赋值 v, 使得 $A^v = 1$.

构作以 D_1 为论域的赋值 v_1, 满足以下的条件 2)~5):

2) $a^{v_1} = (a^v)'$.

3) $u^{v_1} = (u^v)'$.

4) 对于任何 $b_1, \cdots, b_n \in D_1$, $\langle b_1, \cdots, b_n \rangle \in F^{v_1}$ 当且仅当 $\langle b_1^*, \cdots, b_n^* \rangle \in F^v$, 其中的 F 是 n 元关系符号.

5) 对于任何 $b_1, \cdots, b_m \in D_1$, $f^{v_1}(b_1, \cdots, b_n) = (f^v(b_1^*, \cdots, b_m^*))'$, 其中的 f 是 m 元函数符号.

注意, 2),3)和5)中的 $(a^v)'$, $(u^v)'$ 和 $(f^v(b_1^*, \cdots, b_m^*))'$ 都是 D' 中的个体.

引理 4.1.5 设

(i) 项 t 所含的个体符号和自由变元符号包括在 $a_1, \cdots, a_k$, $u_1, \cdots, u_l$ 之中.

(ii) v_1^* 是以 D 为论域的赋值, 使得

$$a_i^{v_1^*} = (a_i^{v_1})^* \qquad (1 \leqslant i \leqslant k),$$

$$u_j^{v_1^*} = (u_j^{v_1})^* \qquad (1 \leqslant j \leqslant l),$$

并且 v_1^* 和 v 在 t 所含的所有函数符号上是一致的.

则 $(t^{v_1})^* = t^{v_1^*}$.

证 对 t 的结构作归纳.为了陈述的简单,我们可以不失去一般性地考虑 t 只含个体符号 a 和自由变元符号 u.

基始.$t=a$ 或 $t=u$.如果 $t=a$,则由(ii)可得

$$(t^{v_1})^* = (a^{v_1})^* = a^{v_1^*} = t^{v_1^*}.$$

$t=u$ 情形的证明类似.

归纳步骤.$t=f(t_1)$.(为了陈述的简单,我们假设 f 是一元函数符号.)于是,

$$\begin{aligned}
&(t^{v_1})^* \\
&= (f(t_1)^{v_1})^* \\
&= (f^{v_1}(t_1^{v_1}))^* \\
&= (f^v((t_1^{v_1})^*))'^* \quad (\text{由 5}) \\
&= f^v((t_1^{v_1})^*) \quad (\text{由 1}) \\
&= f^v(t_1^{v_1^*}) \quad (\text{由归纳假设}) \\
&= f^{v_1^*}(t_1^{v_1^*}) \quad (\text{由(ii)}) \\
&= (f(t_1))^{v_1^*} \\
&= t^{v_1^*}.
\end{aligned}$$

由基始和归纳步聚,引理 4.1.5 得证. □

引理 4.1.6 设

(i) 公式 A 不含相等符号所含的个体符号和自由变元符号包括在 $a_1,\cdots,a_k,u_1,\cdots,u_l$ 之中.

(ii) 以 D 为论域的赋值 v_1^* 和引理 4.1.5 中相同(但在这里要求 v_1^* 和 v 在 A 所含的所有函数符号和关系符号上是一致的).

则 $A^{v_1}=A^{v_1^*}$.

证 对 A 的结构作归纳.

基始.A 是原子公式 $F(t)$.(为了陈述的简单,我们假设 F 是一元关系符号.)于是,

$$F(t)^{v_1} = 1$$

$$\Leftrightarrow t^{v_1} \in F^v$$

$$\Leftrightarrow (t^{v_1})^* \in F^v \quad (\text{由 4})$$

$$\Leftrightarrow t^{v^*_1} \in F^{v^*_1} \quad (\text{由 (ii), 引理 4.1.5})$$

$$\Leftrightarrow F(t)^{v^*_1} = 1.$$

因此 $F(t)^{v_1} = F(t)^{v^*_1}$.

归纳步骤. A 有 $\neg B, B \wedge C, B \vee C, B \rightarrow C, B \leftrightarrow C, \forall x B(x)$ 或 $\exists x B(x)$ 七种情形. 我们选择对于 $\neg B, B \vee C$ 和 $\exists x B(x)$ 三种情形作出证明, 其他的情形留给读者.

$A = \neg B$ 的情形. 我们有

$$(\neg B)^{v_1} = 1$$

$$\Leftrightarrow B^{v_1} = 0$$

$$\Leftrightarrow B^{v^*_1} = 0 \quad (\text{由归纳假设})$$

$$\Leftrightarrow (\neg B)^{v^*_1} = 1.$$

因此 $(\neg B)^{v_1} = (\neg B)^{v^*_1}$.

$A = B \vee C$ 的情形. 我们有

$$(B \vee C)^{v_1} = 1$$

$$\Leftrightarrow B^{v_1} = 1 \text{ 或 } C^{v_1} = 1$$

$$\Leftrightarrow B^{v^*_1} = 1 \text{ 或 } C^{v^*_1} = 1 \quad (\text{由归纳假设})$$

$$\Leftrightarrow (B \vee C)^{v^*_1} = 1.$$

因此 $(B \vee C)^{v_1} = (B \vee C)^{v^*_1}$.

$A = \exists x B(x)$ 的情形. 我们要证明

(1) $$\exists x B(x)^{v_1} = 1 \Leftrightarrow \exists x B(x)^{v^*_1} = 1.$$

选择不在 $\exists x B(x)$ 中出现的任何自由变元符号 w, 由 $B(x)$ 构作 $B(w)$. 于是, 除了在 $\exists x B(x)$ 中出现的个体符号和自由变元符号之外, $B(w)$ 还含 w.

先证 (1) 中的 $\Rightarrow$ 部分. 设 $\exists x B(x)^{v_1} = 1$, 即

(2) 　　　　　有 $b \in D_1$，使得 $B(w)^{v_1(w/b)} = 1$.

其中的 $v_1(w/b)$ 是以 D_1 为论域的赋值，它除了要求 $w^{v_1(w/b)} = b$ 之外和 v_1 完全相同.

由 $b \in D_1$ 可得 $b^* \in D$. 由以 D 为论域的赋值 v_1^* 构作另一个以 D 为论域的赋值 $v_1^*(w/b^*)$，它除了要求 $w^{v_1^*(w/b^*)} = b^*$ 之外和 v_1^* 完全相同.

$v_1^*(w/b^*)$ 和 $v_1(w/b)$ 分别可以被看作把 v_1^* 和 v_1 由对于 $\exists xB(x)$ 中的各类有关符号(个体符号，关系符号，函数符号和自由变元符号)的赋值扩充到对自由变元符号 w 赋值的结果.(w 在 $B(w)$ 中出现，但不在 $\exists xB(x)$ 中出现.)对于 w，我们有

$$w^{v_1^*(w/b^*)} = b^* = (w^{v_1(w/b)})^*.$$

因此，$v_1^*(w/b^*)$ 和 $v_1(w/b)$ 保存了(ii)中所说的 v_1^* 和 v_1 的关系.于是，由归纳假设，可得

(3) 　　　　　$B(w)^{v_1^*(w/b^*)} = B(w)^{v_1(w/b)}$.

由(2)和(3)得到 $B(w)^{v_1^*(w/b^*)} = 1$，其中的 $b^* \in D$. 因此 $\exists xB(x)^{v_1^*} = 1$.

现在证(1)中的 ⇐ 部分.设 $\exists xB(x)^{v_1^*} = 1$，即

(4) 　　　　　有 $a \in D$，使得 $B(w)^{v_1^*(w/a)} = 1$.

其中的 $v_1^*(w/a)$ 是以 D 为论域的赋值，它除了要求 $w^{v_1^*(w/a)} = a$ 之外和 v_1^* 完全相同.

由 $a \in D$ 可得 $a' \in D_1$. 由以 D_1 为论域的赋值 v_1 构作另一个以 D_1 为论域的赋值 $v_1(w/a')$，它除了要求 $w^{v_1(w/a')} = a'$ 之外和 v_1 完全相同.

$v_1^*(w/a)$ 和 $v_1(w/a')$ 分别可以被看作把 v_1^* 和 v_1 扩充到对 w 赋值的结果.对于 w，我们有

$$w^{v_1^*(w/a)} = a = a'^* = (w^{v_1(w/a')})^*.$$

因此，$v_1^*(\mathrm{w}/a)$ 和 $v_1(\mathrm{w}/a')$ 保存了 v_1^* 和 v_1 的关系. 于是，由归纳假设，可得

(5) $$\mathrm{B(w)}^{v_1^*(\mathrm{w}/a)}=\mathrm{B(w)}^{v_1(\mathrm{w}/a')}.$$

由(4)和(5)得到 $\mathrm{B(w)}^{v_1(\mathrm{w}/a')}=1$，其中的 $a'\in D_1$. 因此 $\exists\mathrm{xB(x)}_1^v=1$. 这样就证明了(1)，归纳步骤证完.

由基始和归纳步骤，引理 4.1.6 得证. □

定理 4.1.7 设 $\Sigma\subseteq\mathrm{Form}(\mathscr{L})$，$\mathrm{A}\in\mathrm{Form}(\mathscr{L})$，$\Sigma$ 和 A 不含相等符号，D 和 D_1 是论域，并且 $|D|\leqslant|D_1|$.

(i) 如果 Σ 在 D 中是可满足的，则 Σ 在 D_1 中是可满足的.

(ii) 如果 A 在 D_1 中是有效的，则 A 在 D 中是有效的.

证 设 Σ 在 D 中是可满足的，即有以 D 为论域的赋值 v，使得 $\Sigma^v=1$. 取任何 $\mathrm{B}\in\Sigma$，可得

(1) $$\mathrm{B}^v=1.$$

设 B 所含的个体符号和自由变元符号包括在 $a_1,\cdots,a_k,u_1,\cdots,u_l$ 中.

由引理 4.1.5 和引理 4.1.6 中所陈述的规定，记号和结果，可以得到

(2) $$\mathrm{B}^{v_1}=\mathrm{B}^{v_1^*}.$$

(3) $$a_i^{v_1^*}=(a_i^{v_1})^*=(a_i^v)'^*=a_i^v \quad (1\leqslant i\leqslant k).$$

(4) $$u_j^{v_1^*}=(u_j^{v_1})^*=(u_j^v)'^*=u_j^v \quad (1\leqslant j\leqslant l).$$

因为 v_1^* 和 v 在 B 所含的函数符号和关系符号上是一致的，我们由(3),(4)和定理 3.3.6，可得

(5) $$\mathrm{B}^{v_1^*}=\mathrm{B}^v.$$

由(2),(5)和(1)，$\mathrm{B}^{v_1}=1$；由此得到 $\Sigma^{v_1}=1$. 因为 v_1 是以 D_1 为论域的赋值，故 Σ 在 D_1 中是可满足的，于是证明了(i).

如果 A 在 D_1 中是有效的，则 $\neg$ A 在 D_1 中是不可满足的. 由(i)，$\neg$ A 在 D 中是不可满足的；由此可得 A 在 D 中是有效的，这就证明了(ii). □

附注 定理 4.1.7 中的公式不含相等符号.作为反例,含相等符号的公式 $\forall x \forall y(x \equiv y)$ 在有一个个体的论域中是可满足的,但在有更多个体的论域中是不可满足的;$\exists x \exists y \neg (x \equiv y)$ 在有至少两个个体的论域中是有效的,但在有一个个体的论域中是不有效的.

习　题

4.1.1　构作语句(可以使用相等符号)使得它在论域 D 中是可满足的,当且仅当

(1) D 有一个个体.

(2) D 有两个个体.

(3) D 有三个个体.

(4) D 有至多三个个体.

(5) D 有至少三个个体.

4.1.2　构作语句(可以使用相等符号)使得

(1) 它在有一个个体的论域中是有效的,但在更大的论域中是不有效的.

(2) 它在有一个或两个个体的论域中是有效的,但在更大的论域中是不有效的.

(3) 它在有不超过三个个体的论域中是有效的,但在更大的论域中是不有效的.

4.1.3　语句集

$$\{\forall x \exists y F(x,y), \forall x \neg F(x,x),$$
$$\forall x \forall y \forall z[F(x,y) \wedge F(y,z) \rightarrow F(x,z)]\}$$

在无限论域中是可满足的,但在有限论域中是不可满足的.

4.1.4　下列语句在有限论域中是有效的,但在无限论域中是不有效的:

(1) $\exists x \forall y \exists z\{[F(y,z) \rightarrow F(x,z)] \rightarrow$
$$[F(x,x) \rightarrow F(y,x)]\}.$$

(2) $\forall x F(x,x) \wedge \forall x \forall y \forall z[F(x,z) \rightarrow$
$$F(x,y) \vee F(y,z)] \rightarrow \exists x \forall y F(x,y).$$

4.1.5　语句

$$\exists x \forall y \{F(x,y) \wedge \neg F(y,x) \rightarrow$$

$$[F(x,x) \leftrightarrow F(y,y)]\}$$

在有不超过三个个体的论域中是有效的,但在有四个个体的论域中是不有效的.

4.2 可 靠 性

本节在一阶逻辑中证明可靠性定理,它包括命题逻辑的可靠性定理.

定理 4.2.1(可靠性) 设 $\Sigma \subseteq \mathrm{Form}(\mathscr{L})$, $A \in \mathrm{Form}(\mathscr{L})$.

(i) 如果 $\Sigma \vdash A$,则 $\Sigma \models A$.

(ii) 如果 $\varnothing \vdash A$,则 $\varnothing \models A$.

(所有形式可证明公式都是有效的.)

证 (i)的证明用归纳法,对 $\Sigma \vdash A$ 的结构作归纳.就是说,要证明一阶逻辑的 17 条形式推演规则都具有或者保存以下的性质:在规则中把记号 $\vdash$ 换为 $\models$,所得到的命题是成立的.下面将对(Ref),(+),($\neg$ −),(∨ −)和(∃ −)的情形作出证明.其余的情形留给读者.

(Ref)的情形. $A \models A$ 显然成立.

(+)的情形.我们要证明:如果 $\Sigma \models A$,则 $\Sigma, \Sigma' \models A$.这也是显然的.

($\neg$ −)的情形.   需要证明:

如果 $\Sigma, \neg A \models B$,

$\Sigma, \neg A \models \neg B$,

则 $\Sigma \models A$.

设 $\Sigma \not\models A$,即有赋值 v(由于($\neg$ −)实际上只涉及命题逻辑,所以这个 v 只是真假赋值,不需要考虑它的论域),使得 $\Sigma^v = 1$ 并且 $A^v = 0$.于是$(\neg A)^v = 1$.根据假设,由 $\Sigma^v = 1$ 和 $(\neg A)^v = 1$ 可得 $B^v = 1$ 和 $(\neg B)^v = 1$,产生矛盾.因此 $\Sigma \models A$.

(∨ −)的情形.   我们要证明:

如果 $\Sigma, A \models C$,

$$\Sigma, B \models C,$$
$$则 \Sigma, A \lor B \models C.$$

令 v 是任何赋值,使得 $\Sigma^v = 1$ 并且 $(A \lor B)^v = 1$. 则 $A^v = 1$ 或者 $B^v = 1$. 如果 $A^v = 1$, 则根据假设, 由 $\Sigma^v = 1$ 和 $A^v = 1$ 可得 $C^v = 1$. 如果 $B^v = 1$, 则根据假设, 由 $\Sigma^v = 1$ 和 $B^v = 1$ 得到 $C^v = 1$. 因此有 $C^v = 1$, 从而得到 $\Sigma, A \lor B \models C$.

($\exists-$)的情形. 我们要证明:

如果 $\Sigma, A(u) \models B, u$ 不在 Σ 或 B 中出现,

则 $\Sigma, \exists x A(x) \models B$.

令 v 是以 D 为论域的任何赋值, 并且设 $\Sigma^v = 1, \exists x A(x)^v = 1$. 则有 $a \in D$, 使得

(1) $$A(u)^{v(u/a)} = 1.$$

因为 u 不在 Σ 中出现, 故有

(2) $$\Sigma^{v(u/a)} = \Sigma^v = 1.$$

根据假设, 由(2)和(1)可得 $B^{v(u/a)} = 1$. 因为 u 不在 B 中出现, 故有 $B^v = B^{v(u/a)} = 1$. 因此得到 $\Sigma, \exists x A(x) \models B$.

这样就证明了(i). (ii)是(i)的特殊情形. □

附注

(1) 在上述证明的($\neg -$)的情形, 我们证明了

($*$) $\begin{cases} 如果 \Sigma, \neg A \models B, \\ \qquad \Sigma, \neg A \models \neg B, \\ 则 \Sigma \models A. \end{cases}$

它是表示反证法的. 在证($*$)时使用了反证法. 于是就发生了这样的问题: 当表示反证法的($*$)还没有被证明时, 在($*$)的证明中却使用了反证法.

实际上, ($*$)涉及公式、赋值、公式的真假值和逻辑推论等概念, ($*$)是数理逻辑的研究对象. 数理逻辑在其研究中要使用逻辑推理, 这个逻辑推理(其中包括反证法)是在元语言中进行的. 因此, 在元语言中证明($*$)时使用逻辑推理(其中包括反证法), 是必要的和允许的, 虽然表示反证法的($*$)还没有被证明.

这和研究自然语言的语法时的情形相同.这时,语法是研究的对象.研究时所使用的自然语言(它是元语言)有它的语法.假设这个元语言就是要研究其语法的那个自然语言,那么在研究其语法时就要使用它的语法.人们不会因为这个语法还没有被研究清楚而认为不应当(在元语言中)使用它的.

(2) (∨ −)的情形的证明是类似的.

(3) 在(∃ −)的情形,可以看出其中的条件"u 不在 Σ 和 B 中出现"的作用.如果没有这个条件,则关于(∃ −)的情形将不能证明.

(4) 容易证明:

$$A(u) \not\models \forall x A(x),$$

$$\exists x A(x) \not\models A(u).$$

根据可靠性定理,由它们可分别得到

$$A(u) \not\vdash \forall x A(x),$$

$$\exists x A(x) \not\vdash A(u).$$

在第3.5节中只说明了当时关于

$$A(u) \vdash \forall x A(x),$$

$$\exists x A(x) \vdash A(u),$$

的证明是错误的.现在证明了它们是不能证明的.

定义 4.2.2(协调性) $\Sigma \subseteq \mathrm{Form}(\mathscr{L})$是**协调的**,当且仅当不存在 $A \in \mathrm{Form}(\mathscr{L})$,使得 $\Sigma \vdash A$ 并且 $\Sigma \vdash \neg A$.

注意,协调性是语法概念.

定理 4.2.3(可靠性) 设 $\Sigma \subseteq \mathrm{Form}(\mathscr{L})$,$A \in \mathrm{Form}(\mathscr{L})$.

(i)如果 Σ 是可满足的,则 Σ 是协调的.

(ii)如果 A 是可满足的,则 A 是协调的.

定理 4.2.3 的证明留给读者.

定理 4.2.1 是用逻辑推论(语义概念)和形式可推演性(语法概念)陈述的可靠性定理.定理 4.2.3 是可靠性定理的等价形式,它是用可满足性(语义概念)和协调性(语法概念)陈述的.

定理 4.2.3 说明了为什么在数学的实践中,可以通过把一个理论的公理翻译为一阶语言中的公式,证明这些公式的集是可满足的,来建立这个理论的协调性.

定理 4.2.4 $\Sigma \subseteq \mathrm{Form}(\mathscr{L})$ 是协调的,当且仅当存在 A,使得 $\Sigma \not\vdash A$.

定理 4.2.4 的证明留给读者.

习　　题

4.2.1　证明定理 4.2.1 的(i)和(ii)分别与定理 4.2.3 的(i)和(ii)等价.

4.2.2　设 Σ 是有限集,由

$$\varnothing \vdash A \Rightarrow \varnothing \vDash A$$

证明

$$\Sigma \vdash A \Rightarrow \Sigma \vDash A.$$

4.2.3　证明定理 4.2.4.

4.3　极大协调性

本节介绍公式的极大协调集和它的一些性质,为证明完备性定理作准备.

定义 4.3.1(极大协调性)　公式集 Σ 是极大协调的,当且仅当 Σ 满足以下的(i)和(ii):

(i) Σ 是协调集.

(ii) 对于任何 $A \notin \Sigma$,$\Sigma \cup \{A\}$ 是不协调的.

定义 4.3.1 中的(ii)可以等价地陈述为"不存在协调集,它包含 Σ 作为真子集".

定理 4.3.2　设 Σ 是极大协调集.于是,对于任何 A,$\Sigma \vdash A$ 当且仅当 $A \in \Sigma$.

证　如果 $A \in \Sigma$,则由$(\in)$,$\Sigma \vdash A$.

下面证其逆命题.设 $\Sigma \vdash A$.如果 $A \notin \Sigma$,则由于 Σ 是极大协调的,所以 $\Sigma \cup \{A\}$ 是不协调的.于是 $\Sigma \vdash \neg A$,因而 Σ 不协调,这

与 Σ 的极大协调性矛盾. 因此 A∈Σ. □

称 Σ 为**封闭于形式可推演性**的, 如果对于任何 A, Σ ⊢A 蕴涵 A∈Σ.

定理 4.3.3 设 Σ 是极大协调集. 则对于任何 A 和 B,

(i) ¬A∈Σ, 当且仅当 A∉Σ.

(ii) A∧B∈Σ, 当且仅当 A∈Σ 并且 B∈Σ.

(iii) A∨B∈Σ, 当且仅当 A∈Σ 或 B∈Σ.

(iv) A→B∈Σ, 当且仅当 A∈Σ 蕴涵 B∈Σ.

(v) A↔B∈Σ, 当且仅当 A∈Σ 等值于 B∈Σ.

证 我们选证(i)和(iii).

证(i) 先证¬A∈Σ⇒A∉Σ. 设¬A∈Σ. 如果 A∈Σ, 则由 (∈)可得 Σ ⊢¬A 和 Σ ⊢A, 即 Σ 是不协调的, 与假设的 Σ 的极大协调性矛盾. 因此 A∉Σ.

下面证 A∉Σ⇒¬A∈Σ. 设 A∉Σ. 如果¬A∉Σ, 则可依次得到

$$Σ∪\{¬A\}是不协调的.$$

$$Σ ⊢A.$$

$$A∈Σ.$$

这与 A∉Σ 矛盾. 因此¬A∈Σ.

证(iii) 先证 A∈Σ 或 B∈Σ⇒A∨B∈Σ. 设 A∈Σ 或 B∈Σ. 由定理 4.3.2 和(∨+), 可得

$$A∈Σ⇒Σ ⊢A⇒Σ ⊢A∨B⇒A∨B∈Σ;$$

$$B∈Σ⇒Σ ⊢B⇒Σ ⊢A∨B⇒A∨B∈Σ.$$

因此 A∨B∈Σ.

下面证 A∨B∈Σ⇒A∈Σ 或 B∈Σ. 设 A∨B∈Σ. 如果 "A∈Σ 或 B∈Σ" 不成立, 则依次可得

A,B∉Σ.

¬A,¬B∈Σ （由本定理(i)）.

¬A∧¬B∈Σ （由本定理(ii)）.

Σ ⊢¬A∧¬B.

· 136 ·

$$\Sigma \vdash \neg (A \lor B).$$

$$\Sigma \vdash A \lor B \quad (\text{由假设 } A \lor B \in \Sigma).$$

这样 Σ 是不协调的, 与 Σ 的极大协调性矛盾. 因此 $A \in \Sigma$ 或 $B \in \Sigma$.

□

推论 4.3.4 设 Σ 是极大协调集. 于是, 对于任何 A, $\Sigma \vdash \neg A$ 当且仅当 $\Sigma \nvdash A$.

证 由定理 4.3.3(i) 和定理 4.3.2.

□

定理 4.3.5(Lindenbaum) 任何协调的公式集能够扩充为极大协调集.

证 设 Σ 是协调的公式集. Form($\mathscr{L}$) 是可数无限集. 令

(1) $$A_0, A_1, A_2, \cdots$$

是所有 $\mathscr{L}$ 公式的任何一个排列. 定义 $\Sigma_n \subseteq$ Form($\mathscr{L}$) 的无限序列 ($n \geqslant 0$) 如下:

$$\Sigma_0 = \Sigma. \qquad \Sigma_{n+1} = \begin{cases} \Sigma_n \cup \{A_n\}, & \text{如果 } \Sigma_n \cup \{A_n\} \text{ 协调}, \\ \Sigma_n, & \text{否则}. \end{cases}$$

于是有

(2) $$\Sigma_n \subseteq \Sigma_{n+1}.$$

(3) $$\Sigma_n \text{ 是协调的}.$$

其中的 (2) 是显然的, (3) 能够由对 n 作归纳而证明.

令 $\Sigma^* = \bigcup\limits_{n \in N} \Sigma_n$. 显然有 $\Sigma \subseteq \Sigma^*$. 下面要证明, Σ^* 是本定理所要求的极大协调集.

先证 Σ^* 是协调集. 如果 Σ^* 不协调, 即有 B, 使得 $\Sigma^* \vdash B$ 并且 $\Sigma^* \vdash \neg B$. 根据定理 2.6.2, 有 Σ^* 中的有限个公式 $B_1, \cdots, B_k$ 和 $B_{k+1}, \cdots, B_l$, 使得

$$B_1, \cdots, B_k \vdash B;$$

$$B_{k+1}, \cdots, B_l \vdash \neg B.$$

由此得到

$$B_1, \cdots, B_l \vdash B, \neg B.$$

故 $\{B_1, \cdots, B_l\}$ 是不协调的.

设 $B_i \in \Sigma_{t_i} (1 \leqslant i \leqslant l)$，并且 $t = \max(t_1, \cdots, t_l)$. 由(2)可得 $\{B_1, \cdots, B_l\} \subseteq \Sigma_t$，因此 Σ_t 是不协调的，这和(3)矛盾. 故 Σ^* 是协调的.

令 $C \notin \Sigma^*$，即 $C \notin \Sigma_n (n \geqslant 0)$. C 是(1)中的公式，令 $C = A_m$. 根据 Σ_{m+1} 的构作情形，可知 $\Sigma_m \bigcup \{A_m\}$（即 $\Sigma_m \bigcup \{C\}$）是不协调的.（如果 $\Sigma_m \bigcup \{A_m\}$ 是协调的，则 $\Sigma_{m+1} = \Sigma_m \bigcup \{A_m\}$，因此 $A_m \in \Sigma_{m+1}$，即 $C \in \Sigma_{m+1}$，这与 $C \notin \Sigma_n (n \geqslant 0)$ 矛盾.）这样，因为 $\Sigma_m \subseteq \Sigma^*$，故 $\Sigma^* \bigcup \{C\}$ 是不协调的. 因此 Σ^* 是极大协调集. $\qquad\square$

$\mathscr{L}$ 这个一阶语言是可数无限集. 一阶语言可以是不可数的，因而它的公式集是不可数的. 在这种情形，可以把所有公式排成良序集（设序型是 α）：

$$A_0, A_1, A_2, \cdots, A_\beta, \cdots \quad (\beta < \alpha).$$

由给定的协调集 Σ 开始，我们定义递增的协调集：

$$\Sigma = \Sigma_0 \subseteq \Sigma_1 \subseteq \Sigma_2 \subseteq \cdots \subseteq \Sigma_\beta \subseteq \cdots \quad (\beta < \alpha).$$

令 $\Sigma_0 = \Sigma$.

对于任何 $\beta < \alpha$，设对于所有序数 $\delta < \beta$，Σ_δ 都已定义并且是协调的，下面定义 Σ_β：

1）设 β 是后继序数 $\gamma + 1$. 令

$$\Sigma_\beta = \begin{cases} \Sigma_\gamma \bigcup \{A_\gamma\}, & \text{如果 } \Sigma_\gamma \bigcup \{A_\gamma\} \text{ 是协调的,} \\ \Sigma_\gamma, & \text{否则.} \end{cases}$$

2）设 β 是极限序数. 令

$$\Sigma_\beta = \bigcup_{\delta < \beta} \Sigma_\delta.$$

由上面定义的递增的协调集，我们令

$$\Sigma^* = \bigcup_{\beta < \alpha} \Sigma_\beta.$$

用定理 4.3.5 中可数情形下的证明方法，可以证明 Σ^* 是由 Σ 扩充而得到的极大协调集.

不可数集和良序不属于本书范围，读者可以参考集论的著作.

习　　题

4.3.1　设 Σ 封闭于形式可推演性. 证明 Σ 是极大协调的，当且仅当对于任何 A,Σ 含并且只含 A 和 $\neg$ A 中之一.

4.4 命题逻辑的完备性

可靠性定理和完备性定理都是不可缺少的,它们有同等的重要性.但是完备性定理的证明要困难得多.这是因为,在建立形式推演规则时,必然要考虑每一条规则的可靠性,决不会允许建立不可靠的规则;但是却很难考虑由所建立的规则确定的形式推演是具有完备性的.

本节先证明比较简单的命题逻辑的完备性定理.

命题逻辑的完备性定理首先由 Post 在 1921 年证明,使用了真假值表方法.在那以后又发表了一些不同的证明.下面先陈述其中的一个证明.

引理 4.4.1 设 $A \in \mathrm{Form}(\mathscr{L}^p)$ 含不同的原子公式 $p_1, \cdots, p_n$,v 是真假赋值.对于 $i = 1, \cdots, n$,令

$$A_i = \begin{cases} p_i, & \text{如果 } p_i^v = 1, \\ \neg\, p_i, & \text{否则}. \end{cases}$$

那么

(i) $A^v = 1 \Rightarrow A_1, \cdots, A_n \vdash A$.

(ii) $A^v = 0 \Rightarrow A_1, \cdots, A_n \vdash \neg A$.

证 对 A 的结构作归纳.   □

定理 4.4.2 设 $A \in \mathrm{Form}(\mathscr{L}^p)$,$\Sigma \subseteq \mathrm{Form}(\mathscr{L}^p)$,并且 Σ 是有限集.

(i) 如果 $\varnothing \models A$,则 $\varnothing \vdash A$.

  (如果 A 是重言式,则 A 是形式可证明的.)

(ii) 如果 $\Sigma \models A$,则 $\Sigma \vdash A$.

证 由引理 4.4.1 可得到 (i);由 (i) 可得到 (ii).   □

现在要介绍另一种关于命题逻辑完备性的证明,它是把 Henkin 证明一阶逻辑完备性的方法用于命题逻辑的结果.

引理 4.4.3 设 $\Sigma^* \subseteq \mathrm{Form}(\mathscr{L}^p)$ 是极大协调集.构作真假赋

值 v, 使得对于任何原子公式 p, $p^v=1$ 当且仅当 $p\in\Sigma^*$. 于是, 对于任何 $A\in\text{Form}(\mathscr{L}^p)$, $A^v=1$ 当且仅当 $A\in\Sigma^*$.

证 对 A 的结构作归纳.

基始. A 是原子公式. 由假设, 引理成立.

归纳步骤. A 有 $\neg$ B, B∧C, B∨C, B→C, 或 B↔C 五种情形.

A = $\neg$ B 的情形.

  $\neg$ B$\in\Sigma^*$

$\Leftrightarrow$ B$\notin\Sigma^*$ （由定理 4.3.3(i)）

$\Leftrightarrow$ B$^v=0$ （由归纳假设）

$\Leftrightarrow(\neg$ B)$^v=1$.

A = B∨C 的情形.

  B∨C$\in\Sigma^*$

$\Leftrightarrow$ B$\in\Sigma^*$ 或 C$\in\Sigma^*$ （由定理 4.3.3(iii)）

$\Leftrightarrow$ B$^v=1$ 或 C$^v=1$ （由归纳假设）

$\Leftrightarrow$(B∨C)$^v=1$.

其他的情形留给读者. 这样就证明了归纳步骤.

由基始和归纳步骤, 引理得证.   □

定理 4.4.4(完备性) 设 $\Sigma\subseteq\text{Form}(\mathscr{L}^p)$, $A\in\text{Form}(\mathscr{L}^p)$.

(i) 如果 Σ 是协调的, 则 Σ 是可满足的.

(ii) 如果 A 是协调的, 则 A 是可满足的.

证 设 Σ 是协调的. 取任何 $B\in\Sigma$. 把 Σ 扩充为极大协调集 Σ^*(由定理 4.3.5), 则有 $B\in\Sigma^*$. 由引理 4.4.3, 使用其中的真假赋值 v, 可得 $B^v=1$. 因此 v 满足 Σ, 这就证明了(i).

(ii)是(i)的特殊情形.   □

定理 4.4.5(完备性) 设 $\Sigma\subseteq\text{Form}(\mathscr{L}^p)$, $A\in\text{Form}(\mathscr{L}^p)$.

(i) 如果 $\Sigma\models A$, 则 $\Sigma\vdash A$.

(ii) 如果 $\varnothing\models A$, 则 $\varnothing\vdash A$.

  （所有重言式都是形式可证明公式.）

证 设 $\Sigma\models A$, 则 $\Sigma\cup\{\neg A\}$ 是不可满足的. 由定理 4.4.4(i), $\Sigma\cup\{\neg A\}$ 是不协调的. 因此 $\Sigma\vdash A$, 从而证明了(i).

(ii)是(i)的特殊情形. □

定理 4.4.4 和定理 4.4.5 是完备性定理的等价形式.前者是用可满足性和协调性陈述的;后者是用逻辑推论和形式可推演性陈述的.

习　题

4.4.1　定理 4.4.4 中的(i)和(ii)分别与定理 4.4.5 中的(i)和(ii)等价.

4.4.2　证引理 4.4.1.

4.4.3　证定理 4.4.2.

4.4.4　用范式证明所有重言式都是形式可证明公式.

4.4.5　设 $\Sigma \subseteq \mathrm{Form}(\mathscr{L}^p)$ 封闭于形式可推演性.证明 Σ 是极大协调集,当且仅当存在唯一的真假赋值满足 Σ.

4.4.6　设 $\Sigma \subseteq \mathrm{Form}(\mathscr{L}^p)$.证明存在唯一的真假赋值满足 Σ,当且仅当对于任何 A,$\Sigma \vdash A$ 和 $\Sigma \vdash \neg A$ 中恰好有一个成立.

4.5　一阶逻辑的完备性

完备性定理是一阶逻辑中最重要和最深刻的定理.它首先由 Gödel[1930]证明,因此称为 Gödel 完备性定理.本节陈述的是 Henkin[1949]的证明.

一阶语言 $\mathscr{L}$ 可以含或者不含相等符号.我们先假设 $\mathscr{L}$ 不含相等符号,证明不含相等符号的一阶逻辑的完备性定理.

在 $\mathscr{L}$ 中加进一个新的无限序列的自由变元符号,这样把 $\mathscr{L}$ 扩充为 $\mathscr{L}^\circ$.我们用正体小写拉丁文字母(或加下标)

$$d$$

表示任何这种新的自由变元符号.这样得到的 $\mathrm{Term}(\mathscr{L})$,$\mathrm{Atom}(\mathscr{L})$ 和 $\mathrm{Form}(\mathscr{L})$ 分别是 $\mathrm{Term}(\mathscr{L}^\circ)$,$\mathrm{Atom}(\mathscr{L}^\circ)$ 和 $\mathrm{Form}(\mathscr{L}^\circ)$ 的子集,后者分别是 $\mathscr{L}^\circ$ 的项,原子公式和公式的集.

相等符号现在先不作处理.

定义 4.5.1(存在性质)　设 $\Sigma \subseteq \mathrm{Form}(\mathscr{L}^\circ)$.称 Σ 为有**存在性质**,当且仅当对于 $\mathrm{Form}(\mathscr{L}^\circ)$ 中的任何存在公式 $\exists x A(x)$,如果

$\exists xA(x)\in\Sigma$,则存在 d 使得 $A(d)\in\Sigma$.

引理 4.5.2 设 $\Sigma\subseteq\mathrm{Form}(\mathscr{L})$,并且 Σ 是协调集,Σ 能扩充为极大协调集 $\Sigma^*\subseteq\mathrm{Form}(\mathscr{L}^\circ)$,并且 Σ^* 有存在性质.

证 因为 $\mathrm{Form}(\mathscr{L}^\circ)$ 是可数集,故它的由存在公式构成的子集是可数集.令

(1) $\qquad\qquad \exists xA_1(x), \exists xA_2(x), \exists xA_3(x), \cdots$

是这个子集中所有存在公式的任何一个排列,其中各个存在量词中的约束变元符号都写成 x,各个 x 可以不同,也可以相同.

定义 $\Sigma_n\subseteq\mathrm{Form}(\mathscr{L}^\circ)$ 的无限序列$(n\geqslant 0)$如下.

令 $\Sigma_0=\Sigma$.

取(1)中第一个存在公式 $\exists xA_1(x)$.因 $\exists xA_1(x)$ 的长度是有限的,我们能找到某个 d,使得它不在 $\exists xA_1(x)$ 中出现.d 当然不在 Σ_0 中出现,因为 $\Sigma_0=\Sigma\subseteq\mathrm{Form}(\mathscr{L})$.由 $A_1(x)$ 构作 $A_1(d)$,并且令

$$\Sigma_1=\Sigma_0\bigcup\{\exists xA_1(x)\rightarrow A_1(d)\}.$$

设已经定义了 $\Sigma_0,\cdots,\Sigma_n$.由(1)中取 $\exists xA_{n+1}(x)$.于是我们能找到某个 d,使得它不在 $\exists xA_{n+1}(x)$ 中也不在 Σ_n 中出现.(因为我们能无限地提供新的自由变元符号 d,并且在每一个阶段只用了其中的有限多个,所以总能找到没有用过的 d,它可以适用于这个目的.)令

$$\Sigma_{n+1}=\Sigma_n\bigcup\{\exists xA_{n+1}(x)\rightarrow A_{n+1}(d)\}.$$

我们用归纳法(对 n 作归纳)证明 $\Sigma_n(n\geqslant 0)$ 是协调的.由假设,Σ_0 即 Σ 是协调的.设 Σ_n 是协调的.如果 Σ_{n+1} 不协调,则依次可得:

$$\Sigma_n \vdash \neg[\exists xA_{n+1}(x)\rightarrow A_{n+1}(d)],$$
$$\Sigma_n \vdash \exists xA_{n+1}(x)\wedge\neg A_{n+1}(d),$$
$$\Sigma_n \vdash \forall y[\exists xA_{n+1}(x)\wedge\neg A_{n+1}(y)]$$
$$\qquad(\text{由 d 不在 }\Sigma_n\text{ 或 }\exists xA_{n+1}(x)\text{ 中出现}),$$
$$\Sigma_n \vdash \exists xA_{n+1}(x)\wedge\forall y\neg A_{n+1}(y)$$
$$\qquad(\text{由 y 不在 }\exists xA_{n+1}(x)\text{ 中出现}),$$

$$\Sigma_n \vdash \exists x A_{n+1}(x) \wedge \neg \exists y A_{n+1}(y),$$

$$\Sigma_n \vdash \exists x A_{n+1}(x) \wedge \neg \exists x A_{n+1}(x)$$

（由约束变元符号替换定理）.

这与归纳假设（Σ_n 是协调的）矛盾.因此 Σ_{n+1} 是协调的.

令 $\Sigma^\circ = \bigcup_{n \in N} \Sigma_n$,则 Σ° 是协调的.（用定理 4.3.5 的证明中证 Σ^* 的协调性的方法.）由定理 4.3.5,Σ° 能扩充为极大协调集 $\Sigma^* \subseteq$ $\mathrm{Form}(\mathscr{L}^\circ)$.最后要证明 Σ^* 有存在性质.

设 $\mathrm{Form}(\mathscr{L}^\circ)$ 中的存在公式 $\exists x A(x) \in \Sigma^*$.由上述关于 Σ_n $(n \geqslant 0)$ 的定义,有 d 和 k 使得

$$\exists x A(x) \to A(d) \in \Sigma_k,$$

由此可得

(2) $\qquad \exists x A(x) \to A(d) \in \Sigma^*.$

由(2),Σ^* 的极大协调性,以及定理 4.3.3 的(iv),可得 $A(d)$ $\in \Sigma^*$.因此 Σ^* 有存在性质,引理证完.　　　　□

附注　在引理 4.5.2 的证明中,有一步是由

(∗) $\qquad \Sigma_n \vdash \exists x A_{n+1}(x) \wedge \neg A_{n+1}(d)$

经使用(∀+)得到

(∗∗) $\qquad \Sigma_n \vdash \forall y [\exists x A_{n+1}(x) \wedge \neg A_{n+1}(y)].$

因为使用(∀+),故要求(∗)中的 d 不在 Σ_n 中出现.我们在选取 d 时做到了这一点,因为 d 是不在 $\mathscr{L}$ 中的新的自由变元符号.（如果没有在 $\mathscr{L}$ 中加进 d 这个新的无限序列的自由变元符号,从而把 $\mathscr{L}$ 扩充为 $\mathscr{L}^\circ$,将不能保证所选取的自由变元符号不在 Σ_n 中出现.）我们在选取 d 时还做到了 d 不在 $\exists x A_{n+1}(x)$ 中出现,这样使得由(∗)得到(∗∗)时 $\exists x A_{n+1}(x)$ 保持不变,并且 y 不在 $\exists x A_{n+1}(x)$ 中出现.

和在上节的引理 4.4.3 中用 Σ^* 构作真假赋值 v 类似,我们要用引理 4.5.2 中的极大协调集 Σ^* 来构作赋值.令

$$T = \{t' \mid t \in \mathrm{Term}(\mathscr{L}^\circ)\}.$$

下面要以 T 为论域构作赋值 v.实际上,T 就是 $\mathscr{L}^\circ$ 的项的集.$\mathscr{L}^\circ$

的任何项 t 是 Term($\mathscr{L}°$)的元,它同时是论域 T 中的个体.但是,为了识别,当要把 t 看作论域 T 中的个体时,我们把 t 写作 t′,因此就有 $T=\{t′|t\in$Term($\mathscr{L}°$)\}.读者可以在下文中注意这一点.下面以 T 为论域构作赋值 v,满足以下的 1)~3):

1) 对于 $\mathscr{L}$ 中的任何个体符号 a 和自由变元符号 u,以及 $\mathscr{L}°$中的任何新自由变元符号 d,有

$$a^v = a′\in T,$$
$$u^v = u′\in T,$$
$$d^v = d′\in T.$$

2) 对于任何 n 元关系符号 F 和任何 $t_1′,\cdots,t_n′\in T$,有

$$\langle t_1′,\cdots,t_n′\rangle\in F^v,$$

当且仅当 $F(t_1,\cdots,t_n)\in\Sigma^*$.

3) 对于任何 m 元函数符号 f 和任何 $t_1′,\cdots,t_m′\in T$,有

$$f^v(t_1′,\cdots,t_m′)=f(t_1,\cdots,t_m)′\in T.$$

上述规定在本节中处理相等符号之前都要使用.

引理 4.5.3 对于任何 $t\in$Term($\mathscr{L}°$),$t^v=t′\in T$.

证 对 t 的结构作归纳. ☐

下面的引理 4.5.4 相当于上节中的引理 4.4.3.

引理 4.5.4 对于任何 $A\in$Form($\mathscr{L}°$),$A^v=1$ 当且仅当 $A\in\Sigma^*$.

证 对 A 的结构作归纳.

基始. A 是原子公式 $F(t_1,\cdots,t_n)$.由 2)和引理 4.5.3,本引理成立.

归纳步骤. A 有 $\neg$ B,B$\wedge$C,B$\vee$C,B$\rightarrow$C,B$\leftrightarrow$C,$\forall$xB(x),或 $\exists$xB(x)七种情形.对于涉及联结符号的五种情形,本引理的证明和引理 4.4.3 的证明完全相同.下面将对于 A=$\exists$xB(x)的情形证明本引理,而把 A=$\forall$xB(x)的情形留给读者.

因为 $\exists$xB(x)是存在公式,我们有

$$\exists xB(x)\in\Sigma^*$$

$\Rightarrow$有 d,使得 B(d)$\in\Sigma^*$(由引理 4.5.2)

$\Rightarrow B(d)^v = 1$ （由归纳假设）

$\Rightarrow \exists x B(x)^v = 1$ （由 $B(d) \models \exists x B(x)$）.

现在证逆命题. 设 $\exists x B(x)^v = 1$. 由 $B(x)$ 构作 $B(u)$, 令 u 是不在 $B(x)$ 中出现的自由变元符号. 于是有

(1) 存在 $t' \in T$ (即 $t \in \mathrm{Term}(\mathscr{L}^\circ)$), 使得 $B(u)^{v(u/t')} = 1$.

由 $B(x)$ 构作 $B(t)$. 由于 $t^v = t'$ (由引理 4.5.3), 可得

(2) $$B(t)^v = B(u)^{v(u/t^v)} = B(u)^{v(u/t')}.$$

于是有

$\exists x B(x)^v = 1$

$\Rightarrow$ 存在 $t' \in T$, 使得 $B(u)^{v(u/t')} = 1$ （由(1)）

$\Rightarrow B(t)^v = 1$ （由(2)）

$\Rightarrow B(t) \in \Sigma^*$ （由归纳假设）

$\Rightarrow \Sigma^* \vdash B(t)$

$\Rightarrow \Sigma^* \vdash \exists x B(x)$

$\Rightarrow \exists x B(x) \in \Sigma^*$ （由定理 4.3.2）

由基始和归纳步骤, 引理得证. □

定理 4.5.5 (完备性) 设 $\Sigma \subseteq \mathrm{Form}(\mathscr{L})$, $A \in \mathrm{Form}(\mathscr{L})$.

(i) 如果 Σ 是协调的, 则 Σ 是可满足的.

(ii) 如果 A 是协调的, 则 A 是可满足的.

证 与定理 4.4.4 的证明类似, 使用引理 4.5.2 和引理 4.5.4.

定理 4.5.6 (完备性) 设 $\Sigma \subseteq \mathrm{Form}(\mathscr{L})$, $A \in \mathrm{Form}(\mathscr{L})$.

(i) 如果 $\Sigma \models A$, 则 $\Sigma \vdash A$.

(ii) 如果 $\varnothing \models A$, 则 $\varnothing \vdash A$.

（所有有效公式都是形式可证明公式.）

称 $\Sigma \models A$ 在 D 中成立, 如果对于以 D 为论域的任何赋值 v, $\Sigma^v = 1 \Rightarrow A^v = 1$.

因为 T 是可数无限集, 定理 4.5.5 和定理 4.5.6 可以更精确地陈述如下.

定理 4.5.5 (完备性) 设 $\Sigma \subseteq \mathrm{Form}(\mathscr{L})$, $A \in \mathrm{Form}(\mathscr{L})$.

(i) 如果 Σ 是协调的,则 Σ 在可数无限论域中是可满足的.因此,如果 Σ 是协调的,则 Σ 是可满足的.

(ii) 如果 A 是协调的,则 A 在可数无限论域中是可满足的.因此,如果 A 是协调的,则 A 是可满足的.

定理 4.5.6(完备性) 设 $\Sigma \subseteq \mathrm{Form}(\mathscr{L})$, $A \in \mathrm{Form}(\mathscr{L})$.

(i) 如果 $\Sigma \models A$ 在可数无限论域中成立,则 $\Sigma \vdash A$.因此,如果 $\Sigma \models A$,则 $\Sigma \vdash A$.

(ii) 如果在可数无限论域中 A 是有效的,则 A 是形式可证明的.因此,如果 A 是有效的,则 A 是形式可证明的.

附注

(1) 经典一阶逻辑的不含相等符号和含相等符号两种情形,在完备性定理的处理上是有区别的.上述对不含相等符号情形的处理不适用于含相等符号的情形.下面说明这个问题.

在构作引理 4.5.3 和引理 4.5.4 中的赋值 v 时,我们在 2)中对 F^v 规定了

$$\langle t_1', \cdots, t_n' \rangle \in \mathrm{F}^v \Leftrightarrow \mathrm{F}(t_1, \cdots, t_n) \in \Sigma^*.$$

由于 Σ^* 是在构作 v 之前已经确定的,所以

$$\mathrm{F}(t_1, \cdots, t_n) \in \Sigma^*$$

的真假是确定的,这样就确定了 F^v 是 T 上的 n 元关系.

但是,当关系符号是相等符号时,2)就不适用了.这时,上述 2)中对 F^v 的规定就改为对 $\equiv^v$ 的下面的规定:

$$\langle t_1', t_2' \rangle \in \equiv^v \Leftrightarrow t_1 \equiv t_2 \in \Sigma^*,$$

也就是

$$(\ast) \qquad\qquad t_1' = t_2' \Leftrightarrow t_1 \equiv t_2 \in \Sigma^*.$$

在第 3.2 中讲过,F 是任何 n 元关系符号,$\equiv$ 是特殊的二元相等(关系)符号.因此,F^v 是 T 上的任何 n 元关系,$\equiv^v$ 则不仅是 T 上的二元关系,并且必定是 T 上的相等关系.在这种情形,如果 $t_1' = t_2'$（即 t_1 和 t_2 是 $\mathscr{L}^\circ$ 的相同的项）,则有 $\varnothing \vdash t_1 \equiv t_2$,因而有 $\Sigma^* \vdash t_1 \equiv t_2$ 和 $t_1 \equiv t_2 \in \Sigma^*$.故

$$t_1' = t_2' \Rightarrow t_1 \equiv t_2 \in \Sigma^*$$

是成立的. 但是, 当 $t_1 \equiv t_2 \in \Sigma^*$ 是真命题时, t_1 和 t_2 却不一定是 $\mathscr{L}^\circ$ 的相同的项, 即不一定有 $t_1' = t_2'$, 故

$$t_1 \equiv t_2 \in \Sigma^* \Rightarrow t_1' = t_2'$$

不一定成立. 由此 (*) 不一定成立.

(2) 例如, 令 $\Sigma^* = \{u \equiv v\}$, 其中的 u 和 v 是不同的自由变元符号, 因而是 $\mathscr{L}^\circ$ 的不同的项, 即 u' 和 v' 是 T 中的不同个体, 即 $u' \neq v'$. 前面讲过, 对不同的自由变元符号可以有相同的指派, 故 $u \equiv v$ 是可满足的. 由可靠性定理, Σ 是协调的. 把 Σ 扩充为极大协调集 Σ^*, 得到 $u \equiv v \in \Sigma^*$. 由于 $u' \neq v'$, 故

$$u \equiv v \in \Sigma^* \Rightarrow u' = v'$$

是不成立的.

(3) 为了处理含相等符号的经典一阶逻辑的完备性定理, 需要对上面的证明作一些修改. 修改后的证明却能够适用于不含相等符号的情形, 因此可以把下面修改后证明用来对不含相等符号和含相等符号的两种情形作统一的处理. 本书在前言中说明了, 为了显示经典命题逻辑以及经典一阶逻辑的不含相等和含相等的情形在处理完备性问题上的差异, 故将各种情形分开作了处理.

为了处理相等符号这个特殊的二元关系符号, 我们仍要把给定的协调集 $\Sigma \subseteq \mathrm{Form}(\mathscr{L})$ 扩充为有存在性质的极大协调集 $\Sigma^* \subseteq \mathrm{Form}(\mathscr{L}^\circ)$. 我们仍令 $T = \{t' \mid t \in \mathrm{Term}(\mathscr{L}^\circ)\}$.

但是从现在起, $\mathscr{L}$ 和 $\mathscr{L}^\circ$ 都含相等符号.

我们在 $\mathrm{Term}(\mathscr{L}^\circ)$ 中定义二元关系 R; 使得, 对于任何 t_1, $t_2 \in \mathrm{Term}(\mathscr{L}^\circ)$,

4) $$t_1 R t_2 \Leftrightarrow t_1 \equiv t_2 \in \Sigma^*.$$

由 4) 容易证明, 对于任何 $t_1, t_2, t_3 \in \mathrm{Term}(\mathscr{L}^\circ)$, 有以下的 5)~7):

5) $$t_1 R t_1.$$

6) $$t_1 R t_2 \Rightarrow t_2 R t_1.$$

7) $$t_1 R t_2 \text{ 并且 } t_2 R t_3 \Rightarrow t_1 R t_3.$$

证明留给读者.

由 5)~7),R 是等价关系,用 R 把 $\mathrm{Term}(\mathscr{L}°)$ 划分为等价类. 对于任何 $t \in \mathrm{Term}(\mathscr{L}°)$,含 t 的 R-等价类(记作 $\bar{t}$)是

$$\bar{t} = \{t' \in \mathrm{Term}(\mathscr{L}°) \mid t R t'\}.$$

于是,由第 1.1 节中的集论知识,有

$$t R t' \Leftrightarrow \bar{t} = \bar{t'}.$$

我们令

$$\bar{T} = \{\bar{t} \mid t \in \mathrm{Term}(\mathscr{L}°)\}.$$

于是得到

8) $$0 < |\bar{T}| \leqslant |T|.$$

这样,$\bar{T}$ 是(不空)有限集或可数无限集,因为 T 是可数无限集.

下面先要证明,如果 $t_i R t_i°$ $(i = 1, 2, \cdots, n$ 或 $m)$,F 和 f 分别是任何 n 元关系符号和 m 元函数符号,则有

9) $$F(t_1, \cdots, t_n) \in \Sigma^* \Leftrightarrow F(t_1°, \cdots, t_n°) \in \Sigma^*.$$

10) $$t_1 \equiv t_2 \in \Sigma^* \Leftrightarrow t_1° \equiv t_2° \in \Sigma^*.$$

11) $$f(t_1, \cdots, t_m) R f(t_1°, \cdots, t_m°).$$

下面证明 9).10)的证明是类似的,11)的证明留给读者.

设 $F(t_1, \cdots, t_n) \in \Sigma^*$.由假设 $t_i R t_i°$ 和 4)可得 $t_i \equiv t_i° \in \Sigma^*$.由此和 Σ^* 的极大协调性可依次得到

$$\Sigma^* \vdash F(t_1, \cdots, t_n);$$
$$\Sigma^* \vdash t_i \equiv t_i° \ (1 \leqslant i \leqslant n);$$
$$\Sigma^* \vdash F(t_1°, \cdots, t_n°);$$
$$F(t_1°, \cdots, t_n°) \in \Sigma^*.$$

其逆命题的证明是类似的.

现在要用 Σ^* 来构作以 $\bar{T}$ 为论域的赋值 v,满足以下的 12)~14):

12) $$a^v = \bar{a} \in \bar{T}; u^v = \bar{u} \in \bar{T}; d^v = \bar{d} \in \bar{T}.$$

13) 对于任何 $\bar{t}_1, \cdots, \bar{t}_n \in \bar{T}$,有

$$\langle \bar{t}_1, \cdots, \bar{t}_n \rangle \in F^v \Leftrightarrow F(t_1, \cdots, t_n) \in \Sigma^*,$$

其中的 t_i(由 9))可以是 $\bar{\tau}_i$ 中的任何元($i=1,\cdots,n$).

对于任何 $\bar{\tau}_1,\bar{\tau}_2\in\bar{T}$,有

$$\langle\bar{\tau}_1,\bar{\tau}_2\rangle\in\equiv^v\Leftrightarrow t_1\equiv t_2\in\Sigma^*$$

$$即\quad \bar{\tau}_1=\bar{\tau}_2\Leftrightarrow t_1\equiv t_2\in\Sigma^*,$$

其中的 t_1 和 t_2(由 10))分别可以是 $\bar{\tau}_1$ 和 $\bar{\tau}_2$ 中的任何元.

14) 对于任何 $\bar{\tau}_1,\cdots,\bar{\tau}_m\in\bar{T}$,有

$$f^v(\bar{\tau}_1,\cdots,\bar{\tau}_m)=\overline{f(t_1,\cdots,t_m)}\in\bar{T};$$

其中的 t_i(由 11))可以是 $\bar{\tau}_i$ 中的任何元($i=1,\cdots,m$).

我们要说明,为什么在 13)和 14)中,t_i 可以是 $\bar{\tau}_i$ 中的任何元($i=1,2,\cdots,n$ 或 m).

设 t_i° 是 $\bar{\tau}_i$ 中的任何元($i=1,2,\cdots,n$ 或 m).于是有 $t_i R t_i^{\circ}$,由此可得 9)~11),从而得到

$$\overline{f(t_1,\cdots,t_m)}=\overline{f(t_1^{\circ},\cdots,t_m^{\circ})}.$$

所以在 13)和 14)中,t_i 可以是 $\bar{\tau}_i$ 中的任何元.

对于相等符号 $\equiv$,由于 R 是 $\mathrm{Term}(\mathscr{L}^{\circ})$ 上的等价关系,故对于任何 $\bar{\tau}_1,\bar{\tau}_2\in\bar{T}$,有

$$\langle\bar{\tau}_1,\bar{\tau}_2\rangle\in\equiv^v(即\ \bar{\tau}_1=\bar{\tau}_2)$$

$$\Leftrightarrow t_1 R t_2$$

$$\Leftrightarrow t_1\equiv t_2\in\Sigma^*\quad (由(4)).$$

这是说,当 $t_1\equiv t_2\in\Sigma^*$ 时,虽然 t_1 和 t_2 可以是 $\mathscr{L}^{\circ}$ 的不同的项,即 t_1' 和 t_2' 是 T 中的不同个体,但由于 $t_1 R t_2$,故 $\bar{\tau}_1$ 和 $\bar{\tau}_2$ 却是 $\bar{T}$ 中的相同个体.

引理 4.5.7 对于任何 $t\in\mathrm{Term}(\mathscr{L}^{\circ}),t^v=\bar{\tau}\in\bar{T}$.

引理 4.5.8 对于任何 $A\in\mathrm{Form}(\mathscr{L}^{\circ}),A^v=1$ 当且仅当 $A\in\Sigma^*$.

证 与引理 4.5.4 的证明类似. □

上述两个引理中的 v 是以 $\bar{T}$ 为论域的赋值.

因为论域 $\bar{T}$ 是可数无限集或有限集(由 8)),我们有下面含相等符号的一阶逻辑的完备性定理.

定理 4.5.9(完备性) 设 $\Sigma \subseteq \text{Form}(\mathcal{L})$,$A \in \text{Form}(\mathcal{L})$,其中的 $\mathcal{L}$ 含相等符号.

(i) 如果 Σ 是协调的,则 Σ 在可数无限论域或某个有限论域中是可满足的.因此,如果 Σ 是协调的,则 Σ 是可满足的.

(ii) 如果 A 是协调的,则 A 在可数无限论域或某个有限论域中是可满足的.因此,如果 A 是协调的,则 A 是可满足的.

定理 4.5.10(完备性) 设 $\Sigma \subseteq \text{Form}(\mathcal{L})$,$A \in \text{Form}(\mathcal{L})$,其中的 $\mathcal{L}$ 含相等符号.

(i) 如果 $\Sigma \models A$ 在可数无限论域和所有有限论域中成立,则 $\Sigma \vdash A$.因此,如果 $\Sigma \models A$,则 $\Sigma \vdash A$.

(ii) 如果 A 在可数无限论域和所有有限论域中是有效的,则 A 是形式可证明的.因此,如果 A 是有效的,则 A 是形式可证明的.

习　　题

4.5.1　设 $\Sigma_1 \cup \Sigma_2$ 是不可满足的公式集,其中的 Σ_1 和 Σ_2 是不空集.证明存在公式 A,使得 $\Sigma_1 \vdash A$,$\Sigma_2 \vdash \neg A$.

4.6　独　立　性

形式推演系统中的某条规则是独立的,当且仅当它不能由其余的规则推出.因此,独立的规则是不能缺少的,不独立的规则是多余的.

虽然独立性好像是对形式推演规则的自然的要求,但是我们可以有某种理由来保留一些不独立的规则.因此对独立性的要求可以说更多的是由于审美的考虑,而不是由于必要性.

令(R)是某个形式推演系统中的一条规则.设除(R)外的每条规则或者有某个性质(如果它是直接生成形式可推演性模式的,例如第 3.5 节中的(Ref)和($\equiv +$)),或者保存这个性质(如果它是由已有的模式生成新模式的,例如(¬ −)和(∀ +)),并且存在这个系统中的某个模式 Σ ⊢A,它是没有这个性质的.于是 Σ ⊢A 显然是不能由除(R)外的其余规则推出的,因此(R)是独立的.这给出了证明独立性的一般方法.

下面我们先证明经典一阶逻辑的自然推演系统中各条规则(见第 3.5 节)的独立性.

(Ref)的情形.考虑以下的性质:

1) 对于在规则中出现的任何 Σ ⊢A,把 Σ 换为 ∅,所得到的 ∅ ⊢A 成立.

容易验证,除(Ref)外的每条规则具有或者保存性质 1).例如,(≡ +)显然具有这个性质,因为(≡ +)本来就是 ∅ ⊢u≡u. (∀ +)保存这个性质,因为在把 Σ 换为 ∅ 之后,得到

$$如果 ∅ ⊢A(u),则 ∅ ⊢∀xA(x).$$

这是成立的.但是对于原来有的模式 F(u) ⊢F(u)的情形,∅ ⊢F(u)是不成立的,因为 ∅⊨F(u)是不成立的.因此 F(u) ⊢F(u)不具有性质 1),于是(Ref)是独立的.

注意,F(u) ⊢F(u)就是由于(Ref)才得到的.

(+)的情形.设在规则中删去(+).在其余的规则中,只有(Ref)和(≡ +)是直接生成形式可推演性模式的.它们有这样的性质:在其中的 Σ ⊢A 中,前提 Σ 至多含一个公式.对于不直接生成形式可推演性模式的规则,在它们所生成的模式中,其前提所含公式的数目不超过给定模式中的前提所含公式的数目,这是容易验证的.因此这种规则保存上述性质.但原有模式

$$A,B ⊢A$$

中的前提含两个公式.因此 A,B ⊢A 不具有上述性质,于是(+)是独立的.这个模式是使用了(+)才得到的.

(¬ −)的情形.(¬ A)^v 是这样定义的:

$$(¬ A)^v = \begin{cases} 1, & 如果 A^v=0, \\ 0, & 否则. \end{cases}$$

现在我们在公式的真假值定义 3.3.4 中对(¬ A)^v 作以下的改

变：

2)   对于 $A^v=1$ 或 $A^v=0$,有 $(\neg A)^v=1$.

    因为这个改变只涉及否定符号,而在所有的规则中除 $(\neg -)$ 之外的其他规则都是与否定符号无关的,所以由其他规则生成的模式不受 2)的影响.于是,其他规则都具有或者保存以下的性质:

3)   令 v 是上述规定中的赋值.对于在规则中出现的任何 $\Sigma \vdash A$,
$$\Sigma^v=1 \text{ 蕴涵 } A^v=1.$$

    但在原有模式

4) $\neg\neg A \vdash A$

中,可以令 $A^v=0$ 而得到 $(\neg\neg A)^v=1$,于是 4)不具有性质 3).因此 $(\neg -)$ 是独立的.

    归谬律(即 $\neg$ 引入)$(\neg +)$ 虽然也与否定符号有关,但容易验证,$(\neg +)$ 是保存性质 3)的.这就证明了在第二章第 2.6 节中所讲的,如果在规则中把 $(\neg -)$ 换为 $(\neg +)$,将不能推出 $(\neg -)$.

    $(\rightarrow +)$ 的情形.我们对 $(A \rightarrow B)^v$ 作以下的改变:

5)   如果 $A^v=1$,则 $(A \rightarrow B)^v=0$.

于是,所有不涉及蕴涵符号的规则具有或者保存上述性质 3).对于涉及蕴涵符号的规则 $(\rightarrow -)$:

$$\text{如果} \Sigma \vdash A \rightarrow B,$$
$$\Sigma \vdash A,$$
$$\text{则} \Sigma \vdash B.$$

我们要证明它也保存性质 3).设 $\Sigma \vdash A \rightarrow B$ 和 $\Sigma \vdash A$ 有性质 3),即

$$\Sigma^v=1 \Rightarrow (A \rightarrow B)^v=1,$$
$$\Sigma^v=1 \Rightarrow A^v=1.$$

由此可得 $\Sigma^v \neq 1$.(如果 $\Sigma^v=1$,则有 $(A \rightarrow B)^v=1$ 和 $A^v=1$,这与 5)矛盾.)因此有

$$\Sigma^v=1 \Rightarrow B^v=1.$$

    这样,除 $(\rightarrow +)$ 外的每条规则具有或者保存性质 3).但在模式

6) $A \vdash B \rightarrow A$

中,我们可以令 $A^v = 1, B^v = 1$,因此得到 $(B \rightarrow A)^v = 0$,这样使得6)不具有性质3).因此 $(\rightarrow +)$ 是独立的.

涉及联结符号的其他规则的独立性,证明方法与 $(\neg\ -)$ 和 $(\rightarrow +)$ 的独立性的证明是类似的;但是对 $A \wedge B, A \vee B,$ 和 $A \leftrightarrow B$ 的真假值要作另外适当的改变.

$(\forall -)$ 的情形.令 A' 是由公式 A 把其中每个有 $\forall xB$ 形状的部分替换为 $\forall x(B \rightarrow B)$ 而得到的公式.例如,若 $A = \forall x \forall yF(x, y)$,则

$$A' = \forall x \{ \forall y[F(x,y) \rightarrow F(x,y)]$$
$$\rightarrow \forall y[F(x,y) \rightarrow F(x,y)] \}.$$

令 $\Sigma' = \{A' | A \in \Sigma\}$.

显然,不涉及全称量词的每条规则具有或者保存下面的性质:

7) 对于在规则中出现的任何 $\Sigma \vdash A, \Sigma' \vdash A'$ 成立.

这是由于,这些规则和上述的把 A 换为 A' 没有关系.

对于涉及全称量词的规则 $(\forall +)$:

          如果 $\Sigma \vdash A(u), u$ 不在 Σ 中出现,

          则 $\Sigma \vdash \forall xA(x).$

它所生成的模式 $\Sigma \vdash \forall xA(x)$ 在上述替换之后变为

$$\Sigma' \vdash \forall x[A(x)' \rightarrow A(x)'],$$

这是显然成立的.因此 $(\forall +)$ 保存性质7).这样,除 $(\forall -)$ 外的每条规则具有或者保存性质7).

但是原有模式

8) $\forall xF(x) \vdash F(u)$

在替换之后变为

$$\forall x[F(x) \rightarrow F(x)] \vdash F(u).$$

这是不成立的,因为容易验证

$$\forall x[F(x) \rightarrow F(x)] \not\models F(u)$$

是不成立的.这证明了 $(\forall -)$ 的独立性.

$(\forall +), (\exists -)$ 和 $(\exists +)$ 的独立性的证明和 $(\forall -)$ 的情形类

似,但要作适当的修改.

($\equiv-$)的情形. 令 A' 是由公式 A 把其中的每个原子公式 $t_1 \equiv t_2$ 换为

$$t_1 \equiv t_2 \to t_1 \equiv t_2$$

而得到的公式,并且令 $\Sigma' = \{A' \mid A \in \Sigma\}$. 于是,不涉及相等符号的每条规则具有或者保存性质 7).

对于涉及相等符号的规则($\equiv+$):

$$\varnothing \vdash u \equiv u,$$

在上述替换之后变为

$$\varnothing \vdash u \equiv u \to u \equiv u,$$

它是显然成立的. 因此($\equiv+$)具有性质 7). 这样,除($\equiv-$)外的每条规则具有或者保存性质 7).

但是原有模式

9)
$$F(u), u \equiv v \vdash F(v)$$

在上述替换之后变为

$$F(u), u \equiv v \to u \equiv v \vdash F(v).$$

它是不成立的,因为容易验证

$$F(u), u \equiv v \to u \equiv v \vDash F(v)$$

是不成立的. 因此 9)不具有性质 7). 于是($\equiv-$)是独立的.

($\equiv+$)的独立性可以类似地证明,但要作适当的修改.

以上我们证明了经典一阶逻辑的自然推演系统中各条形式推演规则的独立性.

第五章 紧致性定理、
Löwenheim-Skolem 定理、Herbrand 定理

在可靠性定理和完备性定理的基础上,可以建立纯粹语义性质的紧致性定理和 Löwenheim-Skolem 定理. Herbrand 定理有重要的理论意义,它是人工智能中自动定理证明的一个方向的基础.

5.1 紧致性定理和 Löwenheim-Skolem 定理

定理 5.1.1(紧致性) $\Sigma \subseteq \mathrm{Form}(\mathscr{L})$ 是可满足的,当且仅当 Σ 的任何有限子集是可满足的.

证 设 Σ 的任何有限子集是可满足的. 由可靠性定理,Σ 的任何有限子集是协调的. 如果 Σ 是不协调的,则存在 Σ 的有限子集,它是不协调的,于是产生矛盾. 因此 Σ 是协调的. 由完备性定理,Σ 是可满足的.

逆命题显然成立. □

Löwenheim-Skolem 定理简称为 L-S 定理.

定理 5.1.2(L-S) 设 $\Sigma \subseteq \mathrm{Form}(\mathscr{L})$.

(i) 不含相等符号的 Σ 是可满足的,当且仅当 Σ 在可数无限论域中是可满足的.

(ii) 含相等符号的 Σ 是可满足的,当且仅当 Σ 在可数无限论域或某个有限论域中是可满足的.

证 由可靠性定理和完备性定理. □

定理 5.1.2 首先由 Löwenheim[1915]对于有限的 Σ 作出证明,但证明中留有空隙. Skolem[1920]补全了定理的证明,并且把 Σ 扩充为可数无限集.

在本书中只考虑可数集,因此形式语言和赋值的论域至多是可数无限集.如果考虑有任何超限基数的集,则 L-S 定理将有升 L-S 定理和降 L-S 定理的形式.读者可以参考模型论的著作.

L-S 定理可以用有效性来陈述.

定理 5.1.3(L-S)　设 $A \in Form(\mathscr{L})$.

(i)不含相等符号的 A 是有效的,当且仅当 A 在可数无限论域中是有效的.

(ii)含相等符号的 A 是有效的,当且仅当 A 在可数无限论域和所有有限论域中是有效的. □

习　题

5.1.1　设 $\Sigma \models A$.证明存在 Σ 的有限子集 Σ',使得 $\Sigma' \models A$.(要求在证明中不使用定理 2.6.2.)

5.1.2　设 $\Sigma \subseteq Form(\mathscr{L})$ 不含相等符号,D 是无限论域.如果对于以 D 为论域的任何赋值 v,有 $A \in \Sigma$,使得 $A^v = 1$,则有 $B_1, \cdots, B_k \in \Sigma$,使得 $B_1 \lor \cdots \lor B_k$ 是有效的.(提示:使用紧致性定理和定理 4.1.7.).

5.1.3　在习题 5.1.2 中,不要求 Σ 不含相等符号,令 D 是有限论域.证明 $B_1 \lor \cdots \lor B_k$ 在 D 中是有效的.

5.1.4　如果 $\Sigma \subseteq Form(\mathscr{L})$ 在任何有限论域中是可满足的,则 Σ 在无限论域中是可满足的.

5.2　Herbrand 定理

Herbrand 定理是一阶逻辑中的重要定理,它又是人工智能中自动定理证明的一个方向的基础.

为了陈述 Herbrand 定理,需要作一些准备.

首先要把前束范式变换为前束词中不含存在量词的无 ∃ 前束范式.变换的过程是依照下述方法删去存在量词.

在变换过程的每一步,设 ∃y 是前束范式 A 中最左边的存在量词.如果在 ∃y 的左边不出现全称量词,我们取不在 A 中出现并且在过程的这一步之前没有使用过的任何自由变元符号 u,用 u

在 A 的母式中代入 y(的所有出现),然后删去 ∃y.

如果 ∀x₁,⋯,∀xₙ 按这个次序在 ∃y 的左边出现,则取不在 A 中出现并且在过程的这一步之前没有使用过的任何 n 元函数符号 f,用 f(x₁,⋯,xₙ)在 A 的母式中代入 y,然后删去 ∃y.

在删去前束范式中的所有存在量词之后,所得到的公式称为原来公式的**无∃前束范式**.

例如,令

$$A = ∃y_1 ∃y_2 ∀x_1 ∃y_3 ∀x_2 ∀x_3 ∃y_4 ∃y_5 ∀x_4$$
$$B(y_1, y_2, x_1, y_3, x_2, x_3, y_4, y_5, x_4).$$

使用不在 A 中出现的自由变元符号 u 和 v,一元函数符号 f,以及三元函数符号 g 和 h,经过变换,得到 A 的无∃前束范式

$$∀x_1 ∀x_2 ∀x_3 ∀x_4 B(u, v, x_1, f(x_1), x_2, x_3,$$
$$g(x_1, x_2, x_3), h(x_1, x_2, x_3), x_4),$$

它可以简写为以下形式

$$∀x_1 ∀x_2 ∀x_3 ∀x_4 B'(x_1, x_2, x_3, x_4).$$

定理 5.2.1 前束范式 A 在论域 D 中是可满足的,当且仅当它的无∃前束范式在 D 中是可满足的.因此,A 是可满足的,当且仅当 A 的无∃前束范式是可满足的.

证 为了证明本定理,我们可以不失去一般性地假设

$$A = ∃x ∀y ∃z B(x, y, z).$$

于是 A 的无∃前束范式是

(1) $$∀y B(u, y, f(y)),$$

其中的 u 和 f 不在 A 中出现.

由定理 4.1.2 可得,A 在 D 中是可满足的,当且仅当

(2) $$∀y ∃z B(u, y, z)$$

在 D 中是可满足的.

下面要证明

(3)　　　　　　　(1)在 D 中是可满足的
　　　　　⇔(2)在 D 中是可满足的.

先证(3)中的⇒.设以 D 为论域的赋值 v 满足(1),即 ∀yB(u,

y, f(y))$^v = 1$. 于是, 对于所有 $a \in D$, 有

(4) $B(u, v, f(v))^{v(v/a)} = 1$,

其中的 v 不在 $B(u, y, f(y))$ 中出现. 我们有

(5) $f(v)^{v(v/a)} = f^{v(v/a)}(v^{v(v/a)})$
                              $= f^v(a)$
                              $= w^{v(v/a)(w/f^v(a))}$.

由(4)和(5)可得

(6) $B(u, v, w)^{v(v/a)(w/f^v(a))}$.
                       $= B(u, v, f(v))^{v(v/a)} = 1$,

其中的 w 不在 $B(u, v, f(v))$ 中出现. 因为 $f^v(a) \in D$, 故由(6)得到

(7) $\exists z B(u, v, z)^{v(v/a)} = 1$.

因为 a 是 D 中任何个体, 故由(7)可得

                    $\forall y \exists z B(u, y, z)^v = 1$.

因此(2)在 D 中是可满足的.

现在证(3)中的 $\Leftarrow$. 设 $\forall y \exists z B(u, y, z)^v = 1$, 即对于所有 $a \in D$, 存在 $b \in D$, 使得

(8) $B(u, v, w)^{v(v/a)(w/b)} = 1$,

其中的 v 和 w 不在 $B(u, y, z)$ 中出现.

令 v' 是以 D 为论域的赋值, 使得除

(9) $f^{v'}(a) = b$

外, v' 和 v 完全相同. 由(8)和(9)可得

(10) $B(u, v, w)^{v(v/a)(w/f^{v'}(a))} = 1$.

我们有

(11) $f(v)^{v'(v/a)} = f^{v'(v/a)}(v^{v'(v/a)})$
                              $= f^{v'}(a)$
                              $= w^{v(v/a)(w/f^{v'}(a))}$.

由于除(9)之外 v' 和 v 完全相同, 故由(10)和(11)可得

(12) $B(u, v, f(v))^{v'(v/a)}$
                       $= B(u, v, w)^{v(v/a)(w/f^{v'}(a))}$

$$=1.$$

因为 a 是 D 中的任何个体,故由(12)可得

$$\forall yB(u,y,f(y))^{v'}=1.$$

因此(1)在 D 中是可满足的.于是证明了(3).

由 A 和(2)在 D 中可满足性的等价性和(3),可得 A 和(1)在 D 中可满足性的等价性.这是定理的第一部分.

由第一部分显然有定理的第二部分. □

根据可满足性的定义,公式 A 是不可满足的,当且仅当 A 在所有论域中是不可满足的.要考虑所有的论域,这是不方便的,甚至是不可能的.如果能够固定某个特殊的论域,使得 A 是不可满足的,当且仅当 A 在这个论域中是不可满足的,这将是很大的帮助.事实上,对于任何公式 A,确实存在这样的论域,它就是 A 的 Herbrand 域.

定义 5.2.2(Herbrand 域) 设 $A \in \mathrm{Form}(\mathscr{L})$ 是无 ∃ 前束范式,集 $\{t' \mid t$ 是由在 A 中出现的个体符号,自由变元符号和函数符号生成的项.(如果在 A 中不出现个体符号或自由变元符号,则取任何一个自由变元符号.)$\}$

称为 A 的 **Herbrand 域**,记作 H_A,或简单记作 H.

例 令

$$A = \forall x[F(u) \wedge F(b) \wedge F(f(x))],$$
$$B = \forall x[F(f(u)) \vee G(b, g(x))],$$
$$C = \exists x \exists y[F(x) \vee G(x, y)].$$

则

$$H_A = \{u, b, f(u), f(b), f(f(u)), f(f(b)), \cdots\},$$

$$H_B = \{u, b, f(u), f(b), g(u), g(b), f(f(u)), f(f(b)),$$
$$f(g(u)), f(g(b)), g(f(u)), g(f(b)), g(g(u)),$$
$$g(g(b)), \cdots\},$$

$$H_C = \{u\}, \text{其中的 } u \text{ 是任何一个自由变元符号.}$$

定义 5.2.3(Herbrand 赋值) 给定无 ∃ 前束范式 A,以 A 的 Herbrand 域 H 为论域的赋值 v 称为 **Herbrand 赋值**,如果 v 满足

以下的(i)和(ii):

(i) $\qquad a^v = a' \in H.$

$\qquad\qquad u^v = u' \in H.$

(ii) 对于任何 $t_1', \cdots, t_m' \in H$,有

$$f^v(t_1', \cdots, t_m') = f(t_1, \cdots, t_m)' \in H,$$

其中的 a, u, f 分别是在 A 中出现的任何个体符号,自由变元符号,m 元函数符号.(u 可能是在 H 中任意使用的.)

由定义 5.2.3 显然有以下的事实:对于任何 Herbrand 赋值 v 和定义 5.2.2 中陈述的项 t,有 $t^v = t' \in H.$

定理 5.2.4 无∃前束范式 A 是不可满足的,当且仅当 A 在所有 Herbrand 赋值之下都取假值.

证 显然,A 的不可满足性蕴涵 A 在所有 Herbrand 赋值之下都取假值.

下面证逆命题.设 A 在所有 Herbrand 赋值下都取假值,又设 A 是可满足的,即有以 D 为论域的赋值 v_1,使得

(1) $\qquad\qquad\qquad A^{v_1} = 1.$

构作一个 Herbrand 赋值 v,使得,除了定义 5.2.3 中的条件之外,v 还满足

(2) 对于在 A 中出现的任何 n 元关系符号 F 和相等符号≡,以及任何 $t_1', t_2', \cdots, t_n' \in H$,有

$$\langle t_1', \cdots, t_n' \rangle \in F^v \Leftrightarrow \langle t_1^{v_1}, \cdots, t_n^{v_1} \rangle \in F^{v_1},$$

$$\langle t_1', t_2' \rangle \in \equiv^v \Leftrightarrow \langle t_1^{v_1}, t_2^{v_1} \rangle \in \equiv^{v_1};$$

这就是

$$F(t_1, \cdots, t_n)^v = F(t_1, \cdots, t_n)^{v_1},$$

$$(t_1 \equiv t_2)^v = (t_1 \equiv t_2)^{v_1}.$$

我们要证 $A^v = 1.$

如果 A 是原子公式,由(2)显然可得 $A^v = A^{v_1}$. 由此和(1),可得

(3) 对于任何不含量词的 A,$A^v = A^{v_1} = 1.$

如果 A 含量词,由于 A 是无∃前束范式,我们可以不失去一般性地假设 A 只含一个全称量词,令 A = ∀xB(x),其中的 B(x) 不含量词.由(1)可得

(4) $$A^{v_1} = \forall xB(x)^{v_1} = 1.$$

取任何 $t' \in H$.我们有 $t'^{v} \in D$.令自由变元符号 u 不在 B(x) 中出现,由 B(x) 构作 B(u).由(4)可得

(5) $$B(u)^{v_1(u/t'^{v_1})} = 1.$$

由于 B(u) 不含量词,故有

(6) $$B(u)^{v(u/t')}$$
$$= B(\dot{u})^{v(u/t'^{v})}$$
$$= B(t)^{v}$$
$$= B(t)^{v_1} \quad (由(3))$$
$$= B(u)^{v_1(u/t'^{v_1})}$$
$$= 1 \quad (由(5)).$$

因为 t' 是 H 中的任何个体,故由(6)得到 $\forall xB(x)^{v} = 1$,即 $A^{v} = 1$.

上面用归纳法证明了 $A^{v} = 1$,这与 A 在所有 Herbrand 赋值下都取假值的假设矛盾.因此 A 是不可满足的. □

设给定了无∃前束范式 $\forall x_1 \cdots \forall x_n B(x_1, \cdots, x_n)$.在它的母式 $B(x_1, \cdots, x_n)$ 中用定义 5.2.2 中陈述的项 $t_1, \cdots, t_n$ 分别代入 $x_1, \cdots, x_n$ 而得到的 $B(t_1, \cdots, t_n)$ 称为母式的**例式**.

定理 5.2.5(Herbrand) 无∃前束范式 $\forall x_1 \cdots \forall x_n B(x_1, \cdots, x_n)$ 是不可满足的,当且仅当存在它的母式的有限个例式,它们是不可满足的.

证 我们可以不失去一般性地假设所给的无∃前束范式是只含一个全称量词的 $\forall xB(x)$,其中的母式 B(x) 不含量词.

设 $B(t_1), \cdots, B(t_k)$ 是 B(x) 的任何有限个例式.显然有
$$\forall xB(x) \vdash B(t_1) \wedge \cdots \wedge B(t_k).$$
因此 $\forall xB(x)$ 的可满足性蕴涵 $B(t_1), \cdots, B(t_k)$ 的可满足性.于是,

如果存在 B(x) 的有限个例式,它们是不可满足的,则 ∀xB(x) 是不可满足的.

为了证明逆命题,设 ∀xB(x) 是不可满足的并且设 B(x) 的任何有限个例式都是可满足的.

由紧致性定理,B(x) 的所有例式的集

$$\{B(t)|t' \in H\}$$

是可满足的,其中的 H 是 ∀xB(x) 的 Herbrand 域.这就是,有赋值 v_1 使得,对于任何 $t' \in H$,有

(1) $$B(t)^{v_1} = 1.$$

使用 v_1 构作 Herbrand 赋值 v(见定理 5.2.4 的证明).因为 B(t) 不含量词,故有

(2) $$B(t)^v = B(t)^{v_1} = 1 \quad (由(1)).$$

取任何 $t' \in H$ 和不在 B(x) 中出现的自由变元符号 u.可以得到

(3) $$B(u)^{v(u/t')} \cdot$$

$$= B(u)^{v(u/t^v)}$$

$$= B(t)^v$$

$$= 1 \quad (由(2)).$$

因为 t' 是 H 中的任何个体,故由(3)可得 $∀xB(x)^v = 1$,这与 ∀xB(x) 不可满足性的假设矛盾.因此存在 B(x) 的有限个例式,它们是不可满足的. □

Herbrand 定理把 ∀xB(x) 的不可满足性归约为有限个公式的不可满足性,因此成为人工智能中自动定理证明的一个方向的基础.

所要证明的定理可以用

$$A_1, \cdots, A_n \vdash A$$

$$或 \varnothing \vdash A_1 \wedge \cdots \wedge A_n \rightarrow A$$

表示.这就是要证明

1) $$\neg (A_1 \wedge \cdots \wedge A_n \rightarrow A)$$

是不可满足的.

把 1)变换为前束范式,再变换为无∃前束范式.于是,问题就变换为证明一个无∃前束范式的不可满足性.由 Herbrand 定理,问题又变换为寻找前束范式母式的有限个例式,它们是不可满足的.

例式的产生过程是把无∃前束范式的 Herbrand 域的定义中陈述的项代入母式中的约束变元符号.这种项可以依照函数符号在其中出现的数目来分层.层数愈高的项愈多,代入之后产生的例式也愈多,因此有更大的可能使得所产生的例式是不可满足的,这样就证明了原来的定理.

如果在产生例式的过程中还没有得到不可满足的有限个例式,则有两种可能,一种可能是当时还没有得到,还要继续产生更多的例式,另一种可能是不存在有限个例式,它们是不可满足的,这就是说原来的定理是不成立的.

因此,上述的定理证明过程不是判定过程.(判定过程要求最终判定定理是否成立,并且在定理成立的情形作出证明.)它通常被称为半判定过程.

第六章 公理推演系统

形式推演要溯源到 Frege[1879]. Frege 建立的形式推演系统不是自然推演系统(见第 2.6 节和第 3.5 节),而是公理推演系统. 在本书的前言中讲过,本书在陈述形式推演时主要采用直观反映非形式数学推理的自然推演系统. 由于公理推演系统比自然推演系统建立得更早,并且它现在仍被使用,故本书简要介绍经典一阶逻辑(包括命题逻辑)的公理推演系统,并陈述它和自然推演系统的关系.

6.1 公理推演系统

本书中在前面已经介绍的自然推演系统是建立在形式推演规则之上的. 形式推演规则生成形式可推演性模式. 因此形式推演(即形式证明)由有限个形式可推演性模式构成.

公理推演系统建立在公理和推演规则之上. 公理是某些公式. 推演规则由公式推出公式. 因此公理推演系统中的形式推演(即形式证明)由有限个公式构成. 这即将随后说明.

下面介绍经典一阶逻辑(包括命题逻辑)的一个公理推演系统.

公理

(Ax1) $A \rightarrow (B \rightarrow A)$.

(Ax2) $[A \rightarrow (B \rightarrow C)] \rightarrow [(A \rightarrow B) \rightarrow (A \rightarrow C)]$.

(Ax3) $(\neg A \rightarrow B) \rightarrow [(\neg A \rightarrow \neg B) \rightarrow A]$.

(Ax4) $A \wedge B \rightarrow A$.

(Ax5) $A \wedge B \rightarrow B$.

(Ax6) $A \rightarrow (B \rightarrow A \wedge B)$.

(Ax7) $A \rightarrow A \vee B$.

(Ax8) $A \rightarrow B \vee A$.

(Ax9) $(A \rightarrow C) \rightarrow [(B \rightarrow C) \rightarrow (A \vee B \rightarrow C)]$.

(Ax10) $(A \leftrightarrow B) \rightarrow (A \rightarrow B)$.

(Ax11) $(A \leftrightarrow B) \rightarrow (B \rightarrow A)$.

(Ax12) $(A \rightarrow B) \rightarrow [(B \rightarrow A) \rightarrow (A \leftrightarrow B)]$.

(Ax13) $\forall x A(x) \rightarrow A(t)$.

(Ax14) $\forall x[A \rightarrow B(x)] \rightarrow [A \rightarrow \forall x B(x)]$，x 不在 A 中出现.

(Ax15) $A(t) \rightarrow \exists x A(x)$，$A(x)$ 是在 $A(t)$ 中把 t 的某些(不一定全部)出现替换为 x 而得.

(Ax16) $\forall x[A(x) \rightarrow B] \rightarrow [\exists x A(x) \rightarrow B]$，x 不在 B 中出现.

(Ax17) $t_1 \equiv t_2 \rightarrow [A(t_1) \rightarrow A(t_2)]$，$A(t_2)$ 是在 $A(t_1)$ 中把 t_1 的某些(不一定全部)出现替换为 t_2 而得.

(Ax18) $u \equiv u$.

推演规则

(R1) 由 $A \rightarrow B$ 和 A 推出 B.

(R2) 由 $A(u)$ 推出 $\forall x A(x)$.

公理和推演规则都是模式.

(Ax1)~(Ax12)和(R1)属于命题逻辑.

我们用记号 ⊢ 表示公理推演系统中的形式可推演性,因此要把 ⊢ 和自然推演系统中的 ⊩ 区分开.

定义 6.1.1($\Sigma \vdash A$) $\Sigma \vdash A$(A **是由 Σ 形式可推演或形式可证明的**),当且仅当存在序列

$$A_1, \cdots, A_n,$$

使得 $A_n = A$,并且每一 $A_k (1 \leqslant k \leqslant n)$ 满足以下的条件(i)~(iv)之一:

(i) A_k 是公理.

(ii) $A_k \in \Sigma$.

(iii) 有 $i, j < k$,使得 $A_i = A_j \rightarrow A_k$.

(iv) 有 $i < k$ 和 $B(u)$,使得 u 不在 Σ 中出现,$A_i = B(u)$,并且

$$A_k = \forall x B(x).$$

序列 $A_1, \cdots, A_n$ 称为**由 Σ 推出 A 的形式推演**或**形式证明**.

A 是**形式可证明公式**,当且仅当 $\varnothing \vdash A$ 成立.

附注

(1) 容易验证,公理(Ax1)~(Ax18)都是自然推演系统中的形式可证明公式;推演规则(R1)和(R2)都保存公式的形式可证明性.因此,公理推演系统是处理自然推演系统中的形式可证明公式的.

(2) 在 $\varnothing \vdash A$ 的形式证明中,每个公式是形式可证明公式.在 $\Sigma \vdash A$ 的形式证明中,每个公式是形式可证明公式,如果 Σ 中的公式都是形式可证明公式.

(3) 因为公理推演系统是处理形式可证明公式的,所以推演规则(R2)中"由 A(u)推出 $\forall x A(x)$"的意思是"如果 A(u)是形式可证明公式,则 $\forall x A(x)$ 是形式可证明公式".若用自然推演系统中的说法,这就是

$$\varnothing \vdash A(u) \Rightarrow \varnothing \vdash \forall x A(x),$$

而不是

$(*)$ $\qquad\qquad$ $A(u) \vdash \forall x A(x).$

在第四章第 4.2 节中讲过,$(*)$是不成立的.

例 $\varnothing \vdash A \rightarrow A.$

证

(1) $A \rightarrow [(A \rightarrow A) \rightarrow A]$ (由(Ax1)).

(2) $\{A \rightarrow [(A \rightarrow A) \rightarrow A]\} \rightarrow \{[A \rightarrow (A \rightarrow A)] \rightarrow (A \rightarrow A)\}$ (由(Ax2)).

(3) $[A \rightarrow (A \rightarrow A)] \rightarrow (A \rightarrow A)$ (由(R1),(2),(1)).

(4) $A \rightarrow (A \rightarrow A)$ (由(Ax1)).

(5) $A \rightarrow A$ (由(R1),(3),(4)).

例 $\varnothing \vdash (B \rightarrow C) \rightarrow [(A \rightarrow B) \rightarrow (A \rightarrow C)].$

证

(1) $(A \rightarrow (B \rightarrow C)) \rightarrow ((A \rightarrow B) \rightarrow (A \rightarrow C))$ (由(Ax2)).

(2) $[(A \rightarrow (B \rightarrow C)) \rightarrow ((A \rightarrow B) \rightarrow (A \rightarrow))] \rightarrow$
$\{(B \rightarrow C) \rightarrow$
$[(A \rightarrow (B \rightarrow C)) \rightarrow ((A \rightarrow B) \rightarrow (A \rightarrow C))]\}$
(由(Ax1)).

(3) $(B \rightarrow C) \rightarrow$
$[(A \rightarrow (B \rightarrow C)) \rightarrow ((A \rightarrow B) \rightarrow (A \rightarrow C))]$
(由(R1),(2),(1)).

(4) $\{(B \rightarrow C) \rightarrow$
$[(A \rightarrow (B \rightarrow C)) \rightarrow ((A \rightarrow B) \rightarrow (A \rightarrow C))]\} \rightarrow$
$\{[(B \rightarrow C) \rightarrow (A \rightarrow (B \rightarrow C))] \rightarrow$
$[(B \rightarrow C) \rightarrow ((A \rightarrow B) \rightarrow (A \rightarrow C))]\}$
(由(Ax2)).

(5) $[(B \rightarrow C) \rightarrow (A \rightarrow (B \rightarrow C))] \rightarrow$
$[(B \rightarrow C) \rightarrow ((A \rightarrow B) \rightarrow (A \rightarrow C))]$
(由(R1),(4),(3)).

(6) $(B \rightarrow C) \rightarrow (A \rightarrow (B \rightarrow C))$ (由(Ax1)).

(7) $(B \rightarrow C) \rightarrow ((A \rightarrow B) \rightarrow (A \rightarrow C))$
(由(R1),(5),(6)).

在自然推演系统中作出

$$\varnothing \vdash A \rightarrow A$$
$$\varnothing \vdash (B \rightarrow C) \rightarrow [(A \rightarrow B) \rightarrow (A \rightarrow C)]$$

的证明是十分自然、直观和简单的,因为自然推演系统中的形式推演规则和形式证明自然而直观地反映了非形式推理中的规则和证明.但是,公理推演系统中的公理,虽然是有效公式(形式可证明公式),却并不显示出推理的痕迹.因此上述例子中的形式证明是不自然、不直观的.

6.2 两种推演系统的关系

在本节中我们要证明公理推演系统和自然推演系统的等价

性,即对于任何 Σ 和 A,有

$$\Sigma \vdash A \text{ 当且仅当 } \Sigma \Vdash A.$$

引理 6.2.1 设 $\Sigma \subseteq \mathrm{Form}(\mathscr{L})$, $A \in \mathrm{Form}(\mathscr{L})$. 如果 $\Sigma \vdash A$,则 $\Sigma \Vdash A$.

证 由 $\Sigma \vdash A$,我们令

$$A_1, \cdots, A_n(=A)$$

是任何一个由 Σ 推出 A 的形式证明. 用归纳法容易证明 $\Sigma \Vdash A_k$ $(1 \leqslant k \leqslant n)$. 因此 $\Sigma \Vdash A$. □

引理 6.2.2 设 $\Sigma \subseteq \mathrm{Form}(\mathscr{L})$, $A \in \mathrm{Form}(\mathscr{L})$. 如果 $\Sigma \Vdash A$,则 $\Sigma \vdash A$.

证 对 $\Sigma \Vdash A$ 的结构作归纳. 这就是要证明每一条形式推演规则具有或者保存这样的性质:把其中的记号 $\Vdash$ 换为 $\vdash$,得到的结果是成立的. 下面选证 $(\rightarrow -)$, $(\rightarrow +)$, $(\neg -)$ 和 $(\exists -)$ 的情形.

$(\rightarrow -)$ 的情形. 我们要证明

$$\text{如果 } \Sigma \vdash A \rightarrow B,$$
$$\Sigma \vdash A,$$
$$\text{则 } \Sigma \vdash B.$$

令

$$C_1, \cdots, C_k(=A \rightarrow B),$$
$$D_1, \cdots, D_l(=A)$$

分别是由 Σ 推出 $A \rightarrow B$ 和 A 的任何形式证明(这些 D 都是公式). 于是

$$C_1, \cdots, C_k, D_1, \cdots, D_l, B$$

构成由 Σ 推出 B 的形式证明. 因此 $\Sigma \vdash B$.

$(\rightarrow +)$ 的情形. 我们要证明

$$\text{如果 } \Sigma, A \vdash B,$$
$$\text{则 } \Sigma \vdash A \rightarrow B.$$

令

(1) $$B_1, \cdots, B_n (= B)$$

是由 Σ 和 A 推出 B 的任何形式证明. 我们用归纳法(对 k 作归纳)证明

(2) $$\Sigma \vdash A \to B_k (1 \leqslant k \leqslant n).$$

基始. $k = 1$. 根据定义 6.1.1, 序列(1)中的 B_1 是公理, Σ 中公式或 A. 如果 B_1 是公理或 Σ 中公式, 则下面的公式序列:

$$B_1, B_1 \to (A \to B_1), A \to B_1$$

构成由 Σ 推出 $A \to B_1$ 的形式证明. 因此 $\Sigma \vdash A \to B_1$.

如果 $B_1 = A$, 则下面五个公式:

$$[A \to ((A \to A) \to A)] \to [(A \to (A \to A)) \to (A \to A)],$$
$$A \to ((A \to A) \to A),$$
$$(A \to (A \to A)) \to (A \to A),$$
$$A \to (A \to A),$$
$$A \to A$$

的序列构成由 Σ 推出 $A \to B_1$ 的形式证明. 因此有 $\Sigma \vdash A \to B_1$.

归纳步骤. 设 $\Sigma \vdash A \to B_i (1 \leqslant i < k)$, 要证明

(3) $$\Sigma \vdash A \to B_k.$$

由定义 6.1.1, 序列(1)中的 B_k 有五种情形: 公理, Σ 中公式, A, 或使用(R1)或(R2)而得. 在前三种情形, (3)的证明和基始中相同.

设 B_k 是使用(R1)由(1)中在 B_k 前面的两个公式 $C \to B_k$ 和 C 而得. 由归纳假设, 有

$$\Sigma \vdash A \to (C \to B_k),$$
$$\Sigma \vdash A \to C.$$

令

$$D_1, \cdots, D_r (= A \to (C \to B_k)),$$
$$E_1, \cdots, E_s (= A \to C)$$

分别是由 Σ 推出 $A \to (C \to B_k)$ 和 $A \to C$ 的任何形式证明(这些 E 都是公式). 于是下面的公式序列:

$$D_1, \cdots, D_r, E_1, \cdots, E_s,$$
$$(A \rightarrow (C \rightarrow B_k)) \rightarrow ((A \rightarrow C) \rightarrow (A \rightarrow B_k)),$$
$$(A \rightarrow C) \rightarrow (A \rightarrow B_k), A \rightarrow B_k$$

构成由 Σ 推出 $A \rightarrow B_k$ 的形式证明. 因此(3)成立.

设 B_k 是使用(R2)由(1)中在 B_k 前面的公式 $C(u)$ 得到的,其中的 u 不在 Σ 或 A 中出现,并且 $B_k = \forall x C(x)$. 由归纳假设,有
$$\Sigma \vdash A \rightarrow C(u).$$

令
$$D_1, \cdots, D_r (= A \rightarrow C(u))$$

是由 Σ 推出 $A \rightarrow C(u)$ 的任何一个形式证明. 由于 u 不在 Σ 或 A 中出现,下面的公式序列:
$$D_1, \cdots, D_r, \forall x(A \rightarrow C(x)),$$
$$\forall x(A \rightarrow C(x)) \rightarrow (A \rightarrow \forall x C(x)),$$
$$A \rightarrow \forall x C(x)$$

构成由 Σ 推出 $A \rightarrow B_k$ 的形式证明. 因此(3)成立.

由上面的基始和归纳步骤,(2)得到证明. 于是完成了$(\rightarrow +)$ 情形的证明.

$(\neg -)$ 的情形. 我们要证明
$$如果 \Sigma, \neg A \vdash B,$$
$$\Sigma, \neg A \vdash \neg B,$$
$$则 \Sigma \vdash B.$$

根据在$(\rightarrow +)$的情形中已证明的结果,由假设可得
$$\Sigma \vdash \neg A \rightarrow B,$$
$$\Sigma \vdash \neg A \rightarrow \neg B.$$

令
$$C_1, \cdots, C_k (= \neg A \rightarrow B)$$
$$D_1, \cdots, D_l (= \neg A \rightarrow \neg B)$$

分别是由 Σ 推出 $\neg A \rightarrow B$ 和 $\neg A \rightarrow \neg B$ 的任何形式证明. 于是下面的公式序列:

$$C_1, \cdots, C_k, D_1, \cdots, D_l,$$
$$(\neg A \rightarrow B) \rightarrow ((\neg A \rightarrow \neg B) \rightarrow A),$$
$$(\neg A \rightarrow \neg B) \rightarrow A, A$$

构成由 Σ 推出 A 的形式证明. 因此有 $\Sigma \vdash A$.

($\exists -$)的情形. 我们要证明:

如果 $\Sigma, A(u) \vdash B, u$ 不在 Σ 或 B 中出现,

则 $\Sigma, \exists x A(x) \vdash B$.

由在($\rightarrow +$)的情形中已证明的结果, 由假设可得 $\Sigma \vdash A(u) \rightarrow$ B. 令

$$C_1, \cdots, C_k (= A(u) \rightarrow B)$$

是由 Σ 推出 $A(u) \rightarrow B$ 的任何形式证明. 由于 u 不在 Σ 或 B 中出现, 故序列:

$$C_1, \cdots, C_k, \forall x(A(x) \rightarrow B),$$
$$\forall x(A(x) \rightarrow B) \rightarrow (\exists x A(x) \rightarrow B),$$
$$\exists x A(x) \rightarrow B, \exists x A(x), B$$

构成由 Σ 和 $\exists x A(x)$ 推出 B 的形式证明. 因此有 $\Sigma, \exists x A(x) \vdash B$.

其余的情形留给读者. □

引理 6.2.2 中的($\rightarrow +$)的情形:

$$如果 \Sigma, A \vdash B,$$
$$则 \Sigma \vdash A \rightarrow B.$$

称为**推演定理**.

定理 6.2.3 设 $\Sigma \subseteq \mathrm{Form}(\mathscr{L}), A \in \mathrm{Form}(\mathscr{L}), \Sigma \vdash A$ 当且仅当 $\Sigma \Vdash A$. □

推演定理能简化公理推演系统中的形式证明. 前面第二个例子中的形式证明可以给出如下.

首先, 由下面的公式序列

$$B \rightarrow C, A \rightarrow B, A, B, C$$

我们得到

$$B \rightarrow C, A \rightarrow B, A \vdash C.$$

然后由推演定理, 依次得到

$$B{\to}C,A{\to}B \vdash A{\to}C,$$
$$B{\to}C \vdash (A{\to}B){\to}(A{\to}C),$$
$$\varnothing \vdash (B{\to}C){\to}((A{\to}B){\to}(A{\to}C)).$$

公理推演系统中的公理和推演规则的独立性,它的性质和4.6节中陈述的相同,它的证明和自然推演系统中的证明实质上是类似的.

为了处理上的简单,我们考虑命题逻辑的建立在否定符号和蕴涵符号(它们构成联结符号的完备集,见 2.8 节)之上的公理推演系统.它含三条公理(模式):

(Ax1) $A{\to}(B{\to}A)$

(Ax2) $[A{\to}(B{\to}C)]{\to}[(A{\to}B){\to}(A{\to}C)]$

(Ax3) $(\neg A{\to}B){\to}[(\neg A{\to}\neg B){\to}A]$

和一条推演规则(模式):

(R1)由 $A{\to}B$ 和 A 推出 B.

蕴涵符号的真假值表:

A	B	A→B
1	1	1
1	0	0
0	1	1
0	0	1

可以写成下面更简单的形式,并且和否定符号的真假值表合并而写成下面的形式:

→	1	0	¬
1	1	0	0
0	1	1	1

为了证明独立性,我们要使用更多的值来代替原来的真和假两个值.这里要使用 0,1,2 和 3 四个值,它们并不是表示真或假的.

我们先使用 0,1 和 2 三个值构作下面的关于→和 ¬ 的值的表:

→	0	1	2	¬
0	0	2	2	2
1	2	2	0	0
2	0	0	0	0

可以验证,根据这些表,(Ax2)和(Ax3)具有下面的性质:

10) 对于给其中的 A,B,C 指派的 0,1,2 中的任何值,整个公式的值是 0.

并且(R1)保存这个性质.(验证留给读者.)但是,如果给 A 和 B 分别指派 0 和 1,则(Ax1)的值是 2.因此(Ax1)不具有性质 10),这证明了(Ax1)的独立性.

为了证明(Ax2)的独立性,构作下面的表:

→	0	1	2	3	¬
0	0	1	1	3	3
1	0	0	1	0	0
2	0	0	0	3	0
3	0	0	0	0	0

根据这个表,(Ax1)和(Ax3)具有性质 10),并且(R1)保存性质 10)

(但在这个情形,使用了 0,1,2,3;验证留给读者). 但是,如果给 A,B 和 C 分别指派 1,1 和 2,则(Ax2)的值是 1.因此(Ax2)不具有性质 10).故(Ax2)是独立的.

为了(Ax3)的独立性,构作下面的表:

$\rightarrow$	0	1	$\neg$
0	0	1	0
1	0	0	0

根据这个表,(Ax1)和(Ax2)具有性质 10),并且(R1)保存性质 10)(在这个情形,使用了 0 和 1;验证留给读者.)但是,如果给 A 和 B 分别指派 1 和 0,则(Ax3)的值是 1.因此证明了(Ax3)的独立性.

最后,规则(R1)是独立的,因为如果没有这条规则,就不能推出与公理有不同形式的公式.

第七章　构造性逻辑

从本章开始介绍非经典逻辑.非经典逻辑大致可以分为两类.一类持有与经典逻辑不同的观点,如构造性逻辑和多值逻辑;另一类是经典逻辑的扩充,如模态逻辑和时序逻辑.本书选择介绍其中的构造性逻辑和模态逻辑.

7.1　证明的构造性

存在性命题可以有不同的解释.例如下面的命题

1)　　　　　对于任何自然数 n,存在大于 n 的素数.

可以按"存在"的通常涵义解释,也可以解释为

2)　　　　　对于任何自然数 n,能找到大于 n 的素数.

2)要求作出某种构造.在证明 2)时,我们必须对于任何 n,找出(或者说构造出)某个特定的大于 n 的素数.按照"存在"的通常涵义,证明 1)时不需要作出这种构造.

上面所说的构造可以这样进行.由 n 计算出 $n!+1$,然后求出整除 $n!+1$ 的最小素数 p. p 不能整除 $n!$,因此 p 大于 n.于是 p 就是所要构造的大于 n 的素数.

把存在性命题 1)解释为 2),是对 1)的构造性解释.对于 2)的证明是对 1)的构造性证明.上述的另一种解释以及在这种解释之下的证明是经典的、非构造性的.显然,与经典的、非构造性的情形相比,对存在性命题的构造性解释传达了更多的信息,构造性证明要求作更多的事情.因此,从构造性的观点看,某些经典的证明是不能接受的.

一个典型的例子是下述命题

3)　　　　　存在无理数 a 和 b,使得 a^b 是有理数.

的证明.

按照经典的观点,3)可以证明如下.$(\sqrt{2})^{\sqrt{2}}$是有理数或是无理数.如果$(\sqrt{2})^{\sqrt{2}}$是有理数,我们令$a=b=\sqrt{2}$.如果它是无理数,则令$a=(\sqrt{2})^{\sqrt{2}},b=\sqrt{2}$,这样就有$a^b=2$.这个证明是非构造性的,因为它没有确定两种情形中哪一种成立,因此,它实际上没有构造出所要求的a和b.

为了把3)构造性地解释为"能找到无理数a和b,使得a^b是有理数",并且给以构造性证明,就要求进一步研究$(\sqrt{2})^{\sqrt{2}}$.实际上,可以证明$(\sqrt{2})^{\sqrt{2}}$是无理数.

上述命题"$(\sqrt{2})^{\sqrt{2}}$是有理数或是无理数"就是说"$(\sqrt{2})^{\sqrt{2}}$是有理数或不是有理数".它是排中律

4) $\mathscr{A}$或并非$\mathscr{A}$.

的一个例子.从经典逻辑的观点看,$\mathscr{A}$取真和假中之一为值,$\mathscr{A}$和"并非$\mathscr{A}$"中总有一个是真的.因此4)是永真的,是不需要证明的.但是,根据构造性逻辑的观点,对于"$\mathscr{A}$或$\mathscr{B}$"的证明要求给出$\mathscr{A}$的证明或者给出$\mathscr{B}$的证明.因此,4)的构造性证明要求给出$\mathscr{A}$的证明或者给出"并非$\mathscr{A}$"的证明.因此,从构造性的观点看,4)不是永真的,而是需要证明的.

下面再作更多的说明.令$\mathscr{A}$和"并非$\mathscr{A}$"是

$\mathscr{A}$: D中有元有R性质;

并非$\mathscr{A}$: D中所有元都没有R性质.

其中的R是这样一个性质,对于D中每个元,我们能确定它有或者没有R性质.于是,如果D是有限集,我们能考察D的所有的元,因而能验证$\mathscr{A}$,或者验证"并非$\mathscr{A}$".因此,"$\mathscr{A}$或并非$\mathscr{A}$"是真的.但是,在D是无限集的情形,这种验证就不再可能,因此就不能确定$\mathscr{A}$和"并非$\mathscr{A}$"中哪一个是真的.所以,从构造性的观点看,排中律在无限集的情形是不能接受的.

为了证明$\mathscr{A}$,可以使用反证法,即假设"并非$\mathscr{A}$"而由此推出矛盾.经典逻辑认为这样就证明了$\mathscr{A}$;但是构造性逻辑不接受这样的证明,因为并没有构造出 D 中有 R 性质的元.

在假设"并非 $\mathscr{A}$"并且由此推出矛盾之后,经典逻辑和构造性逻辑都认为可以使用归谬法得到"并非 $\mathscr{A}$"的否定,即"并非并非 $\mathscr{A}$".然后,经典逻辑认为由"并非并非 $\mathscr{A}$"能推出 $\mathscr{A}$,但是构造性逻辑却不允许.由此可见,使用归谬法和"由并非并非 $\mathscr{A}$ 能推出 $\mathscr{A}$",这与使用反证法有相同的意义.

以上我们说明了经典逻辑和构造性逻辑的基本区别.我们不打算讨论这些问题的哲学背景.

7.2 形 式 推 演

在经典逻辑中,对于形式语言和公式的真假有一个预想的经典的解释,根据这个解释建立了符合非形式推理的形式推演规则.

构造性逻辑的情形与经典逻辑的情形不同.构造性命题逻辑和一阶逻辑的形式语言分别与 $\mathscr{L}^p$ 和 $\mathscr{L}$ 相同,因此项、原子公式、公式和语句的定义也与经典逻辑中相同.但是构造性逻辑在确定它的形式推演规则时,还没有预想的解释.构造性逻辑的形式推演规则是由变换经典逻辑的形式推演规则而得到的.因此我们先要研究构造性逻辑的形式推演,然后研究它的语义解释.

构造性逻辑不接受反证法和排中律等规则,认为它们是太强了.在构造性逻辑的自然推演系统中,规则($\neg$ -)被换为(减弱为)以下两条规则:

($\neg$ +)   如果 $\Sigma, A \vdash B$,

              $\Sigma, A \vdash \neg B$,

              则 $\Sigma \vdash \neg A$.

($\neg$)   如果 $\Sigma \vdash A$,

              $\Sigma \vdash \neg A$,

              则 $\Sigma \vdash B$.

其中的($\neg$)表示:若由某些前提能推出矛盾的结论,就能推出任何结论.

构造性逻辑的其他形式推演规则都与经典逻辑相同.

构造性解释的建立是进行了构造性形式推演之后的事情.

我们用记号

$$\vdash_c$$

表示构造性逻辑中的形式可推演性[①].因此,在构造性逻辑的形式推演规则、形式可推演性模式、以及形式证明中,记号 $\vdash$ 应当换为 $\vdash_c$.但是为了方便,我们在构造性的形式证明中仍使用 $\vdash$ 来代替 $\vdash_c$,请读者注意区分.

我们省略 $\Sigma \vdash_c A$ 的归纳定义.

当 $\varnothing \vdash_c A$ 成立时,称 A 为 **C 形式可证明的**或简称为 **C 可证明的**,即在构造性的意义下(形式)可证明的.

Σ 是 **C 协调的**(即在构造性的意义下是协调的),当且仅当不存在 A,使得 $\Sigma \vdash_c A$ 并且 $\Sigma \vdash_c \neg A$.

Σ 是 **C 极大协调的**(即在构造性的意义下是极大协调的),当且仅当 Σ 是 C 协调的,并且对于任何 $A \notin \Sigma$,$\Sigma \cup \{A\}$ 是 C 不协调的.

构造性逻辑的公理推演系统由经典系统把其中的公理

$$(\neg A \rightarrow B) \rightarrow [(\neg A \rightarrow \neg B) \rightarrow A]$$

换为(减弱为)下面两条公理:

$$(A \rightarrow B) \rightarrow [(A \rightarrow \neg B) \rightarrow \neg A]$$
$$\neg A \rightarrow (A \rightarrow B)$$

而得.于是可以定义

$$\Sigma \vdash_c A$$

并且证明,对于任何 Σ 和 A,有

$$\Sigma \vdash_c A \text{ 当且仅当 } \Sigma \vdash_c A.$$

(参考第六章.)

因为构造性逻辑中的所有形式推演规则都在经典逻辑中成立,所以对于任何 Σ 和 A,有

---

① C 是"构造性"的英文"constructive"的第一个字母.

1) $\Sigma \vdash_c A \Rightarrow \Sigma \vdash A.$

1)的逆命题并不成立.但是在构造性逻辑中,我们可以使用经典逻辑中的所有不用规则($\neg -$)就能建立的形式可推演性模式.在下面的定理中列出其中比较有意义的部分.

在各个非经典逻辑的形式推演中,记号 $\vdash\!\vdash$,$\dashv$ 和 $\not\vdash$ 的用法与在经典逻辑中相同.

定理 7.2.1

(i) 当 $A \in \Sigma$ 时,$\Sigma \vdash_c A.$

(ii) 如果 $\Sigma \vdash_c A$,则存在有限的 $\Sigma° \subseteq \Sigma$,使得 $\Sigma° \vdash_c A.$

(iii) 如果 $\Sigma \vdash_c \Sigma'$,

$\qquad \Sigma' \vdash_c A,$

则 $\Sigma \vdash_c A.$

(iv) $A \vdash_c \neg\neg A.$

(v) $A \rightarrow B \vdash_c \neg B \rightarrow \neg A.$

(vi) $A \rightarrow B \vdash_c \neg\neg A \rightarrow \neg\neg B.$

(vii) 如果 $A \vdash_c B$,则 $\neg B \vdash_c \neg A.$

(viii) 如果 $A \vdash_c B$,则 $\neg\neg A \vdash_c \neg\neg B.$

(ix) $\varnothing \vdash_c \neg(A \wedge \neg A).$

(x) $\varnothing \vdash_c \neg\neg(A \vee \neg A).$

(xi) $\varnothing \vdash_c \neg\neg(\neg\neg A \rightarrow A).$

(xii) $\neg(A \vee B) \vdash\!\vdash_c \neg A \wedge \neg B.$

(xiii) $A \vee B \vdash_c \neg(\neg A \wedge \neg B).$

(xiv) $\neg A \vee \neg B \vdash_c \neg(A \wedge B).$

(xv) $A \wedge B \vdash_c \neg(\neg A \vee \neg B).$

(xvi) $A \vee B \vdash_c \neg A \rightarrow B.$

(xvii) $\neg A \vee B \vdash_c A \rightarrow B.$

(xviii) $\neg(A \wedge B) \vdash_c A \rightarrow \neg B.$

(xix) $A \wedge B \vdash_c \neg(A \rightarrow \neg B).$

(xx) $A \rightarrow B \vdash_c \neg(A \wedge \neg B).$

(xxi) $A \wedge \neg B \vdash_c \neg(A \rightarrow B).$

(xxii) $\neg\exists xA(x) \dashv\vdash_c \forall x\neg A(x).$

(xxiii) $\exists xA(x) \vdash_c \neg\forall x\neg A(x).$

(xxiv) $\forall xA(x) \vdash_c \neg\exists x\neg A(x).$

(xxv) $\exists x\neg A(x) \vdash_c \neg\forall xA(x).$

定理 7.2.1 中的(i)和(iii)仍分别记作(∈)和(Tr),(ii)及其证明都和定理 2.6.2 中相同,定理 7.2.1 的证明留给读者.

我们指出,经典逻辑中的下列形式可推演性模式在构造性逻辑中是不成立的:

$$\neg A\to B \vdash \neg B\to A.$$

$$\neg A\to\neg B \vdash B\to A.$$

$$\varnothing \vdash A\vee\neg A.$$

$$\neg(\neg A\wedge\neg B) \vdash A\vee B.$$

$$\neg(\neg A\vee\neg B) \vdash A\wedge B.$$

$$\neg(A\wedge B) \vdash \neg A\vee\neg B.$$

$$\neg A\to B \vdash A\vee B.$$

$$A\to B \vdash \neg A\vee B.$$

$$\neg(A\to\neg B) \vdash A\wedge B.$$

$$\neg(A\wedge\neg B) \vdash A\to B.$$

$$\neg(A\to B) \vdash A\wedge\neg B.$$

$$\neg\forall x\neg A(x) \vdash \exists xA(x).$$

$$\neg\exists x\neg A(x) \vdash \forall xA(x).$$

$$\neg\forall xA(x) \vdash \exists x\neg A(x).$$

关于这个事实的证明,请参考 4.6 节中的独立性概念.

像在经典逻辑中一样,我们用 $\Sigma \not\vdash_c A$ 表示 $\Sigma \vdash_c$ 不成立.

称 A 和 B 为**C 语法等值公式**或简称为**C 等值公式**,当且仅当 $A \dashv\vdash_c B$. $A \dashv\vdash_c B$ 表示 $A \vdash_c B$ 并且 $B \vdash_c A$.

定理 7.2.2(等值公式替换) 设 $B \dashv\vdash_c C$ 并且在 A 中把 B 的某些(不一定全部)出现替换为 C 而得到 A′,则 $A \dashv\vdash_c A'$. □

虽然

$$\Sigma \vdash A \Rightarrow \Sigma \vdash_c A$$

并不成立,但经典逻辑中的 $\Sigma \vdash A$ 可以通过某种方法翻译到构造性逻辑之中.这将在定理 7.2.4 和定理 7.2.8 中陈述.

引理 7.2.3

(i) $\neg\neg\neg A \dashv\vdash_c \neg A$.

(ii) $\neg\neg(A\wedge B) \dashv\vdash_c \neg\neg A\wedge\neg\neg B$.

(iii) $\neg\neg(A\rightarrow B) \dashv\vdash_c \neg\neg A\rightarrow\neg\neg B$.

(iv) $\neg\neg(A\leftrightarrow B) \dashv\vdash_c \neg\neg A\leftrightarrow\neg\neg B$.

(v) $\neg\neg\forall xA(x) \vdash_c \forall x\neg\neg A(x)$.

证 我们选证(ii)和(v).其余的留给读者.

证(ii)

(1) $A\wedge B \vdash A,B$.

(2) $\neg\neg(A\wedge B) \vdash \neg\neg A,\neg\neg B$(由定理 7.2.1(viii),(1)).

(3) $\neg\neg(A\wedge B) \vdash \neg\neg A\wedge\neg\neg B$.

(4) $A,B \vdash A\wedge B$.

(5) $\neg\neg A\wedge\neg\neg B,\neg(A\wedge B),A,B \vdash A\wedge B$.

(6) $\neg\neg A\wedge\neg\neg B,\neg(A\wedge B),A,B \vdash \neg(A\wedge B)$.

(7) $\neg\neg A\wedge\neg\neg B,\neg(A\wedge B),A \vdash \neg B$(由(5),(6)).

(8) $\neg\neg A\wedge\neg\neg B,\neg(A\wedge B),A \vdash \neg\neg B$.

(9) $\neg\neg A\wedge\neg\neg B,\neg(A\wedge B) \vdash \neg A$(由(7),(8)).

(10) $\neg\neg A\wedge\neg\neg B,\neg(A\wedge B) \vdash \neg\neg A$.

(11) $\neg\neg A\wedge\neg\neg B \vdash \neg\neg(A\wedge B)$(由(9),(10)).

(12) $\neg\neg(A\wedge B) \dashv\vdash \neg\neg A\wedge\neg\neg B$(由(3),(11)).

证(v)

(1) $\exists x\neg A(x) \vdash \neg\forall xA(x)$ （由定理 7.2.1(xxv)）.

(2) $\neg\neg\forall xA(x) \vdash \neg\exists x\neg A(x)$ （由定理 7.2.1(v),(1)）.

(3) $\neg\exists x\neg A(x) \vdash \forall x\neg\neg A(x)$（由定理 7.2.1(xxii)）.

(4) $\neg\neg\forall xA(x) \vdash \forall x\neg\neg A(x)$ （由(2),(3)）.   □

令 $\neg\Sigma = \{\neg A \mid A\in\Sigma\}$.

定理 7.2.4(Glivenko)　对于命题逻辑, $\Sigma \vdash A$ 当且仅当 $\neg\neg\Sigma \vdash_c \neg\neg A$.

证 我们显然有：

$$如果\neg\neg\Sigma\vdash_c\neg\neg A,则\Sigma\vdash A.$$

它的逆命题用归纳法证明，对 $\Sigma\vdash A$ 的结构作归纳. 根据经典命题逻辑的形式推演规则，要区分十一种情形.

对于（Ref）和（＋）两种情形，逆命题显然成立. 下面选证（$\neg$ －）的情形. 其余的留给读者.

对于（$\neg$ －）的情形，我们要证

如果 $\neg\neg\Sigma,\neg\neg\neg A\vdash_c\neg\neg B$,

$\qquad\neg\neg\Sigma,\neg\neg\neg A\vdash_c\neg\neg\neg B$,

则 $\neg\neg\Sigma\vdash_c\neg\neg A$.

证明如下：

(1) $\neg\neg\Sigma,\neg\neg\neg A\vdash\neg\neg B$(由假设).

(2) $\neg A\vdash\neg\neg\neg A$(由定理 7.2.1(iv)).

(3) $\neg\neg\Sigma,\neg A\vdash\neg\neg\neg A$.

(4) $\neg\neg\Sigma,\neg A\vdash\neg\neg\Sigma$.

(5) $\neg\neg\Sigma,\neg A\vdash\neg\neg B$(由(4),(3),(1)).

(6) $\neg\neg\Sigma,\neg A\vdash\neg\neg\neg B$(与(5)类似).

(7) $\neg\neg\Sigma\vdash\neg\neg A$(由($\neg$ ＋),(5),(6)). $\qquad\Box$

对于一阶逻辑，公式 A 将被翻译为 A°，称为 A 的 Gödel 翻译.

令 $\qquad\qquad\Sigma^\circ=\{A^\circ\mid A\in\Sigma\}$.

定义 7.2.5(Gödel 翻译) $\mathscr{L}$ 中公式的 **Gödel 翻译** 递归地定义如下：

(i) 对于原子公式 A, $A^\circ=\neg\neg A$.

(ii) $(\neg A)^\circ=\neg A^\circ$.

(iii) $(A\wedge B)^\circ=A^\circ\wedge B^\circ$.

(iv) $(A\vee B)^\circ=\neg(\neg A^\circ\wedge\neg B^\circ)$.

(v) $(A\to B)^\circ=A^\circ\to B^\circ$.

(vi) $(A\leftrightarrow B)^\circ=A^\circ\leftrightarrow B^\circ$.

(vii) $(\forall x A(x))^\circ=\forall x(A(x))^\circ$.

(viii) $(\exists x A(x))^\circ=\neg\forall x\neg(A(x))^\circ$.

引理 7.2.6 A ⊢⊣ A°. □

引理 7.2.7 A° ⊢⊣$_c$ ¬¬A°.

证 由定理 7.2.1(iv),可得 A° ⊢$_c$ ¬¬A°. ¬¬A° ⊢A°用归纳法(对 A 的结构作归纳)证明. □

定理 7.2.8 Σ ⊢A 当且仅当 Σ° ⊢$_c$A°.

证 我们先证

(1) $$Σ° ⊢_cA° ⇒ Σ ⊢A.$$

由 Σ° ⊢$_c$A°可得 Σ° ⊢A°. 由定理 2.6.2,有 B°$_1$,…,B°$_k$∈Σ°,使得

$$B°_1,…,B°_k ⊢A°.$$

由引理 7.2.6,可得

$$B_1 ⊢⊣ B°_1,$$
$$…$$
$$B_k ⊢⊣ B°_k,$$
$$A ⊢⊣ A°.$$

于是得到 B$_1$,…,B$_k$ ⊢A,因此有 Σ ⊢A.这就证明了(1).

逆命题

$$Σ ⊢A ⇒ Σ° ⊢_cA°$$

用归纳法证明,对 Σ ⊢A 的结构作归纳.根据经典逻辑的形式推演规则,要区分十七种情形.下面选证(∨−),(∃−)和(≡−)的情形,其余的留给读者.

(∨−)的情形.我们要证明:

$$如果 Σ°,A° ⊢_cC°$$
$$Σ°,B° ⊢_cC°,$$
$$则 Σ°,(A∨B)° ⊢_cC°,$$
$$(即 Σ°,¬(¬A°∨¬B°) ⊢_cC°).$$

证明如下:

(1) Σ°,A° ⊢C°
    Σ°,B° ⊢C° (由假设).

(2) $\Sigma^{\circ}, \neg C^{\circ} \vdash \neg A^{\circ} \wedge \neg B^{\circ}$ （由(1)）.

(3) $\Sigma^{\circ}, \neg (\neg A^{\circ} \wedge \neg B^{\circ}) \vdash \neg \neg C^{\circ}$ （由(2)）.

(4) $\neg \neg C^{\circ} \vdash C^{\circ}$ （由引理 7.2.7）.

(5) $\Sigma^{\circ}, \neg (\neg A^{\circ} \wedge \neg B^{\circ}) \vdash C^{\circ}$ （由(3),(4)）.

（∃−）的情形. 我们要证明（把$(A(u))^{\circ}$写作 $A^{\circ}(u)$）：

如果 $\Sigma^{\circ}, A^{\circ}(u) \vdash_c B^{\circ}, u$ 不在 Σ 和 B° 中出现,

则 $\Sigma^{\circ}, (\exists x A(x))^{\circ} \vdash_c B^{\circ}$

　　（即 $\Sigma^{\circ}, \neg \forall x \neg A^{\circ}(x) \vdash_c B^{\circ}$）.

证明如下：

(1) $\Sigma^{\circ}, A^{\circ}(u) \vdash B^{\circ}$ （由假设）.

(2) $\Sigma^{\circ}, \neg B^{\circ} \vdash \neg A^{\circ}(u)$ （由(1)）.

(3) $\Sigma^{\circ}, \neg B^{\circ} \vdash \forall x \neg A^{\circ}(x)$.

(4) $\Sigma^{\circ}, \neg \forall x \neg A^{\circ}(x) \vdash \neg \neg B^{\circ}$ （由(3)）.

(5) $\neg \neg B^{\circ} \vdash B^{\circ}$ （由引理 7.2.7）.

(6) $\Sigma^{\circ}, \neg \forall x \neg A^{\circ}(x) \vdash B^{\circ}$ （由(4),(5)）.

（≡−）的情形. 我们要证明：

$$如果 \Sigma^{\circ} \vdash_c A^{\circ}(t_1),$$
$$\Sigma^{\circ} \vdash_c (t_1 \equiv t_2)^{\circ}$$
$$（即 \Sigma^{\circ} \vdash_c \neg \neg (t_1 \equiv t_2)）,$$
$$则 \Sigma^{\circ} \vdash_c A^{\circ}(t_2).$$

它可以归纳为证明

(∗) 　　　　　$A^{\circ}(t_1), \neg \neg (t_1 \equiv t_2) \vdash_c A^{\circ}(t_2)$,

因为它能由(∗)和(Tr)得到.

　　(∗)和下面的

(∗∗) 　　　　　$A^{\circ}(t_2), \neg \neg (t_1 \equiv t_2) \vdash_c A^{\circ}(t_1)$

是等价的. 由(∗)得到(∗∗)的证明如下：

(1) $A^{\circ}(t_2), \neg \neg (t_2 \equiv t_1) \vdash A^{\circ}(t_1)$ （由(∗)）.

(2) $t_1 \equiv t_2 \vdash t_2 \equiv t_1$.

(3) $\neg \neg (t_1 \equiv t_2) \vdash \neg \neg (t_2 \equiv t_1)$ （由定理 7.2.1(viii),
　　(2)）.

(4) $A°(t_2), \neg\neg(t_1 \equiv t_2) \vdash A°(t_2)$

(5) $A°(t_2), \neg\neg(t_1 \equiv t_2) \vdash \neg\neg(t_2 \equiv t_1)$ （由(3)）.

(6) $A°(t_2), \neg\neg(t_1 \equiv t_2) \vdash A°(t_1)$ （由(4),(5),(1)）.

类似地可以由($**$)证明($*$).于是我们将同时证明($*$)和($**$),证明(对 $A(t_1)$ 的结构作归纳)留给读者. □

习 题

7.2.1 证明在定理 7.2.8 的证明中的($\equiv-$)情形中陈述的($*$)(和($**$)同时证明).

7.2.2 对于命题逻辑,证明$\neg \Sigma \vdash \neg A$当且仅当$\neg \Sigma \vdash_c \neg A$.

7.2.3 对于命题逻辑中的公式 A,令 A' 定义如下:

(i) 对于原子公式 $A, A' = \neg\neg A$.

(ii) $(\neg A)' = \neg A'$.

(iii) $(A \wedge B)' = A' \wedge B'$.

(iv) $(A \vee B)' = A' \vee B'$.

(v) $(A \to B)' = A' \to B'$.

(vi) $(A \leftrightarrow B)' = A' \leftrightarrow B'$.

令 $\Sigma' = \{A' | A \in \Sigma\}$.证明

(1) $\neg\neg A \vdash_c A'$,其中的 A 不含 $\vee$.

(2) $\Sigma \vdash A$ 当且仅当 $\Sigma' \vdash_c A'$,其中的 Σ 和 A 不含 $\vee$.

7.3 语 义

在本节中要介绍 Kripke 建立的构造性解释,这个解释相当简单,已经被广泛采用.Kripke 根据这个解释证明了构造性逻辑的完备性定理.

我们先处理构造性命题逻辑的解释.在给出定义之前,先要作一些直观说明.

按照经典逻辑的观点,命题取真和假中之一为值.经典命题逻辑的赋值给原子公式指派真或假,因此称为真假赋值.在构造性命题逻辑中,给公式赋值的结果仍然是真或假,我们仍以 1 和 0 分别表示真和假.但是,我们随后就能看到,在构造性意义下的真和假与经典意义下的真和假不同.因此,对 $\mathscr{L}^p$ 的构造性赋值不称为真假赋值.

经典命题逻辑和构造性命题逻辑的赋值有两点不同.第一,在经典逻辑中,每个赋值确定公式的值;但在构造性逻辑中,确定公式的值的不是单独一个赋值,而是一组赋值,其中的某些赋值被看作处在时间的顺序之中.第二,设 A 是公式,v 是赋值,经典命题逻辑中的 $A^v = 1$ 是说 v 给 A 指派真值,$A^v = 0$ 是说 v 给 A 指派假值;但在构造性的意义下,情况与此不同.现在,$A^v = 1$ 的涵义是,v 已经给 A 指派了真值,因此(我们假设)所有在时间顺序中出现在 v 后面的赋值将都给 A 指派真值.$A^v = 0$ 的涵义是,v 尚未给 A 指派真值(并非 v 已经给 A 指派了假值),而可能有某个在时间顺序中出现在 v 后面的赋值将给 A 指派真值.我们用例子来说明上面的想法.

设 $v_1, \cdots, v_5$ 是五个赋值;p,q,r 是原子公式(见下图).

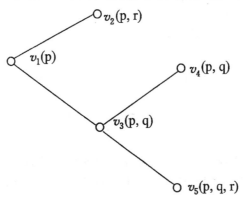

我们把某个原子公式和赋值 v 写在一起,表示 v 给这个原子公式指派了 1.我们不把它和 v 写在一起,表示 v 给它指派了 0.例如,由图中所表示,$p^{v_1} = 1, q^{v_1} = 0, r^{v_1} = 0$.图中表示,在时间顺序中,$v_1$ 先于 v_2 和 v_3,v_3 先于 v_4 和 v_5.v_2 和 v_3,v_4,v_5 不在时间的顺序中,v_4 和 v_5 也不在时间的顺序中.我们可以由 v_1 进行

到 v_2 或 v_3. 它们是不同的,因为 $q^{v_2}=0, r^{v_2}=1, q^{v_3}=1, r^{v_3}=0$. 由 v_3 可以进行到 v_4 或 v_5. v_4 和 v_3 好像相同,实际上是不同的. 当在 v_3 时,我们可能进行到 v_5 而得到 $r^{v_5}=1$. 但是,如果在 v_4,将不可能使 1 指派给 r.

现在我们来定义对 $\mathscr{L}^p$ 的构造性赋值和在构造性赋值之下的公式的值.

定义 7.3.1(对 $\mathscr{L}^p$ 的构造性赋值) 设 K 是一个集,R 是 K 上的自反和传递的二元关系.称每个 $v \in K$ 为**对 $\mathscr{L}^p$ 的构造性赋值**,v 是以所有命题符号的集为定义域,以 $\{1,0\}$ 为值域的函数,并且满足下述条件:对于任何命题符号 p 和任何 $v' \in K$,如果 $p^v=1$ 并且 vRv',则 $p^{v'}=1$.

在本章中,K 总是赋值的集,R 总是 K 上的自反和传递的二元关系.

定义 7.3.2(公式的值) 设给定 K 和 R.在 K 中的对 $\mathscr{L}^p$ 的构造性赋值 v 之下公式的值递归地定义如下:

(i) $p^v \in \{1,0\}$.

(ii) $(A \wedge B)^v = \begin{cases} 1, & \text{如果 } A^v=B^v=1, \\ 0, & \text{否则}. \end{cases}$

(iii) $(A \vee B)^v = \begin{cases} 1, & \text{如果 } A^v=1 \text{ 或 } B^v=1, \\ 0, & \text{否则}. \end{cases}$

(iv) $(A \to B)^v = \begin{cases} 1, & \text{如果对于任何使得 } vRv' \\ & \text{的 } v' \in K, A^{v'}=1 \text{ 蕴涵 } B^{v'}=1, \\ 0, & \text{否则}. \end{cases}$

(v) $(A \leftrightarrow B)^v = \begin{cases} 1, & \text{如果对于任何使得 } vRv' \\ & \text{的 } v' \in K, A^{v'}=B^{v'}, \\ 0, & \text{否则}. \end{cases}$

(vi) $(\neg A)^v = \begin{cases} 1, & \text{如果对于任何使得 } vRv' \\ & \text{的 } v' \in K, A^{v'}=0, \\ 0, & \text{否则}. \end{cases}$

附注 定义 7.3.2 是不符合构造性的要求的,因为在(iv)~

(vi)中使用了排中律.例如在(vi)中,使用了:对于任何 $v' \in K$,$A^{v'} = 0$,或者并非如此.

在后面的定义 7.3.6 以及可靠性和完备性定理的证明也不是构造性的.

下面我们转向定义对 $\mathscr{L}$ 的构造性赋值以及在构造性赋值之下项和公式的值.

定义 7.3.3(对 $\mathscr{L}$ 的构造性赋值) 设给定 K 和 R.称每个 $v \in K$ 为**对 $\mathscr{L}$ 的构造性赋值**,v 包括一个它所特有的论域 $D(v)$ 和一个以所有个体符号,关系符号,函数符号和自由变元符号的集为定义域的函数,记作 v,使得对于任何个体符号 a,n 元关系符号 F,相等符号 $\equiv$,m 元函数符号 f,和自由变元符号 u,v 满足下面的 (i) ~ (iv):

(i)如果 $v, v' \in K$ 并且 vRv',则 $D(v) \subseteq D(v')$.

(ii)$a^v, u^v \in D(v)$.如果 $v, v' \in K$ 并且 vRv',则 $a^v = a^{v'}$,$u^v = u^{v'}$.

(iii)$F^v \subseteq D(v)^n$.如果 $v, v' \in K$ 并且 vRv',则 $F^v \subseteq F^{v'}$.

   $\equiv^v = \{\langle x, x \rangle \mid x \in D(v)\} \subseteq D(v)^2$.如果 $v, v' \in K$ 并且 vRv',显然有 $\equiv^v \subseteq \equiv^{v'}$.

(iv)$f^v : D(v)^m \to D(v)$.如果 $v, v' \in K$ 并且 vRv',则 $f^v = f^{v'} \mid D(v)$.

定义 7.3.4(项的值) 设给定 K 和 R.在 K 中的对 $\mathscr{L}$ 的构造性赋值 v 之下项的值递归地定义如下:

(i) $a^v, u^v \in D(v)$.

(ii) $f(t_1, \cdots, t_m)^v = f^v(t_1^v, \cdots, t_m^v)$.

定理 7.3.5 设给定 K 和 R.

(i) 如果 $v \in K$,$t \in \mathrm{Term}(\mathscr{L})$,则 $t^v \in D(v)$.

(ii) 如果 $v, v' \in K$ 并且 vRv',则 $t^v = t^{v'}$. □

定义 7.3.6(公式的值) 设给定 K 和 R.在 K 中的对 $\mathscr{L}$ 的构造性赋值 v 之下公式的值递归地定义如下:

(i) $F(t_1, \cdots, t_n)^v = \begin{cases} 1, & \text{如果}\langle t_1^v, \cdots, t_n^v \rangle \in F^v, \\ 0, & \text{否则.} \end{cases}$

$\quad (t_1 \equiv t_2)^v = \begin{cases} 1, & \text{如果 } t_1^v = t_2^v, \\ 0, & \text{否则.} \end{cases}$

(ii)~(vi) 与定义 7.3.2 中相同.

(vii) $\exists xA(x)^v = \begin{cases} 1, & \text{如果,由 } A(x) \text{ 构作 } A(u), \\ & \text{取 } u \text{ 不在 } A(x) \text{ 中出现,存在} \\ & a \in D(v), \text{使得 } A(u)^{v(u/a)} = 1, \\ 0, & \text{否则.} \end{cases}$

(viii) $\forall xA(x)^v = \begin{cases} 1, & \text{如果,由 } A(x) \text{ 构作 } A(u), \\ & \text{取 } u \text{ 不在 } A(x) \text{ 中出现,对于} \\ & \text{任何使得 } vRv' \text{ 成立的 } v' \in K \text{ 和} \\ & \text{任何 } a \in D(v'), A(u)^{v'(u/a)} = 1, \\ 0, & \text{否则.} \end{cases}$

设 v 是对 $\mathscr{L}$ 的构造性赋值. 如果 $A \notin \text{Form}(\mathscr{L})$(这是说,A 含不在 $\mathscr{L}$ 中的个体符号,关系符号,函数符号,或自由变元符号),则称 A^v 为**无定义的**.

定理 7.3.7 设给定 K 和 R.

(i)如果 $v \in K$,$A \in \text{Form}(\mathscr{L}^p) \bigcup \text{Form}(\mathscr{L})$,则 $A^v \in \{1,0\}$.

(ii)如果 $v, v' \in K$ 并且 vRv',则 $A^v = 1$ 蕴涵 $A^{v'} = 1$. $\qquad\square$

附注

(1) 定理 7.3.7 的证明是对 A 的结构作归纳. 在 A 是 $\forall xB(x)$ 或 $\exists xB(x)$ 的情形,将要用到由赋值 v 和 v' 构作的 $v(u/a)$ 和 $v'(u/a)$,它们是不在 K 中的. 这时我们可以考虑把 K 扩充,使之包括它们.

(2) 由于 $v(u/a)$ 和 $v'(u/a)$ 只在给 u 赋值时才可能分别与 v 和 v' 不同,并且

$$u^{v(u/a)} = a = u^{v'(u/a)},$$

故由 vRv' 可得 $v(u/a)Rv'(u/a)$.

定义 7.3.8（C 可满足性,C 有效性,C 逻辑推论） 设

$\Sigma \subseteq \mathrm{Form}(\mathscr{L}), A \in \mathrm{Form}(\mathscr{L})$.

Σ **是 C 可满足的**(即在构造性的意义下可满足的),当且仅当有 K, R 和 $v \in K$,使得 $\Sigma^v = 1$.

A **是 C 有效的**(即在构造性的意义下有效的),当且仅当对于任何 K, R 和 $v \in K, A^v = 1$.

A **是 Σ 的 C 逻辑推论**,记作 $\Sigma \models_c A$(即在构造性的意义下 A 是 Σ 的逻辑推论),当且仅当对于任何 K, R 和 $v \in K, \Sigma^v = 1$ 蕴涵 $A^v = 1$.

$\Sigma \not\models_c A$ 表示 $\Sigma \models_c$ 不成立.

定义 7.3.8 当然也适用于 $\mathscr{L}^p$ 的公式集和公式.

称 A 和 B 为 **C 逻辑等值公式**或简称为 **C 等值公式**,当且仅当 $A \dashv\vdash_c B$. $A \dashv\vdash_c B$ 表示 $A \models_c B$ 并且 $B \models_c A$.

定理 7.3.9(等值公式替换) 设 $B \dashv\vdash_c C$ 并且在 A 中把 B 的某些(不一定全部)出现替换为 C 而得到 A′,则 $A \dashv\vdash_c A'$. □

7.4 可 靠 性

定理 7.4.1(可靠性) 设 $\Sigma \subseteq \mathrm{Form}(\mathscr{L}), A \in \mathrm{Form}(\mathscr{L})$.

(i) 如果 $\Sigma \vdash_c A$,则 $\Sigma \models_c A$.

(ii) 如果 A 是 C 可证明的,则 A 是 C 有效的.

(iii) 如果 Σ 是 C 可满足的,则 Σ 是 C 协调的.

证 (i)的证明用归纳法,对 $\Sigma \vdash_c A$ 的结构作归纳. 构造性一阶逻辑有 18 条形式推演规则. 下面对 $(\rightarrow +)$, $(\neg +)$ 和 $(\forall +)$ 三种情形证明(i),其余的留给读者.

$(\rightarrow +)$ 的情形. 我们要证明

$$\text{如果 } \Sigma, A \models_c B,$$

$$\text{则 } \Sigma \models_c A \rightarrow B.$$

设 $\Sigma \not\models_c A \rightarrow B$,即存在 K 和 R(见定义 7.3.1)以及 $v \in K$,使得 $\Sigma^v = 1$ 并且 $(A \rightarrow B)^v = 0$. 因此,由定义 7.3.2,有 $v' \in K$,使得

vRv' 并且 $A^{v'} = 1, B^{v'} = 0$. 因为 vRv', 故由 $\Sigma^v = 1$ 可得 $\Sigma^{v'} = 1$. 根据假设的 $\Sigma, A \models_c B$, 由 $\Sigma^{v'} = 1$ 和 $A^{v'} = 1$ 得到 $B^{v'} = 1$, 产生矛盾. 因此 $\Sigma \models_c A \to B$.

($\neg +$) 的情形. 我们要证明:

$$如果 \Sigma, A \models_c B,$$

$$\Sigma, A \models_c \neg B,$$

$$则 \Sigma \models_c \neg A.$$

设 $\Sigma \not\models_c \neg A$, 即存在 K, R 和 $v \in K$, 使得 $\Sigma^v = 1$ 并且 $(\neg A)^v = 0$. 因此, 由定义 7.3.2, 有 $v' \in K$ 使得 vRv' 并且 $A^{v'} = 1$. 因为 vRv', 故由 $\Sigma^v = 1$ 可得 $\Sigma^{v'} = 1$. 根据假设, 由 $\Sigma^{v'} = 1$ 和 $A^{v'} = 1$ 得到 $B^{v'} = 1$ 和 $(\neg B)^{v'} = 1$, 产生矛盾. 因此 $\Sigma \models_c \neg A$.

($\forall +$) 的情形. 我们要证明:

$$如果 \Sigma \models_c A(u), u 不在 \Sigma 中出现,$$

$$则 \Sigma \models_c \forall x A(x).$$

设给定任何 K, R 和 $v \in K$. 又设 $\Sigma^v = 1, v'$ 是 K 中任何使得 vRv' 的赋值, 并且 a 是 $D(v')$ 中的任何个体. 于是 $\Sigma^{v'} = 1$. 因为 u 不在 Σ 中出现, 我们有

$$\Sigma^{v'/(u/a)} = \Sigma^{v'} = 1.$$

于是得到 $A(u)^{v'(u/a)} = 1$. 由于 a 是 $D(v')$ 中的任何个体, 故 $\forall x A(x)^v = 1$. 因此 $\Sigma \models_c \forall x A(x)$. 这样证明了 (i).

由 (i) 显然有 (ii) 和 (iii). $\square$

现在我们能够证明, 排中律在构造性逻辑中是不成立的, 即 $A \vee \neg A$ 不是 C 可证明的.

设 $p \vee \neg p$(p 是命题符号) 是 C 可证明的. 由可靠性定理, 它是 C-有效的.

令 $K = \{v, v'\}, R$ 是 K 上的自反和传递的二元关系, 使得 vRv, vRv' 并且 $v'Rv'$. 此外, 令 $p^v = 0$ 并且 $p^{v'} = 1$. 由 vRv' 和 $p^{v'} = 1$ 得到 $(\neg p)^v = 0$. 因此 $(p \vee \neg p)^v = 0$, 与 $p \vee \neg p$ 的 C 有效性矛盾. 故 $p \vee \neg p$ 不是 C 可证明的.

7.5 完 备 性

为了陈述的简单,我们省略 $\mathscr{L}$ 中的相等符号. 含相等符号的构造性一阶逻辑的完备性定理能够借助于不含相等符号的系统的完备性定理来建立,这和第四章中处理经典逻辑完备性定理的情形是类似的.

定义 7.5.1(强协调性) $\Sigma \subseteq \text{Form}(\mathscr{L})$ 是**强协调的**,当且仅当 Σ 满足下列条件(i)~(iv):

(i) Σ 是 C 协调的.

(ii) 对于任何 $A \in \text{Form}(\mathscr{L})$,$\Sigma \vdash_c A$ 蕴涵 $A \in \Sigma$.

(iii) 对于任何 $A, B \in \text{Form}(\mathscr{L})$,$A \vee B \in \Sigma$ 蕴涵 $A \in \Sigma$ 或 $B \in \Sigma$.

(iv) 对于任何 $\exists x A(x) \in \text{Form}(\mathscr{L})$,$\exists x A(x) \in \Sigma$ 蕴涵有 $t \in \text{Term}(\mathscr{L})$,使得 $A(t) \in \Sigma$.

在上述定义中,(ii)是 Σ 封闭于 C 形式可推演性,(iv)是存在性质(见定义 4.5.1),(iii)称为**析取性质**.

注意,强协调性和极大协调性是不同的概念.

引理 7.5.2 设 $\mathscr{L}' = \mathscr{L} \cup \mathscr{D}$,$\mathscr{D}$ 是不在 $\mathscr{L}$ 中的新自由变元符号的可数无限集. 设 $\Sigma \subseteq \text{Form}(\mathscr{L})$,$A \in \text{Form}(\mathscr{L})$,并且 $\Sigma \nvdash_c A$. 于是 Σ 可以扩充为 $\Sigma' \subseteq \text{Form}(\mathscr{L}')$,使得 Σ' 是强协调集,并且 $\Sigma' \nvdash_c A$. ($\text{Form}(\mathscr{L}')$ 是 $\mathscr{L}'$ 的公式集.)

证 $\text{Form}(\mathscr{L}')$ 是可数的. 令

$$(1) \qquad\qquad B_0, B_1, B_2, \cdots$$

是 $\text{Form}(\mathscr{L}')$ 中公式的任何一个排列.

定义 $\Sigma_n \subseteq \text{Form}(\mathscr{L}')$ 的无限序列如下 ($n \geqslant 0$).

令 $\Sigma_0 = \Sigma$. 为了由 Σ_n 定义 Σ_{n+1},我们区分以下四种情形:

(i) 如果 $\Sigma_n, B_n \vdash_c A$,令 $\Sigma_{n+1} = \Sigma_n$.

(ii) 如果 $\Sigma_n, B_n \nvdash_c A$,并且 B_n 不是析取式也不是存在公式,令 $\Sigma_{n+1} = \Sigma_n, B_n$.

(iii) 如果 $\Sigma_n, B_n \not\vdash_c A$,并且 B_n 是析取式 $C_1 \vee C_2$,则 $\Sigma_n, B_n,$ $C_1 \not\vdash_c A$ 或 $\Sigma_n, B_n, C_2 \not\vdash_c A$. 令

$$\Sigma_{n+1} = \begin{cases} \Sigma_n, B_n, C_1 & \text{如果 } \Sigma_n, B_n, C_1 \not\vdash_c A, \\ \Sigma_n, B_n, C_2 & \text{如果 } \Sigma_n, B_n, C_2 \not\vdash_c A. \end{cases}$$

(iv) 如果 $\Sigma_n, B_n \not\vdash_c A$,并且 B_n 是存在公式 $\exists x C(x)$,则因为只有有限多个 $\mathscr{D}$ 中的元在 Σ_n, B_n 中出现,我们能找到 $d \in \mathscr{D}$,使得 d 不在 Σ_n, B_n 中出现(d 当然不在 A 中出现),并且 $\Sigma_n, B_n, C(d) \not\vdash_c A$. 令 $\Sigma_{n+1} = \Sigma_n, B_n, C(d)$.

显然,我们有 $\Sigma_n \subseteq \Sigma_{n+1}(n \geqslant 0)$ 和

(2) $$\Sigma_n \not\vdash_c A(n \geqslant 0).$$

令 $\Sigma' = \bigcup\limits_{n \in N} \Sigma_n$. 于是 $\Sigma \subseteq \Sigma' \subseteq \mathrm{Form}(\mathscr{L}')$. 我们要证明

(3) $$\Sigma' \not\vdash_c A$$

和 Σ' 的强协调性.

设 $\Sigma' \vdash_c A$. 于是有 $A_1, \cdots, A_k \in \Sigma'$,使得 $A_1, \cdots, A_k \vdash_c A$. 令 $A_1 \in \Sigma_{i_1}, \cdots, A_k \in \Sigma_{i_k}$,并且 $i = \max(i_1, \cdots, i_k)$. 则 $A_1, \cdots, A_k \in \Sigma_i$,因而 $\Sigma_i \vdash_c A$,这与(2)矛盾. 因此有(3). 这样,Σ' 是 C 协调的. 它满足定义 7.5.1 中的条件(i).

设 $C \in \mathrm{Form}(\mathscr{L}')$ 并且 $\Sigma' \vdash_c C$. 我们有

(4) $$\Sigma', C \not\vdash_c A.$$

(如果 $\Sigma', C \vdash_c A$,则 $\Sigma' \vdash_c C \to A$,因此有 $\Sigma' \vdash_c A$,这与(3)矛盾.) 设 C 是排列(1)中的 B_m,则有 $\Sigma_m, B_m \not\vdash_c A$. (如果 $\Sigma_m, B_m \vdash_c A$,则由于 $\Sigma_m \subseteq \Sigma'$,故有 $\Sigma', C \vdash_c A$. 这与(4)矛盾.) 由(ii)~(iv)可得 $B_m \in \Sigma_{m+1}$,因此有 $C \in \Sigma'$. 于是 Σ' 满足定义 7.5.1 中的(ii).

设 $C_1 \vee C_2 \in \Sigma'$ 并且 $C_1 \vee C_2$ 是(1)中的 B_m. 于是 $\Sigma_m, C_1 \vee C_2 \not\vdash_c A$. (如果 $\Sigma_m, C_1 \vee C_2 \vdash_c A$ 则 $\Sigma', C_1 \vee C_2 \vdash_c A$,因此 $\Sigma' \vdash_c A$,这与(3)矛盾.) 由(iii)可得 $C_1 \in \Sigma_{m+1}$ 或 $C_2 \in \Sigma_{m+1}$. 因此 $C_1 \in \Sigma'$ 或 $C_2 \in \Sigma'$,从而 Σ' 满足定义 7.5.1 中的(iii).

设 $\exists x C(x) \in \Sigma'$ 并且 $\exists x C(x)$ 是(1)中的 B_m. 于是 $\Sigma_m, \exists x C(x) \not\vdash_c A$. (如果 $\Sigma_m, \exists x C(x) \vdash_c A$,则 $\Sigma', \exists x C(x) \vdash_c A$,因此 Σ'

$\vdash_c A$,这与(3)矛盾.)由(iv),有 $d \in \mathcal{D}$ 使得 $C(d) \in \Sigma_{m+1}$,从而 $C(d) \in \Sigma'$.因此 Σ' 满足定义 7.5.1 中的(iv).这样就证明了 Σ' 的强协调性. □

设 $\mathcal{D}_0, \mathcal{D}_1, \mathcal{D}_2, \cdots$ 是新自由变元符号的可数无限集,并且 $\mathcal{L}, \mathcal{D}_0, \mathcal{D}_1, \mathcal{D}_2, \cdots$ 是两两不相交的.令

$$\mathcal{L}_0 = \mathcal{L},$$

$$\mathcal{L}_{n+1} = \mathcal{L}_n \bigcup \mathcal{D}_n \ (n \geq 0),$$

$$\mathcal{D} = \bigcup_{n \in N} \mathcal{D}_n,$$

$$\mathcal{L}' = \mathcal{L} \bigcup \mathcal{D}.$$

于是 $\text{Term}(\mathcal{L}_n)$ 和 $\text{Term}(\mathcal{L}')$ 分别是 $\mathcal{L}_n$ 和 $\mathcal{L}'$ 的项的集;$\text{Form}(\mathcal{L}_n)$ 和 $\text{Form}(\mathcal{L}')$ 分别是 $\mathcal{L}_n$ 和 $\mathcal{L}'$ 的公式的集.

设 $\Sigma \subseteq \text{Form}(\mathcal{L})$,$A \in \text{Form}(\mathcal{L})$,并且 $\Sigma \not\vdash_c A$.令 $\Sigma_0 = \Sigma$.由引理 7.5.2,Σ_0 可以扩充为 $\Sigma_1 \subseteq \text{Form}(\mathcal{L}_1)$,使得 Σ_1 是强协调的并且 $\Sigma_1 \not\vdash_c A$.类似地,Σ_1 可以扩充为 $\Sigma_2 \subseteq \text{Form}(\mathcal{L}_2)$,使得 Σ_2 是强协调的并且 $\Sigma_2 \not\vdash_c A$,等等.这样,对于 $n \geq 1$,我们有 $\Sigma_n \subseteq \text{Form}(\mathcal{L}_n)$,使得 Σ_n 是强协调的,$\Sigma_n \not\vdash_c A$,并且 $\Sigma_n \subseteq \Sigma_{n+1}$.

对于 $\mathcal{L}_n (n \geq 0)$,我们定义赋值 v_n 如下.令

$$D(v_n) = \{t' \mid t \in \text{Term}(\mathcal{L}_n)\}$$

是 v_n 的论域.

对于任何个体符号 a,令 $a^{v_n} = a'$.

对于 $\mathcal{L}_n$ 中的任何自由变元符号 u,令 $u^{v_n} = u'$.

对于任何 k 元函数符号 f 和任何 $t_1', \cdots, t_k' \in D(v_n)$,令 $f^{v_n}(t_1', \cdots, t_k') = f(t_1, \cdots, t_k)'$.于是,对于任何 $t \in \text{Term}(\mathcal{L}_n)$,有 $t^{v_n} = t' \in D(v_n)$;并且对于任何 $s \geq n$,有 $t^{v_n} = t^{v_s}$.

对于任何 k 元关系符号 F 和任何 $t_1', \cdots, t_k' \in D(v_n)$,令 $\langle t_1', \cdots, t_k' \rangle \in F^{v_n}$ 当且仅当 $F(t_1, \cdots, t_k) \in \Sigma_n$.这就是,对于任何 $t_1, \cdots, t_k \in \text{Term}(\mathcal{L}_n)$,$F(t_1, \cdots, t_k)^{v_n} = 1$ 当且仅当 $F(t_1, \cdots, t_k) \in \Sigma_n$.

令 $K = \{v_0, v_1, v_2, \cdots\}$,$R$ 是 K 上的二元关系,使得 $v_i R v_j$ 当

且仅当 $i \leqslant j$. 于是 R 是自反和传递的. 设 $v_i R v_j$. 显然我们有
$$D(v_i) \subseteq D(v_j),$$
$$\mathrm{F}^{v_i} \subseteq \mathrm{F}^{v_j},$$
$$\mathrm{f}^{v_i} = \mathrm{f}^{v_j} \mid D(v_i).$$

因此 K（及其中的元）和 R 满足定义 6.3.3 中的条件.

上述约定在本节中都要使用.

下面的引理 7.5.3 相当于引理 4.4.3，引理 4.5.4 和引理 4.5.8.

引理 7.5.3 设 $\mathrm{A} \in \mathrm{Form}(\mathscr{L}')$. 对于 $n \geqslant 1$，$\mathrm{A}^{v_n} = 1$ 当且仅当 $\mathrm{A} \in \Sigma_n$.

证 对 A 的结构作归纳. 我们区分 A 的八种情形，从其中选择 $\mathrm{A} = \mathrm{B} \rightarrow \mathrm{C}, \neg \mathrm{B}, \exists x \mathrm{B}(x)$ 和 $\forall x \mathrm{B}(x)$ 四种情形作出详细证明，其余的留给读者.

$\mathrm{A} = \mathrm{B} \rightarrow \mathrm{C}$ 的情形. 下面先证

(1) $\qquad \mathrm{B} \rightarrow \mathrm{C} \in \Sigma_n \Rightarrow (\mathrm{B} \rightarrow \mathrm{C})^{v_n} = 1.$

设 $\mathrm{B} \rightarrow \mathrm{C} \in \Sigma_n$. 取任何 v_s 使得 $n \leqslant s$. 于是 $\Sigma_n \subseteq \Sigma_s$. 设 $\mathrm{B}^{v_s} = 1$. 我们依次可得

$$\mathrm{B} \rightarrow \mathrm{C} \in \Sigma_s,$$
$$\Sigma_s \vdash_c \mathrm{B} \rightarrow \mathrm{C},$$
$$\mathrm{B} \in \Sigma_s (\text{由 } \mathrm{B}^{v_s} = 1, \text{归纳假设}),$$
$$\Sigma_s \vdash_c \mathrm{B},$$
$$\Sigma_s \vdash_c \mathrm{C},$$
$$\mathrm{C} \in \Sigma_s (\text{由 } \Sigma_s \text{ 的强协调性}),$$
$$\mathrm{C}^{v_s} = 1 (\text{由归纳假设}).$$

因为 $v_n R v_s$，故由定义 7.3.2，得到 $(\mathrm{B} \rightarrow \mathrm{C})^{v_n} = 1$. 于是 (1) 得证.

现在证

(2) $\qquad (\mathrm{B} \rightarrow \mathrm{C})^{v_n} = 1 \Rightarrow \mathrm{B} \rightarrow \mathrm{C} \in \Sigma_n.$

设 $(\mathrm{B} \rightarrow \mathrm{C})^{v_n} = 1$，则 $(\mathrm{B} \rightarrow \mathrm{C})^{v_n}$ 不是无定义，因此 $\mathrm{B} \rightarrow \mathrm{C} \in \mathrm{Form}(\mathscr{L}_n)$. 设 $\mathrm{B} \rightarrow \mathrm{C} \notin \Sigma_n$. 可得

$$\Sigma_n \nvdash_c B{\to}C(由 \Sigma_n 的强协调性),$$

$$\Sigma_n,B \nvdash_c C.$$

由引理7.5.2，$\Sigma_n \cup \{B\}$能扩充为$\Sigma_{n+1} \subseteq \mathrm{Form}(\mathscr{L}_{n+1})$，使得$\Sigma_{n+1}$是强协调的，并且$\Sigma_{n+1} \nvdash_c C$.于是得到

　　$C \notin \Sigma_{n+1}$,

　　$C^{v_{n+1}}=0$（由归纳假设和$(B{\to}C)^{v_n}$不是无定义，由此可知$C^{v_{n+1}}$不是无定义），

　　$B^{v_{n+1}}=1$（由归纳假设和$B \in \Sigma_{n+1}$）.

因为v_nRv_{n+1}，故由定义7.3.2，得到$(B{\to}C)^{v_n}=0$，这与$(B{\to}C)^{v_n}=1$矛盾.因此$B{\to}C \in \Sigma_n$，于是(2)得证.

　　$A=\neg B$的情形.我们先证

(3)　　　　　　　　$\neg B \in \Sigma_n \Rightarrow (\neg B)^{v_n}=1$.

　　设$\neg B \in \Sigma_n$.取任何v_s使得$n \leqslant s$.我们有

　　$\neg B \in \Sigma_s$，从而$(\neg B)^{v_s}$和B^{v_s}不是无定义，

　　$B \notin \Sigma_s$（由Σ_s的强协调性），

　　$B^{v_s}=0$（由归纳假设和B^{v_s}不是无定义）.

因为v_nRv_s，故由定义7.3.2得到$(\neg B)^{v_n}=1$.于是(3)得证.

　　现在证

(4)　　　　　　　　$(\neg B)^{v_n}=1 \Rightarrow \neg B \in \Sigma_n$.

　　设$(\neg B)^{v_n}=1$，则$(\neg B)^{v_n}$不是无定义，因此$\neg B \in \mathrm{Form}(\mathscr{L}_n)$.设$\neg B \notin \Sigma_n$.可得

　　　　$\Sigma_n \nvdash_c \neg B$（由$\Sigma_n$的强协调性），

　　　　$\Sigma_n \nvdash_c B{\to}\neg B$（由$B{\to}\neg B \vdash_c \neg B$），

　　　　$\Sigma_n,B \nvdash_c \neg B$.

由引理7.5.2，$\Sigma_n \cup \{B\}$能扩充为$\Sigma_{n+1} \subseteq \mathrm{Form}(\mathscr{L}_{n+1})$，使得$\Sigma_{n+1}$是强协调的（并且$\Sigma_{n+1} \nvdash_c \neg B$，但并不用它）.于是有

$$B \in \Sigma_{n+1},$$

$$B^{v_{n+1}}=1（由归纳假设）.$$

因为v_nRv_{n+1}，故由定义7.3.2，得到$(\neg B)^{v_n}=0$，与$(\neg B)^{v_n}=1$

矛盾. 因此 ¬ B∈Σ_n, 于是(4)得证.

A = ∃xB(x) 的情形. 我们先证

(5) $$\exists xB(x)∈Σ_n ⇒ \exists xB(x)^{v_n} = 1.$$

设 ∃xB(x)∈Σ_n. 由此可得

有 t∈Term($\mathscr{L}_n$), 使得 B(t)∈Σ_n (由 Σ_n 的强协调性),

B(t)^{v_n} = 1 (由归纳假设).

令 u 是不在 B(x) 中出现的 $\mathscr{L}_n$ 的自由变元符号, 由 B(x) 构作 B(u). 于是可得

$$B(u)^{v_n^{(u/t^{v_n})}} = B(t)^{v_n} = 1,$$

其中的 $t^{v_n}∈D(v_n)$. 因此, 由定义 7.3.6, ∃xB(x)^{v_n} = 1. 这样证明了(5).

下面证

(6) $$\exists xB(x)^{v_n} = 1 ⇒ \exists xB(x)∈Σ_n.$$

设 ∃xB(x)^{v_n} = 1, 则 ∃xB(x)^{v_n} 不是无定义, 因此 ∃xB(x)∈Form($\mathscr{L}_n$). 由 B(x) 构作 B(u) (与上面的情形相同). 由 ∃xB(x)^{v_n} = 1 可得:

有 $t'∈D(v_n)$, 即 t∈Term($\mathscr{L}_n$),

使得 $B(u)^{v_n^{(u/t')}} = 1$.

因 $t^{v_n} = t'$, 故依次可得

$$B(t)^{v_n} = B(u)^{v_n^{(u/t^{v_n})}} = B(u)^{v_n^{(u/t')}} = 1,$$

B(t)∈Σ_n (由归纳假设),

Σ_n ⊢_c B(t),

Σ_n ⊢_c ∃xB(x),

∃xB(x)∈Σ_n (由 Σ_n 的强协调性).

这样证明了(6).

A = ∀xB(x) 的情形. 我们先证

(7) $$\forall xB(x)∈Σ_n ⇒ \forall xB(x)^{v_n} = 1.$$

设 ∀xB(x)∈Σ_n. 取任何 v_s 使得 n≤s. 因 Σ_n⊆Σ_s, 我们有 ∀xB(x)∈Σ_s. 取任何 $t'∈D(v_s)$, 即 t∈Term($\mathscr{L}_s$). 于是有 B(t)∈

$\mathrm{Form}(\mathscr{L}_s)$,因而 $B(t)^{v_s}$ 不是无定义的.由此依次可得

$$\Sigma_s \vdash_c \forall xB(x),$$

$$\Sigma_s \vdash_c B(t),$$

$B(t) \in \Sigma_s$(由 Σ_s 的强协调性),

$B(t)^{v_s} = 1$(由归纳假设和 $B(t)^{v_s}$ 不是无定义).

由 $B(x)$ 构作 $B(u)$,令 u 是不在 $B(x)$ 中出现的 $\mathscr{L}_s$ 中的自由变元符号.因 $t^{v_s} = t'$,故有

$$B(u)^{v_s(u/t')}$$
$$= B(u)^{v_s(u/t^{v_s})}$$
$$= B(t)^{v_s}$$
$$= 1.$$

因为 $v_n R v_s$ 并且 t' 是 $D(v_s)$ 中的任何个体,故由定义 7.3.6,$\forall xB(x)^{v_n} = 1$.于是证明了(7).

现在证

(8) $$\forall xB(x)^{v_n} = 1 \Rightarrow \forall xB(x) \in \Sigma_n.$$

设 $\forall xB(x)^{v_n} = 1$,则 $\forall xB(x)^{v_n}$ 不是无定义,因此 $\forall xB(x) \in \mathrm{Form}(\mathscr{L}_n)$.

设 $\forall xB(x) \notin \Sigma_n$.由 Σ_n 的强协调性可得

(9) $$\Sigma_n \nvdash_c \forall xB(x).$$

取 $d \in \mathscr{D}_n$.注意,d 不在 Σ_n 和 $\forall xB(x)$ 中出现(因为 $\Sigma_n \subseteq \mathrm{Form}(\mathscr{L}_n)$,$\forall xB(x) \in \mathrm{Form}(\mathscr{L}_n)$),并且 $B(d) \in \mathrm{Form}(\mathscr{L}_{n+1})$,$B(d) \notin \mathrm{Form}(\mathscr{L}_n)$.于是得到

(10) $$\Sigma_n \nvdash_c B(d).$$

(如果 $\Sigma_n \vdash_c B(d)$,则 $\Sigma_n \vdash_c \forall xB(x)$,与(9)矛盾.)

我们可以认为 $\Sigma_n \subseteq \mathrm{Form}(\mathscr{L}_{n+1})$,$\forall xB(x) \in \mathrm{Form}(\mathscr{L}_{n+1})$.由(10)和引理 7.5.2,$\Sigma_n$ 可以扩充为 $\Sigma_{n+2} \subseteq \mathrm{Form}(\mathscr{L}_{n+2})$,使得 Σ_{n+2} 是强协调的并且 $\Sigma_{n+2} \nvdash_c B(d)$.于是可得

$$B(d) \notin \Sigma_{n+2},$$

$$B(d)^{v_{n+2}} = 0 \text{(由归纳假设和 } B(d)^{v_{n+2}} \text{不是无定义)},$$

$$B(d)^{v_{n+2}(d/d^{v_{n+2}})} = B(d)^{v_{n+2}} = 0,$$

其中的 $d^{v_{n+2}} \in D(v_{n+2})$. 因 $v_n R v_{n+2}$, 故由定义 7.3.6, 得到 $\forall x B(x)^{v_n} = 0$, 与 $\forall x B(x)^{v_n} = 1$ 矛盾. 因此 $\forall x B(x) \in \Sigma_n$. 这样证明了(8), 引理证完. $\square$

定理 7.5.4(完备性) 设 $\Sigma \subseteq \mathrm{Form}(\mathscr{L})$, $A \in \mathrm{Form}(\mathscr{L})$.

(i) 如果 Σ 是 C 协调的, 则 Σ 是 C 可满足的.

(ii) 如果 $\Sigma \models_c A$, 则 $\Sigma \vdash_c A$.

(iii) 如果 A 是 C 有效的, 则 A 是 C 可证明的.

证 设 Σ 是 C 协调的. 则有 $A \in \mathrm{Form}(\mathscr{L})$, 使是 $\Sigma \nvdash_c A$. 由引理 7.5.2, Σ 能扩充为 $\Sigma_1 \subseteq \mathrm{Form}(\mathscr{L}_1)$, 使得 Σ_1 是强协调的并且 $\Sigma_1 \nvdash_c A$. 取任何 $B \in \Sigma$. 我们有 $B \in \Sigma_1$. 由引理 7.5.3, $B^{v_1} = 1$. 因此 $\Sigma^{v_1} = 1$, 从而 Σ 是 C 可满足的. 于是(i)得证.

设 $\Sigma \nvdash_c A$. 上面已证明 $\Sigma_1 \nvdash_c A$ 和 $\Sigma^{v_1} = 1$. 由 $\Sigma_1 \nvdash_c A$ 可得 $A \notin \Sigma_1$, 于是由引理 7.5.3 可得 $A^{v_1} = 0$. 由 $\Sigma^{v_1} = 1$ 和 $A^{v_1} = 0$ 得到 $\Sigma \nvDash_c A$, 因此证明了(ii).

(iii)是(ii)的特殊情形. $\square$

第八章 模态命题逻辑

第2.1节中讲过,日常语言中的"蕴涵"可以有很多的涵义.经典逻辑中采用了一种用法,把"$\mathscr{A}$蕴涵$\mathscr{B}$"解释为"并非$\mathscr{A}$真$\mathscr{B}$假".

模态逻辑认为经典逻辑中的蕴涵不符合日常语言中的蕴涵的涵义.模态逻辑提出"严格蕴涵"."$\mathscr{A}$严格蕴涵$\mathscr{B}$"的涵义是由$\mathscr{A}$必然能推出$\mathscr{B}$,也就是不可能$\mathscr{A}$而并非$\mathscr{B}$.于是,在经典逻辑中由$\mathscr{A}$假能推出"$\mathscr{A}$蕴涵$\mathscr{B}$";但在模态逻辑中由$\mathscr{A}$假不能推出"$\mathscr{A}$严格蕴涵$\mathscr{B}$",由$\mathscr{A}$必然假方能推出"$\mathscr{A}$严格蕴涵$\mathscr{B}$".

模态逻辑是在经典逻辑中引进"必然"和"可能"这些模态概念而得.模态逻辑是经典逻辑的扩充.

模态逻辑也区分为经典的和构造性的系统.因为经典的模态逻辑在文献中更受注意,在本书中将只限于讨论这种模态系统.

我们将在本章中研究模态命题逻辑,在下一章中研究模态一阶逻辑.

8.1 模态命题语言

在经典逻辑中,命题是真的或是假的.在模态逻辑中,把真命题区分为必然真的命题和并非必然真的命题,也把假命题区分为必然假的命题和并非必然假的命题.

称必然真的命题为**必然命题**.称必然假的命题为**不可能命题**.称并非不可能的命题为**可能命题**.可能命题包括所有的真命题(必然命题和并非必然的命题).

必然和可能是基本的模态概念.

对于任何命题$\mathscr{A}$,我们可以构作"必然$\mathscr{A}$"即"$\mathscr{A}$是必然的",和"可能$\mathscr{A}$"即"$\mathscr{A}$是可能的"这样的模态命题."必然$\mathscr{A}$"的涵义是,$\mathscr{A}$

是必然真的,当 $\mathscr{A}$ 是必然命题时,"必然 $\mathscr{A}$"是真的;当 $\mathscr{A}$ 不是必然命题时,"必然 $\mathscr{A}$"是假的."必然"是一元模态算子,我们把它应用于一个命题,以构成新命题.在这个意义上,必然好像和否定相同.但是必然和否定是不同的.否定是真假值函数,必然不是真假值函数.由 $\mathscr{A}$ 假能确定"必然 $\mathscr{A}$"假,但是由 $\mathscr{A}$ 真不能确定"必然 $\mathscr{A}$"的真假.当 $\mathscr{A}$ 真时,有两种情形: $\mathscr{A}$ 必然真或并非必然真.在前一种情形,"必然 $\mathscr{A}$"是真的;在后一种情形,"必然 $\mathscr{A}$"是假的.

"可能 $\mathscr{A}$"的情形是类似的,它的涵义是, $\mathscr{A}$ 是可能真的."可能"是一元模态算子,但它不是真假值函数.由 $\mathscr{A}$ 真能确定"可能 $\mathscr{A}$"真,但是由 $\mathscr{A}$ 假不能确定"可能 $\mathscr{A}$"的真假.当 $\mathscr{A}$ 假时,有 $\mathscr{A}$ 必然假或并非必然假两种情形.在前一种情形,"可能 $\mathscr{A}$"是假的;在后一种情形,"可能 $\mathscr{A}^n$"是真的.

我们用正体大写拉丁文字母

$$L \qquad M$$

分别表示模态逻辑中的必然符号和可能符号.为了陈述的简单,我们把 L 用作原始符号,然后用定义引进 M.于是,在命题语言 $\mathscr{L}^p$ 中加进 L,就得到模态命题语言 $\mathscr{L}^{pm}$.

$\mathscr{L}^{pm}$ 的原子公式集 $\mathrm{Atom}(\mathscr{L}^{pm})$ 和 $\mathscr{L}^p$ 的原子公式集 $\mathrm{Atom}(\mathscr{L}^p)$ 相同. $\mathscr{L}^{pm}$ 的公式集 $\mathrm{Form}(\mathscr{L}^{pm})$ 归纳地定义如下:

(i) $\mathrm{Atom}(\mathscr{L}^{pm}) \subseteq \mathrm{Form}(\mathscr{L}^{pm})$.

(ii) 如果 $A \in \mathrm{From}(\mathscr{L}^{pm})$,则 $(\neg A)$,$(LA) \in \mathrm{Form}(\mathscr{L}^{pm})$.

(iii) 如果 $A, B \in \mathrm{Form}(\mathscr{L}^{pm})$,则 $(A * B) \in \mathrm{Form}(\mathscr{L}^{pm})$,其中的 $*$ 是 $\wedge$,$\vee$,$\rightarrow$ 和 $\leftrightarrow$ 中之一.

(iv) $\mathrm{Form}(\mathscr{L}^{pm})$ 中的元必须由 (i)~(iii) 生成.

我们省略 $\mathscr{L}^{pm}$ 公式的结构方面性质的细节.

8.2 形 式 推 演

模态逻辑的思想可以溯源到古代的希腊,以后经历了长时间的发展.前面讲到的严格蕴涵是现代模态逻辑提出的概念.现代模态逻辑,在它的开始阶段,着重在研究模态逻辑的语法方面,建立各种形式推演系统,以后才转向模态逻辑的语义解释的研究.

下面将建立三个模态命题逻辑系统,它们都包含经典命题逻辑的 11 条形式推演规则(见第 2.6 节).此外还包含关于模态符号的推演规则.

我们先要使用必然符号 L 和否定符号 ¬ 定义可能符号 M.公式

$$(MA)$$

是使用 M 构成的,它定义为

$$(¬(L(¬A))).$$

公式 (LA),(MA) 和 $(¬(L(¬A)))$.分别可以简写为 LA,MA 和 ¬L¬A.

关于 L 和 M,有以下五条形式推演规则:

$(L-)$ 如果 $\Sigma \vdash LA$,

       则 $\Sigma \vdash A$.   (**L 消去**)

$(\rightarrow-(L))$ 如果 $\Sigma \vdash L(A\rightarrow B)$,

           $\Sigma \vdash LA$,

       则 $\Sigma \vdash LB$.   (**L 辖域中的 → 消去**)

$(L+)$ 如果 $\varnothing \vdash A$,

       则 $\varnothing \vdash LA$.   (**L 引入**)

$(L+L)$ 如果 $\Sigma \vdash LA$,

       则 $\Sigma \vdash LLA$.   (**对 L 的 L 引入**)

$(L+M)$ 如果 $\Sigma \vdash MA$,

       则 $\Sigma \vdash LMA$.   (**对 M 的 L 引入**)

附注

(1) $(\rightarrow-(L))$ 和 $(\rightarrow-)$ 是不同的.

(2) $(L+)$,$(L+L)$ 和 $(L+M)$ 是各不相同的.

(3) $(L+)$ 中 $\vdash$ 左边的前提必须是空集.

现在我们能够来给出所要建立的模态命题逻辑及其包含的形式推演规则.首先,最弱的系统 T,除了包含经典命题逻辑的 11 条推演规则外,还包括(L−),(→−(L))和(L+)三条规则.然后,系统 S_4 和 S_5 除包含 T 的规则外,分别包含(L+L)和(L+M).

我们用记号 $\vdash_T$, $\vdash_{S_4}$ 和 $\vdash_{S_5}$ 分别表示这些模态系统中的形式可推演性.我们预先指出,(L+L)在 S_5 中成立,但(L+M)在 S_4 中不成立.因此有

$$\Sigma \vdash_T A \Rightarrow \Sigma \vdash_{S_4} A \Rightarrow \Sigma \vdash_{S_5} A.$$

我们省略 $\Sigma \vdash_T A$, $\Sigma \vdash_{S_4} A$ 和 $\Sigma \vdash_{S_5} A$ 的定义,以及 $T(S_4, S_5)$ **形式可证明性**,$T(S_4, S_5)$**协调性**,和 $T(S_4, S_5)$**极大协调性的定义**.

记号 $\vdash_T$ 和 $\dashv_T$ 等的用法和前面相同.

在涉及形式推演的定理中,我们用 $\vdash_T$, $\vdash_{S_4}$ 或 $\vdash_{S_5}$ 来指明定理在哪个系统中成立.但是,在不至于引起误会的情形,也可以在形式推演中省略"T","S_4"和"S_5".

关于模态逻辑系统的名称和历史发展的情况,读者可以参考 Hughes 和 Cresswell[1968].

定理 2.6.2 在模态逻辑系统中也成立.

定理 8.2.1

(i) 如果 $A \vdash_T B$,

则 $LA \vdash_T LB$.

(ii) 如果 $A \dashv\vdash_T B$,

则 $LA \dashv\vdash_T LB$.

(iii) 如果 $A_1, \cdots, A_n \vdash_T A$,

则 $LA_1, \cdots, LA_n \vdash_T LA$.

(iv) $A \vdash_T MA$.

(v) $L(A \to B), L(B \to A) \vdash_T LA \leftrightarrow LB$.

(vi) $L(A \wedge B) \dashv\vdash_T LA \wedge LB$.

(vii) $L(A \leftrightarrow B) \dashv\vdash_T L(A \to B), L(B \to A)$.

证 我们选证(i)和(iv).其余的留给读者.

证(i)

(1) $A \vdash B$ （由假设）.

(2) $\varnothing \vdash A \rightarrow B$.

(3) $\varnothing \vdash L(A \rightarrow B)$ （由(L+),(2)）.

(4) $LA \vdash L(A \rightarrow B)$.

(5) $LA \vdash LA$.

(6) $LA \vdash LB$ （由$(\rightarrow - (L))$,(4),(5)）.

证(iv)

(1) $L \neg A \vdash \neg A$.

(2) $L \neg A \vdash \neg A$ （由(L-),(1)）.

(3) $A \vdash \neg L \neg A$

　　（即 $A \vdash MA$） （由(2)）.　　□

定理 8.2.2(等值公式替换)　设 B $\vdash_T C$,并且在 A 中把 B 的某些(不一定全部)出现替换为 C 而得到 A′. 则 A $\vdash_T A'$.

证　对 A 的结构作归纳.

我们省略和经典逻辑中相同的步骤. 这里的关键步骤是要证

$$A \vdash_T A' \Rightarrow LA \vdash_T LA'.$$

它已经由定理 8.2.1(ii)建立.　　□

显然,等值替换在 S_4 和 S_5 中都是成立的.

定理 8.2.3

(i) $LA \vdash_T \neg M \neg A$.

(ii) $L \neg A \vdash_T \neg MA$.

(iii) $M \neg A \vdash_T \neg LA$.

(iv) $LLA \vdash_T \neg MM \neg A$.

(v) $MMA \vdash_T \neg LL \neg A$.

(vi) $LL \neg A \vdash_T \neg MMA$.

(vii) $MM \neg A \vdash_T \neg LLA$.

(viii) $LM \neg A \vdash_T \neg MLA$.

(ix) $ML \neg A \vdash_T \neg LMA$.

证　我们选证(i)和(iv). 其余的留给读者.

证(i).

(1) $LA \vdash \neg \neg LA$.

(2) $\neg\neg LA \vdash\!\!\dashv \neg\neg L\neg\neg A$ （由等值替换）.

(3) $LA \vdash\!\!\dashv \neg\neg L\neg\neg A$

      （即 $LA \vdash\!\!\dashv \neg M\neg A$）（由(1),(2)）.

证(iv).

(1) $LLA \vdash\!\!\dashv \neg M\neg LA$ （由定理8.2.3(i)）.

(2) $\neg M\neg LA \vdash\!\!\dashv \neg MM\neg A$ （由本定理(iii),等值替换）.

(3) $LLA \vdash\!\!\dashv \neg MM\neg A$ （由(1),(2)）. □

定理 8.2.4

(i) $\neg M(A \vee B) \vdash_T \neg MA \wedge \neg MB$.

(ii) $M(A \vee B) \vdash_T MA \vee MB$.

(iii) $L(A \to B) \vdash_T MA \to MB$.

(iv) 若 $A \vdash_T B$,则 $MA \vdash_T MB$.

(v) 如果 $A \vdash\!\!\dashv_T B$,则 $MA \vdash\!\!\dashv_T MB$.

(vi) $LA \vee LB \vdash_T L(A \vee B)$.

(vii) $M(A \wedge B) \vdash_T MA \wedge MB$.

证 我们选证(vii)：

(1) $L\neg A \vee L\neg B \vdash L(\neg A \vee \neg B)$（由本定理(vi)）.

(2) $\neg L(\neg A \vee \neg B) \vdash \neg(L\neg A \vee L\neg B)$（由(1)）.

(3) $\neg L(\neg A \vee \neg B) \vdash\!\!\dashv M\neg(\neg A \vee \neg B)$

               （由定理8.2.3(iii)）.

(4) $\neg(L\neg A \vee L\neg B) \vdash\!\!\dashv \neg(\neg MA \vee \neg MB)$

               （由等值替换）.

(5) $M\neg(\neg A \vee \neg B) \vdash \neg(\neg MA \vee \neg MB)$

               （由(3),(2),(4)）.

(6) $M\neg(\neg A \vee \neg B) \vdash\!\!\dashv M(A \wedge B)$（由等值替换）.

(7) $\neg(\neg MA \vee \neg MB) \vdash\!\!\dashv MA \wedge MB$.

(8) $M(A \wedge B) \vdash MA \wedge MB$ （由(6),(5),(7)）. □

定理 8.2.5

(i) $L(\neg A \to A) \vdash_T LA$.

(ii) $L(A \to \neg A)$ $\vdash_T L \neg A$.

(iii) $L(A \to B) \land L(\neg A \to B)$ $\vdash_T LB$.

(iv) $L(A \to B) \land L(A \to \neg B)$ $\vdash_T L \neg A$.

(v) LA $\vdash_T L(B \to A)$.

(vi) $L \neg A$ $\vdash_T L(A \to B)$.

(vii) LA, MB $\vdash_T M(A \land B)$.

证 我们选证(vii)：

(1) $A, B \vdash A \land B$.

(2) $A \vdash B \to A \land B$.

(3) $LA \vdash L(B \to A \land B)$ （由定理 8.2.1(i),(2)）.

(4) $L(B \to A \land B) \vdash MB \to M(A \land B)$
$\qquad\qquad\qquad\qquad$ （由定理 8.2.4(iv)）.

(5) $LA \vdash MB \to M(A \land B)$ （由(3),(4)）.

(6) $LA, MB \vdash M(A \land B)$ （由(5)）. $\qquad$ □

定理 8.2.6

(i) $LA \vdash_{S_4} LLA$.

(ii) $MMA \vdash_{S_4} MA$.

(iii) $LA \dashv\vdash_{S_4} LLA$.

(iv) $MA \dashv\vdash_{S_4} MMA$.

(v) $MLMA \vdash_{S_4} MA$.

(vi) $LMA \vdash_{S_4} LMLMA$.

(vii) $LMA \dashv\vdash_{S_4} LMLMA$.

(viii) $MLA \dashv\vdash_{S_4} MLMLA$.

证 我们选证(viii)：

(1) $LM \neg A \dashv\vdash LMLM \neg A$ （由本定理(vii)）.

(2) $LM \neg A \dashv\vdash \neg MLA$ （由定理 8.2.3(viii)）.

(3) $LMLM \neg A \dashv\vdash \neg MLMLA$ （由等值替换,(2)）.

(4) $\neg MLA \dashv\vdash \neg MLMLA$ （由(2),(1),(3)）.

(5) $MLA \dashv\vdash MLMLA$ （由(4)）. $\qquad$ □

定理 8.2.7

(i) MA ⊢$_{S_5}$ LMA.

(ii) MLA ⊢$_{S_5}$ LA.

(iii) MA ⊣⊢$_{S_5}$ LMA.

(iv) LA ⊣⊢$_{S_5}$ MLA.

(v) 如果 Σ ⊢$_{S_5}$ LA,

则 Σ ⊢$_{S_5}$ LLA.(L+L)

(vi) 如果 Σ ⊢$_{S_5}$ A,

则 Σ ⊢$_{S_5}$ LMA.

(vii) MLA ⊢$_{S_5}$ A.

(viii) 如果 MA ⊢$_{S_5}$ B,

则 A ⊢$_{S_5}$ LB.

定理8.2.7的证明留给读者.

下面的1)~4)在 T 中成立:

1)   LLA ⊢LA,

2)   LMA ⊢MA,

3)   LA ⊢MLA,

4)   MA ⊢MMA,

但是5)~8)在 T 中不成立:

5)   LA ⊬LLA,

6)   MA ⊬LMA,

7)   MLA ⊬LA,

8)   MMA ⊬MA.

因为5)和8)在 S$_4$ 中成立,故下面的9)和10)在 S$_4$ 中成立,因此也在 S$_5$ 中成立:

9)   LA ⊣⊢ LLA,

10)   MA ⊣⊢ MMA.

因为6)和7)在 S$_5$ 中成立,故下面的11)和12)在 S$_5$ 中成立:

11)   MA ⊣⊢ LMA,

12) $\qquad$ LA $\vdash$ MLA.

称 9)~12)为**归约定律**.归约定律使我们能缩短某些模态符号串.

实际上,5)和 8)在 S_4 中是等价的,6)和 7)在 S_5 中是等价的.因此,在 T 中加进规则 $(L+L)$ 就能得到 S_4,在 T 中加进规则 $(L+M)$ 就能得到 S_5.

某些形式推演规则在某些系统中不成立,这是独立性问题(见第 4.6 节).

模态系统 T,S_4 和 S_5 的公理推演系统是在经典命题逻辑的公理推演系统(见第 6.1 节)中加进关于模态符号的公理和推演规则而得.

T 包含以下两条模态公理:
$$LA \rightarrow A$$
$$L(A \rightarrow B) \rightarrow (LA \rightarrow LB).$$

S_4 除了 T 的公理外,还包含以下的模态公理:
$$LA \rightarrow LLA.$$

S_5 除了 T 的公理外,还包含以下的模态公理:
$$MA \rightarrow LMA.$$

T,S_4 和 S_5 都包含一条模态推演规则:
$$由 A 推出 LA.$$

模态逻辑的自然推演系统和公理推演系统是等价的.

8.3 语 义

在模态逻辑语义解释的研究中,通常使用"世界"这个词.世界是可以思议的各种事物状态的总和.我们生活于其中的世界是一个可能的世界.此外还可以有其他的可能的世界.在任何一个可能的世界中都可以思考事物的情况,确定命题的真假.

依据 Chang 和 Keisler[1973],"世界"和"解释"是同义词.在一个可能的世界中思考事物的情况,就是给出一个解释,来确定命题的真假.在本书中研究形式语言的语义解释时,使用了"赋值"的概念,因此在研究模态逻辑的语义解释时,我们也用"赋值"来代替"世界".

因为模态命题语言 $\mathscr{L}^{pm}$ 比经典命题语言 $\mathscr{L}^p$ 多包含一个必然符号 L,所以只要在对 $\mathscr{L}^p$ 的赋值中加进对 LA 的赋值,就构成对 $\mathscr{L}^{pm}$ 的赋值.下面从直观的说明开始.

设公式 A 表示命题 $\mathscr{A}$.于是 LA 表示"必然 $\mathscr{A}$",按照一个熟悉的通常归于 Leibniz 的自然的想法,必然命题不仅在某个特定的赋值下是真的,并且在所有其他可能的赋值下都是真的.设 v 是任何一个赋值.于是 $(LA)^v=1$ 当且仅当对于所有赋值 v',$A^{v'}=1$.

例如,考虑公式 p 和 p→p,其中的 p 是任何命题符号.于是,$(Lp)^v=0$,因为有 v' 使得 $p^{v'}=0$.但是 $(L(p\rightarrow p))^v=1$,因为对于任何 v',$(p\rightarrow p)^{v'}=1$.

因此,LA 在赋值 v 之下的真假值并不由 v 确定,而是由包括 v 在内的所有赋值确定.为了便于讨论,我们可以把赋值的全体看作是在某个赋值集合 K 中的全部赋值.

于是有以下的定义.

定义 8.3.1(对 $\mathscr{L}^{pm}$ 的赋值,公式的值) 设 K 是一个集.称 K 中每个元为**对 $\mathscr{L}^{pm}$ 的赋值**,它是以所有命题符号的集为定义域,以 $\{1,0\}$ 为值域的函数.

在赋值 $v\in K$ 之下 $\mathscr{L}^{pm}$ 公式的值递归地定义如下:

(i) 对于原子公式 p,$p^v\in\{1,0\}$.

(ii) $(\neg A)^v=\begin{cases}1, & \text{如果 } A^v=0, \\ 0, & \text{否则}.\end{cases}$

(iii) $(A\wedge B)^v=\begin{cases}1, & \text{如果 } A^v=B^v=1, \\ 0, & \text{否则}.\end{cases}$

(iv) $(A\vee B)^v=\begin{cases}1, & \text{如果 } A^v=1 \text{ 或 } B^v=1, \\ 0, & \text{否则}.\end{cases}$

(v) $(A\rightarrow B)^v=\begin{cases}1, & \text{如果 } A^v=0 \text{ 或 } B^v=1, \\ 0, & \text{否则}.\end{cases}$

(vi) $(A \leftrightarrow B)^v = \begin{cases} 1, & \text{如果 } A^v = B^v, \\ 0, & \text{否则.} \end{cases}$

(vii) $(LA)^v = \begin{cases} 1, & \text{如果对于任何 } v' \in K, A^{v'} = 1, \\ 0, & \text{否则.} \end{cases}$

定义 8.3.2(可满足性,有效性) 设 $\Sigma \subseteq \mathrm{Form}(\mathscr{L}^{pm})$, $A \in \mathrm{Form}(\mathscr{L}^{pm})$.

Σ 是**可满足的**,当且仅当存在赋值的集 K 和 $v \in K$,使得在定义 8.3.1 意义下 $\Sigma^v = 1$.

A 是**有效的**,当且仅当对于任何赋值的集 K 和任何 $v \in K$,在定义 8.3.1 意义下 $A^v = 1$.

下面要用另外的方式定义对 $\mathscr{L}^{pm}$ 的赋值和公式的值.

定义 8.3.3(对 $\mathscr{L}^{pm}$ 的赋值,公式的值) 设 K 是一个集并且 R 是 K 上的等价关系. 和定义 8.3.1 中相同,称 K 中每个元为对 $\mathscr{L}^{pm}$ 的赋值.

在赋值 $v \in K$ 之下 $\mathscr{L}^{pm}$ 公式的值递归地定义如下:

(i)~(vi)与定义 8.3.1 中相同.

(vii) $(LA)^v = \begin{cases} 1, & \text{如果对于任何使得} \\ & vRv' \text{ 的 } v' \in K, A^{v'} = 1, \\ 0, & \text{否则.} \end{cases}$

于是我们陈述以下的定义,它和定义 8.3.2 是等价的.

定义 8.3.4(可满足性,有效性) 设 $\Sigma \subseteq \mathrm{Form}(\mathscr{L}^{pm})$, $A \in \mathrm{Form}(\mathscr{L}^{pm})$.

Σ 是**可满足的**,当且仅当存在赋值的集 K, K 上的等价关系 R 和 $v \in K$,使得在定义 8.3.3 意义下 $\Sigma^v = 1$.

A 是**有效的**,当且仅当对于任何赋值的集 K, K 上的任何等价关系 R,和任何 $v \in K$,在定义 8.3.3 意义下 $A^v = 1$.

定理 8.3.5 设 $\Sigma \subseteq \mathrm{Form}(\mathscr{L}^{pm})$, $A \in \mathrm{Form}(\mathscr{L}^{pm})$.

(i) Σ 在定义 8.3.2 意义下是可满足的,当且仅当 Σ 在定义 8.3.4意义下是可满足的.

(ii) A 在定义 8.3.2 意义下是有效的,当且仅当 A 在定义

8.3.4意义下是有效的.

证 我们先证(i).设 Σ 在定义8.3.2意义下是可满足的.于是我们有赋值的集 K 和 $v \in K$,使得在定义8.3.1意义下 $\Sigma^v = 1$. 令 R 是 K 上的二元关系,使得对于任何 $v, v' \in K$,有 vRv'.于是 R 是 K 上的等价关系.容易证明,在定义8.3.3意义下有 $\Sigma^v = 1$. 因此 Σ 在定义8.3.4意义下是可满足的.

现在证逆命题.设 Σ 在定义8.3.4意义下是可满足的.于是有 K, K 上的等价关系 R 和 $v \in K$,使得在定义8.3.3意义下有 $\Sigma^v = 1$. 令 $K' = \{v' \mid vRv'\}$. 于是 $v \in K'$. 由 K' 和 v,我们有定义 8.3.1意义下的 $\Sigma^v = 1$. 因此 Σ 在定义8.3.2意义下是可满足的. 于是(i)得证.

(ii)可以用类似方法证明. □

上述两个等价定义的区别在于,定义8.3.3和定义8.3.4涉及 K 上的等价关系 R,但定义8.3.1和定义8.3.2不涉及 R.

上述等价定义中的语义对应于模态系统 S_5. 定义中的赋值,可满足性和有效性称为 S_5 **赋值**,S_5 **可满足性**和 S_5 **有效性**.

如果选择上述定义中涉及 K 上等价关系 R 的定义,我们可以考虑改变对于 R 的要求.于是,当只要求 R 是 K 上的自反关系时,所得到的语义对应于模态系统 T,因而有 T **赋值**,T **可满足性**和 T **有效性**.

当要求 R 是 K 上的自反和传递的关系时,得到的语义对应于模态系统 S_4,因而有 S_4 **赋值**,S_4 **可满足性**和 S_4 **有效性**.

上述概念 $S_5(T, S_4)$赋值,$S_5(T, S_4)$可满足性和 $S_5(T, S_4)$有效性的定义从略.

显然我们有

$$\Sigma \text{ 是 } S_5 \text{ 可满足的}$$
$$\Rightarrow \Sigma \text{ 是 } S_4 \text{ 可满足的}$$
$$\Rightarrow \Sigma \text{ 是 } T \text{ 可满足的};$$
$$A \text{ 是 } T \text{ 有效的}$$
$$\Rightarrow A \text{ 是 } S_4 \text{ 有效的}$$

⇒A 是 S_5 有效的.

这些模态系统中的逻辑推论和在经典逻辑中同样地定义,但要作适当修改.它们记作 $\models_T, \models_{S_4}$ 和 $\models_{S_5}$.例如,$\Sigma \models_{S_5} A$ 的两种等价的定义如下:

$\Sigma \models_{S_5} A$ 当且仅当对于任何 S_5 赋值的集 K 和任何 $v \in K$,Σ^v $= 1 \Rightarrow A^v = 1$ 在定义 8.3.1 意义下成立.

$\Sigma \models_{S_5} A$ 当且仅当对于任何 S_5 赋值的集 K,K 上的任何等价关系 R,和任何 $v \in K$,$\Sigma^v = 1 \Rightarrow A^v = 1$ 在定义 8.3.3 意义下成立.

$\Sigma \models_T A$ 和 $\Sigma \models_{S_4} A$ 用类似方法定义,但要改变对 R 的要求.于是有

$$\Sigma \models_T A \Rightarrow \Sigma \models_{S_4} A \Rightarrow \Sigma \models_{S_5} A.$$

记号 $\not\models_T$ 和 $\dashv_T$ 等的用法和前面相同.

定理 8.3.6(等值公式替换) 设 $B \dashv\vdash C$ 并且在 A 中把 B 的某些(不一定全部)出现替换为 C 而得到 A′.则 $A \dashv\vdash A'$.

证 对 A 的结构作归纳.关键的步骤是要证

$$A \dashv\vdash A' \Rightarrow LA \dashv\vdash LA'.$$

证明留给读者.   □

定理 8.3.6 在 T, S_4, S_5 中都成立.

在上述各模态系统中,T 是最基本的系统,符合人们对"必然"的基本要求.S_5 是最强的系统,反映了 Leibniz 对"必然"的理解,即必然命题是在任何赋值之下都真的命题.S_4 介于 T 和 S_5 之间,是从 T 向 S_5 过渡的一个环节,并且 S_4 和构造性逻辑有密切联系(见 Kripke[1965]).S_4 在时序逻辑中有重要应用(见 Manna[1982]).

上述涉及 K 上关系 R 的语义归于 Kripke.Kripke 建立的模态语义理论比较流行,被广泛采用.Kripke 由此证明了模态逻辑的完备性定理.

8.4 可 靠 性

定理 8.4.1(T 的可靠性) 设 $\Sigma \subseteq \mathrm{Form}(\mathscr{L}^{pm})$,$A \in \mathrm{Form}(\mathscr{L}^{pm})$.

(i)如果 $\Sigma \vdash_T A$,则 $\Sigma \vDash_T A$.

(ii)如果 A 是 T 可证明的,则 A 是 T 有效的.

(iii)如果 Σ 是 T 可满足的,则 Σ 是 T 协调的.

证 (i)用归纳法证明,对 $\Sigma \vdash_T A$ 的结构作归纳.在 T 系统的 14 条形式推演规则中,只需要处理(L−),(→−(L))和(L+)三种情形.其他的情形和经典逻辑中相同.

(L−)的情形.我们要证明:

$$\text{如果 } \Sigma \vDash_T LA,$$

$$\text{则 } \Sigma \vDash_T A.$$

设 K 是任何 T 赋值的集,R 是 K 上的任何自反关系,并取任何 $v \in K$.设 $\Sigma^v = 1$.由假设可得

(1) $(LA)^v = 1.$

因 R 是自反的,故有 vRv.由(1)得到 $A^v = 1$.因此 $\Sigma \vDash_T A$.

(→−(L))的情形.我们要证明:

$$\text{如果 } \Sigma \vDash_T L(A \to B),$$

$$\Sigma \vDash_T LA,$$

$$\text{则 } \Sigma \vDash_T LB.$$

设 K,R 和 v 已给出,和(L−)的情形相同.设 $\Sigma^v = 1$.于是有

(2) $(L(A \to B))^v = (LA)^v = 1.$

取任何 $v' \in K$,使得 vRv'.由(2)可得

$$(A \to B)^{v'} = A^{v'} = 1,$$

因此 $B^{v'} = 1$.于是有 $(LB)^v = 1$,从而 $\Sigma \vDash_T LB$.

(L+)的情形.我们要证明:

如果 $\varnothing \vDash_T A$(即 A 是 T 有效的),

则 $\varnothing \vDash_T LA$ (即 LA 是 T 有效的).

设 K, R 和 v 已给出,情形和前面的相同.取任何 $v' \in K$,使得 vRv'.因 A 是 T 有效的,故有 $A^{v'} = 1$,因此 $(LA)^v = 1$,从而 LA 是 T 有效的.于是(i)得证.

(ii)是(i)的特殊情形.(iii)可以直接由(i)得证. □

定理 8.4.2(S₄ 的可靠性) 设 $\Sigma \subseteq \mathrm{Form}(\mathscr{L}^{pm})$,$A \in \mathrm{Form}(\mathscr{L}^{pm})$.

(i) 如果 $\Sigma \vdash_{S_4} A$,则 $\Sigma \models_{S_4} A$.

(ii) 如果 A 是 S₄ 可证明的,则 A 是 S₄ 有效的.

(iii) 如果 Σ 是 S₄ 可满足的,则 Σ 是 S₄ 协调的.

证 按照在定理 8.4.1 的证明中已指出的,我们只需要证明(i),证明用归纳法.

与定理 8.4.1 的情形相同,经典逻辑中的规则的情形不需要处理.规则(L−),(→−(L))和(L+)的情形可以按照用于 T 系统的方法处理,只要在对 R 的要求上作修改.因此我们只需要对于规则(L+L)来证明(i),即要证明:

$$\text{如果 } \Sigma \models_{S_4} LA,$$

$$\text{则 } \Sigma \models_{S_4} LLA.$$

证明留给读者. □

定理 8.4.3(S₅ 的可靠性) 设 $\Sigma \in \mathrm{Form}(\mathscr{L}^{pm})$,$A \in \mathrm{Form}(\mathscr{L}^{pm})$.

(i) 如果 $\Sigma \vdash_{S_5} A$,则 $\Sigma \models_{S_5} A$.

(ii) 如果 A 是 S₅ 可证明的,则 A 是 S₅ 有效的.

(iii) 如果 Σ 是 S₅ 可满足的,则 Σ 是 S₅ 协调的.

证 按照在定理 8.4.2 的证明中已指出的,我们只需要对于规则(L+M)证明(i),即要证明:

$$\text{如果 } \Sigma \models_{S_5} MA(\text{即} \Sigma \models_{S_5} \neg L \neg A),$$

$$\text{则 } \Sigma \models_{S_5} LMA(\text{即} \Sigma \models_{S_5} L \neg L \neg A).$$

设 K 是任何 S₅−赋值的集,R 是 K 上的任何等价关系,并取任何 $v \in K$.设 $\Sigma^v = 1$.于是有 $(\neg L \neg A)^v = 1$,从而有

$(L \neg A)^v = 0$. 由定义 8.3.3, 有 $v' \in K$, 使得 vRv' 并且

(1) $\qquad\qquad (\neg A)^{v'} = 0$.

取任何 $v'' \in K$, 使得 vRv''. 因为 R 是对称的, 故 $v''Rv$. 因为 R 是传递的, 由 $v''Rv$ 和 vRv' 得到 $v''Rv'$. 由 (1) 和 $v''Rv'$ 得到 $(L \neg A)^{v''} = 0$, 因此有

(2) $\qquad\qquad (\neg L \neg A)^{v''} = 1$.

由 (2) 和 vRv'' 可得 $(L \neg L \neg A)^v = 1$. 因此 $\Sigma \models_{S_5} LMA$.

在上面的证明中, 我们采用了定义 8.3.3 意义下涉及 K 上等价关系 R 的 S_5 赋值和公式的值. 我们也可以采用不涉及 R 的定义 8.3.1, 然后证明 (i) 如下.

令 K 是任何 S_5 赋值的集. 取任何 $v \in K$. 设 $\Sigma^v = 1$. 由假设可得 $(\neg L \neg A)^v = 1$, $(L \neg A)^v = 0$. 因此, 由定义 8.3.1, 有 $v' \in K$, 使得 (1) 成立.

取任何 $v'' \in K$. 由定义 8.3.1 和 (1), 可得 $(L \neg A)^{v''} = 0$, 因而 $(\neg L \neg A)^{v''} = 1$. 因为 v'' 是 K 中的任何赋值, 由 $(\neg L \neg A)^{v''} = 1$ 和定义 8.3.1 可得 $(L \neg L \neg A)^v = 1$. 因此 $\Sigma \models_{S_5} LMA$. 于是 (i) 得证. □

8.5 T 的完备性

引理 8.5.1 设 $B, C_1, \cdots, C_n \in \mathrm{Form}(\mathscr{L}^{pm})$.

如果 $\{MB, LC_1, \cdots, LC_n\}$ 是 T 协调的, 则 $\{B, C_1, \cdots, C_n\}$ 是 T 协调的.

证 设 $\{MB, LC_1, \cdots, LC_n\}$ 是 T 协调的. 又设 $\{B, C_1, \cdots, C_n\}$ 不是 T 协调的. 我们有:

(1) $\varnothing \vdash_T \neg (B \wedge C_1 \wedge \cdots \wedge C_n)$.

(2) $\varnothing \vdash_T L \neg (B \wedge C_1 \wedge \cdots \wedge C_n)$ (由 (L+), (1)).

(3) $\varnothing \vdash_T \neg M(B \wedge C_1 \wedge \cdots \wedge C_n)$ (由 (2)).

(4) $MB, L(C_1 \wedge \cdots \wedge C_n) \vdash_T M(B \wedge C_1 \wedge \cdots \wedge C_n)$
$\qquad\qquad\qquad$ (由定理 8.2.5(vii)).

(5) $\neg M(B \wedge C_1 \wedge \cdots \wedge C_n) \vdash_T \neg [MB \wedge L(C_1 \wedge \cdots \wedge C_n)]$.

(6) $\varnothing \vdash_T \neg [MB \wedge L(C_1 \wedge \cdots \wedge C_n)]$ （由(3),(5)).

(7) $\varnothing \vdash_T \neg (MB \wedge LC_1 \wedge \cdots \wedge LC_n)$

（由等值替换,定理8.2.1(vi)).

因(7)与假设矛盾,所以$\{B, C_1, \cdots, C_n\}$是 T 协调的. □

在经典逻辑完备性的证明中,我们从给定的协调公式集构作了极大协调的公式集(见第4.3节).

现在,为了证明模态系统 T 的完备性,我们需要构作一系列的极大协调的公式集,来代替单独一个极大协调集.从给定的 T 协调集 Σ 开始,我们要构作

$$\Delta = \{\Sigma_1^*, \cdots, \Sigma_i^*, \cdots\},$$

其中的 Δ 是集的集合, Δ 中的集 Σ_1^* 等都是 T 极大协调的公式集.我们进行如下.

首先,我们把 Σ 扩充为 T 极大协调集 Σ_1^*,方法是在 Σ 中接连加进不产生 T 不协调性的 $\mathscr{L}^{pm}$ 中公式(见 Lindenbaum 定理4.3.5的证明).

在得到 Σ_1^* 之后,对于每个已经构作的 $\Sigma_i^* \in \Delta$ (包括 Σ_1^* 自己),我们要构作一系列的 T 极大协调集.对于每个 $MB \in \Sigma_i^*$,令

$$\Sigma_j = \{B\} \cup \{C | LC \in \Sigma_i^*\}.$$

下面先要证明 Σ_j 是 T 协调的.

令 $\{C_1, \cdots, C_n\}$ 是 Σ_j 的任何有限子集.于是有 $\{B, C_1, \cdots, C_n\}$ $\subseteq \Sigma_j$.(如果 B 已经在 $\{C_1, \cdots, C_n\}$ 之中,就不需要把 B 加进.)由此可得 $\{MB, LC_1, \cdots, LC_n\} \subseteq \Sigma_i^*$.因为 Σ_i^* 是 T 协调的,故 $\{MB, LC_1, \cdots, LC_n\}$ 是 T 协调的.由引理 8.5.1, $\{B, C_1, \cdots, C_n\}$ 是 T 协调的,从而 $\{C_1, \cdots, C_n\}$ 是 T 协调的.这样, Σ_j 的任何有限子集是 T 协调的,因此 Σ_j 是 T 协调的.

然后,用已经陈述的标准方法把 Σ_j 扩充为 T 极大协调集 Σ_j^*.这样,对于每个 $MB \in \Sigma_i^*$,我们构作了某个 T 极大协调集 Σ_j^*.称每个这样的 Σ_j^* 为 Σ_i^* 的**从属集**,记作 $\Sigma_i^* sub \Sigma_j^*$.

在前面几段中,我们陈述了怎样构作 $\Delta = \{\Sigma_1^*, \cdots, \Sigma_i^*, \cdots\}$,使得对于每个 $\Sigma_i^* \in \Delta, \Sigma_i^*$ 是 T 极大协调集;并且对于每个 $MB \in \Sigma_i^*$,有 T 极大协调集 $\Sigma_j^* \in \Delta$,使得 $\Sigma_i^* sub \Sigma_j^*, B \in \Sigma_j^*$,并且对于每个 $LC \in \Sigma_i^*$,有 $C \in \Sigma_j^*$.

现在,对于每个 $\Sigma_i^* \in \Delta$,我们构作赋值 v_i,使得对于任何命题符号 p_i 有

$$p^{v_i} = 1 \text{ 当且仅当 } p \in \Sigma_i^*.$$

令

$$K = \{v_i \mid \Sigma_i^* \in \Delta\},$$

并且令 R 是 K 上的二元关系,使得(对于任何 $v_i, v_j \in K) v_i R v_j$,当且仅当 $\Sigma_i^* = \Sigma_j^*$ 或 $\Sigma_i^* sub \Sigma_j^*$.于是 R 是 K 上的自反关系.

上述约定在本节中都要使用.

引理 8.5.2 设 $\Sigma_i^*, \Sigma_j^* \in \Delta$,使得 $\Sigma_i^* = \Sigma_j^*$ 或 $\Sigma_i^* sub \Sigma_j^*$,并且设 $B \in \text{Form}(\mathscr{L}^{pm})$.如果 $LB \in \Sigma_i^*$,则 $B \in \Sigma_j^*$.

证 区分假设中的两种情形.对于第一种情形,$\Sigma_i^* = \Sigma_j^*$,我们有下面的步骤:

$LB \vdash_T B.$

$\varnothing \vdash_T LB \to B.$

$\Sigma_i^* \vdash_T LB \to B.$

$LB \to B \in \Sigma_i^*$(由 Σ_i^* 的 T 极大协调性).

$LB \in \Sigma_i^*$(由假设).

$B \in \Sigma_i^*$(由定理 4.3.3).

$B \in \Sigma_j^*$(由 $\Sigma_i^* = \Sigma_j^*$).

对于第二种情形,$\Sigma_i^* sub \Sigma_j^*$,由 $LB \in \Sigma_i^*$ 和 Σ_j^* 的构作情形,可得 $B \in \Sigma_j^*$. □

引理 8.5.3 设 $A \in \text{Form}(\mathscr{L}^{pm})$.对于任何 $v_i \in K, A^{v_i} = 1$ 当且仅当 $A \in \Sigma_i^*$.

证 对 A 的结构作归纳.

在 A 是原子公式, $\neg$ B,B$\wedge$C,B$\vee$C,B→C,和 B↔C 的情形,引理的证明按常规进行,我们留给读者.下面要对 A=LB 的情形证明引理.

我们先证 LB$\in\Sigma_i^*$⇒(LB)^{v_i}=1.设 LB$\in\Sigma_i^*$.取任何 $v_j\in K$,使得 v_iRv_j.于是 $\Sigma_i^*=\Sigma_j^*$ 或 $\Sigma_i^* sub\Sigma_j^*$.我们有

B$\in\Sigma_j^*$(由引理 8.5.2).

B^{v_j}=1(由归纳假设).

因此有(LB)^{v_i}=1.

现在证逆命题(LB)^{v_i}=1⇒LB$\in\Sigma_i^*$.设(LB)^{v_i}=1,又设 LB$\notin\Sigma_i^*$.我们有

$\neg$ LB$\in\Sigma_i^*$ (由 Σ_i^* 的 T 极大协调性).

$\neg$ LB $\vdash_T$M$\neg$ B.

$\varnothing$ $\vdash_T$ $\neg$ LB→M$\neg$ B.

Σ_i^* $\vdash_T$ $\neg$ LB→M$\neg$ B.

$\neg$ LB→M$\neg$ B$\in\Sigma_i^*$ (由 Σ_i^* 的 T 极大协调性).

M$\neg$ B$\in\Sigma_i^*$ (由定理 4.3.3).

根据 Σ_j^* 的构作情形,由 M$\neg$ B$\in\Sigma_i^*$ 可得 $\Sigma_j^*\in\Delta$,使得 $\Sigma_i^* sub\Sigma_j^*$(因此 v_iRv_j)并且$\neg$ B$\in\Sigma_j^*$.于是得到

B$\notin\Sigma_j^*$(由 Σ_j^* 的 T 极大协调性).

B^{v_j}=0(由归纳假设).

这就是,有 $v_j\in K$,使得 v_iRv_j 并且 B^{v_j}=0.因此(LB)^{v_i}=0,产生矛盾.我们得到 LB$\in\Sigma_i^*$.引理证完. $\square$

引理 8.5.3 是证明完备性定理的关键.它相当于引理 4.4.3,4.5.4,4.5.8 和 7.5.3.

定理 8.5.4(T 的完备性) 设 $\Sigma\subseteq$Form($\mathscr{L}^{pm}$),A$\in$Form($\mathscr{L}^{pm}$).

(i) 如果 Σ 是 T 协调的,则 Σ 是 T 可满足的.

(ii) 如果 $\Sigma\models_T$A,则 $\Sigma\vdash_T$A.

(iii) 如果 A 是 T 有效的,则 A 是 T 可证明的.

证 设 Σ 是 T 协调的.如前面所陈述的,Σ 可以扩充为某个 T 极大协调集 $\Sigma_1^* \in \Delta$.取任何 $A \in \Sigma$.可得 $A \in \Sigma_1^*$.由引理 8.5.3,$A^{v_1} = 1$.因此 Σ 是 T 可满足的.于是(i)得证.

(ii)可以直接由(i)得到.(iii)是(ii)的特殊情形. □

8.6 S_4 和 S_5 的完备性

S_4 和 S_5 系统的完备性定理的证明,实质上和 T 系统的类似,因为它们的语义和 T 的语义的区别只在于对赋值集 K 上的关系 R 有不同的要求.

给定任何 S_4(S_5)协调的公式集 Σ,我们首先把 Σ 扩充为 S_4(S_5)极大协调的公式集 Σ_i^*(方法和 T 的情形相同);然后,对于每个已构作的 S_4(S_5)极大协调集 Σ_i^*,构作一系列的 Σ_j^*,使得 Σ_j^* 是 S_4(S_5)极大协调集并且 $\Sigma_i^* sub \Sigma_j^*$.于是得到

$$\Delta = \{\Sigma_1^*, \cdots, \Sigma_i^*, \cdots\}.$$

对于 $n \geqslant 1$,定义 $\Sigma_i^* sub_n \Sigma_j^*$ 如下:

$\Sigma_i^* sub_1 \Sigma_j^*$ 当且仅当 $\Sigma_i^* sub \Sigma_j^*$.

$\Sigma_i^* sub_{k+1} \Sigma_j^*$ 当且仅当有 $\Sigma_r^* \in \Delta$,使得

$$\Sigma_i^* sub_k \Sigma_r^* \text{ 并且 } \Sigma_r^* sub \Sigma_j^*.$$

对于每个 $\Sigma_i^* \in \Delta$,我们构作赋值 v_i,使得对于任何命题符号 $p, p^{v_i} = 1$ 当且仅当 $p \in \Sigma_i^*$.令 $K = \{v_i | \Sigma_i^* \in \Delta\}$.这些约定和上节中的相同.

我们先要陈述并证明关于 S_4 和 S_5 的完备性定理的引理,它们相当于关于 T 的引理 8.5.2 和引理 8.5.3.然后一起陈述 S_4 和 S_5 的完备性定理.

下面的引理 8.6.1 和引理 8.6.2 是关于 S_4 的,其中我们假设 R 是 K 上的二元关系,使得(对于任何 $v_i, v_j \in K$)$v_i R v_j$ 当且仅当

$\Sigma_i^* = \Sigma_j^*$ 或者有 $n \geq 1$ 使得 $\Sigma_i^* sub_n \Sigma_j^*$. 于是 R 是 K 上的自反和传递的关系.

引理 8.6.1 设 Σ_i^*, $\Sigma_j^* \in \Delta$, 使得 $\Sigma_i^* = \Sigma_j^*$ 或有 $n \geq 1$ 使得 $\Sigma_i^* sub_n \Sigma_j^*$, 并且设 $B \in \mathrm{Form}(\mathscr{L}^{pm})$. 如果 $LB \in \Sigma_i^*$, 则 $B \in \Sigma_j^*$.

证 我们区分假设中的两种情形. 第一种情形, $\Sigma_i^* = \Sigma_j^*$. 由引理 8.5.2, 可得 $B \in \Sigma_j^*$.

第二种情形, 有 $n \geq 1$ 使得 $\Sigma_i^* sub_n \Sigma_j^*$. $B \in \Sigma_j^*$ 用归纳法(对 n 作归纳)证明.

基始. $\Sigma_i^* sub_1 \Sigma_j^*$, 即 $\Sigma_i^* sub \Sigma_j^*$, 于是由引理 8.5.2 可得 $B \in \Sigma_j^*$.

归纳步骤. $\Sigma_i^* sub_{k+1} \Sigma_j^*$ 即有 $\Sigma_r^* \in \Delta$, 使得 $\Sigma_i^* sub_k \Sigma_r^*$ 并且 $\Sigma_r^* sub \Sigma_j^*$. 于是有下面的:

$LB \vdash_{S_4} LLB$.

$\varnothing \vdash_{S_4} LB \to LLB$.

$\Sigma_i^* \vdash_{S_4} LB \to LLB$.

$LB \to LLB \in \Sigma_i^*$ (由 Σ_i^* 的 S_4 极大协调性).

$LB \in \Sigma_i^*$ (由假设).

$LLB \in \Sigma_i^*$ (由定理 4.3.3).

$LB \in \Sigma_r^*$ (由 $\Sigma_i^* sub_k \Sigma_r^*$ 和归纳假设).

由 $LB \in \Sigma_r^*$, $\Sigma_r^* sub \Sigma_j^*$ 和引理 8.5.2, 得到 $B \in \Sigma_j^*$.

由基始和归纳步骤, 完成了第二种情形的证明. □

引理 8.6.2 设 $A \in \mathrm{Form}(\mathscr{L}^{pm})$. 对于任何 $v_i \in K$, $A^{v_i} = 1$ 当且仅当 $A \in \Sigma_i^*$.

证 对 A 的结构作归纳. 根据在引理 8.5.3 的证明中所指出的, 我们只需要对于 $A = LB$ 的情形证明引理.

下面先证 $LB \in \Sigma_i^* \Rightarrow (LB)^{v_i} = 1$. 设 $LB \in \Sigma_i^*$. 取任何 $v_j \in K$, 使得 $v_i R v_j$. 于是有 $\Sigma_i^* = \Sigma_j^*$ 或有 $n \geq 1$ 使得 $\Sigma_i^* sub_n \Sigma_j^*$. 这样可

得

　　　　B$\in\Sigma_j^*$　（由引理 8.6.1）．

　　　　B$^{v_j}=1$　（由归纳假设）．

因此$(LB)^{v_i}=1$．

　　逆命题$(LB)^{v_i}=1\Rightarrow LB\in\Sigma_i^*$ 的证明和引理 8.5.3 中关于 T 的情形的证明方法相同，细节留给读者．　　　　　　　□

　　下面的引理 8.6.3 和引理 8.6.4 是关于 S_5 的，其中我们假设 R 是 K 上的二元关系，使得（对于任何 $v_i,v_j\in K$）v_iRv_j 当且仅当 $\Sigma_i^*=\Sigma_j^*$ 或者有 $n\geqslant1$ 使得 $\Sigma_i^*sub_n\Sigma_j^*$ 或者 $\Sigma_j^*sub\Sigma_i^*$．于是 R 是 K 上的等价关系．

　　引理 8.6.3　设 $\Sigma_i^*,\Sigma_j^*\in\Delta$，使得 $\Sigma_i^*=\Sigma_j^*$ 或者有 $n\geqslant1$ 使得 $\Sigma_i^*sub_n\Sigma_j^*$ 或者 $\Sigma_j^*sub\Sigma_i^*$，并且设 $B\in\mathrm{Form}(\mathscr{L}^{pm})$．如果 $LB\in\Sigma_i^*$，则 $B\in\Sigma_j^*$．

　　证　在假设中的 $\Sigma_i^*=\Sigma_j^*$ 或者有 $n\geqslant1$ 使得 $\Sigma_i^*sub_n\Sigma_j^*$ 的情形，由引理 8.6.1 可得 $B\in\Sigma_j^*$．

　　在 $\Sigma_j^*sub\Sigma_i^*$ 的情形，设 $B\notin\Sigma_j^*$．于是有

　　　　$\neg B\in\Sigma_j^*$　（由 Σ_j^* 的 S_5 极大协调性）．

　　　　$\neg B\vdash_{S_5}LM\neg B$　（由定理 8.2.7(vi)）．

　　　　$\neg B\vdash_{S_5}L\neg LB$　（由等值替换）．

　　　　$\varnothing\vdash_{S_5}\neg B\rightarrow L\neg LB$．

　　　　$\Sigma_j^*\vdash_{S_5}\neg B\rightarrow L\neg LB$．

　　　　$\neg B\rightarrow L\neg LB\in\Sigma_j^*$　（由 Σ_j^* 的 S_5 极大协调性）．

　　　　$L\neg LB\in\Sigma_j^*$　（由定理 4.3.3）．

　　　　$\neg LB\in\Sigma_i^*$　（由 $\Sigma_j^*sub\Sigma_i^*$）．

　　由$\neg LB\in\Sigma_i^*$ 和假设的 $LB\in\Sigma_i^*$，Σ_i^* 是 S_5 不协调的，与 Σ_i^* 的 S_5 极大协调性矛盾．因此 $B\in\Sigma_j^*$．引理得证．　　　□

　　引理 8.6.4　设 $A\in\mathrm{Form}(\mathscr{L}^{pm})$．对于任何 $v_i\in K$，$A^{v_i}=1$ 当

且仅当 $A \in \Sigma_i^*$.

证 对 A 的结构作归纳. 我们只需要对于 $A = LB$ 的情形证明引理.

我们先证 $LB \in \Sigma_i^* \Rightarrow (LB)^{v_i} = 1$. 设 $LB \in \Sigma_i^*$. 取任何 $v_j \in K$, 使得 $v_i R v_j$. 我们有 $\Sigma_i^* = \Sigma_j^*$ 或者有 $n \geqslant 1$ 使得 $\Sigma_i^* sub_n \Sigma_j^*$ 或者 $\Sigma_j^* sub \Sigma_i^*$. 于是可得

$\quad B \in \Sigma_j^*$ (由引理 8.6.3).

$\quad B^{v_j} = 1$ (由归纳假设).

因此 $(LB)^{v_i} = 1$.

逆命题 $(LB)^{v_i} = 1 \Rightarrow LB \in \Sigma_i^*$ 的证明和引理 8.5.3 中的证明方法相同. $\qquad \square$

上面关于 S_5 的引理 8.6.4 是根据定义 8.3.3 中的语义建立的, 它涉及 K 上的等价关系. 可以根据定义 8.3.1 中的语义建立引理 8.6.6, 它不涉及 K 上的等价关系.

下面的引理 8.6.5 和引理 8.6.6 是关于 S_5 的.

引理 8.6.5 设 $\Sigma_i^*, \Sigma_j^* \in \Delta$, 使得 $\Sigma_i^* = \Sigma_j^*$ 或者有 $n \geqslant 1$ 使得 $\Sigma_i^* sub_n \Sigma_j^*$, 并且设 $B \in \mathrm{Form}(\mathscr{L}^{pm})$. 如果 $LB \in \Sigma_j^*$, 则 $B \in \Sigma_i^*$.

证 第一种情形, $\Sigma_i^* = \Sigma_j^*$. 根据引理 8.5.2, 由 $LB \in \Sigma_j^*$ 可得 $B \in \Sigma_i^*$.

第二种情形, 有 $n \geqslant 1$ 使得 $\Sigma_i^* sub_n \Sigma_j^*$. $B \in \Sigma_i^*$ 用归纳法(对 n 作归纳)证明.

基始. $\Sigma_i^* sub_1 \Sigma_j^*$ 即 $\Sigma_i^* sub \Sigma_j^*$. 于是由 $LB \in \Sigma_j^*$ 可得 $B \in \Sigma_i^*$, 这和引理 8.6.3 证明中的第三种情形相同(只需要交换 Σ_i^* 和 Σ_j^*).

归纳步骤. $\Sigma_i^* sub_{k+1} \Sigma_j^*$ 即有 $\Sigma_r^* \in \Delta$, 使得 $\Sigma_i^* sub_k \Sigma_r^*$ 并且 $\Sigma_r^* sub \Sigma_j^*$. 于是有

$\quad LB \vdash_{S_5} LLB$ (由定理 8.2.7(v)).

$\quad \varnothing \vdash_{S_5} LB \to LLB$.

$\Sigma_j^* \vdash_{S_5} LB \rightarrow LLB$.

$LB \rightarrow LLB \in \Sigma_j^*$ （由 Σ_j^* 的 S_5 极大协调性）.

$LB \in \Sigma_j^*$ （由假设）.

$LLB \in \Sigma_j^*$ （由定理 4.3.3）.

$LB \in \Sigma_r^*$ （由 $\Sigma_r^* sub \Sigma_j^*$，基始）.

由 $LB \in \Sigma_r^*$，$\Sigma_i^* sub_k \Sigma_r^*$ 和归纳假设，得到 $B \in \Sigma_i^*$.

由基始和归纳步骤，完成了第二种情形的证明. □

引理 8.6.6 设 $A \in Form(\mathscr{L}^{pm})$. 对于任何 $v_i \in K$，$A^{v_i} = 1$ 当且仅当 $A \in \Sigma_i^*$.

证 对 A 的结构作归纳. 我们只需要对于 $A = LB$ 的情形证明引理.

下面先证明 $LB \in \Sigma_i^* \Rightarrow (LB)^{v_i} = 1$. 设 $LB \in \Sigma_i^*$. 于是有

$LB \rightarrow LLB \in \Sigma_i^*$ （由 Σ_i^* 的 S_5 极大协调性）.

$LLB \in \Sigma_i^*$ （由定理 4.3.3）.

因为有 $n \geqslant 1$ 使得 $\Sigma_1^* sub_n \Sigma_i^*$，故根据引理 8.6.5，由 $LLB \in \Sigma_i^*$ 可得 $LB \in \Sigma_1^*$.

取任何 $v_j \in K$. 我们有 $m \geqslant 1$ 使得 $\Sigma_1^* sub_m \Sigma_j^*$. 根据引理 8.6.1，由 $LB \in \Sigma_1^*$ 可得 $B \in \Sigma_j^*$. 于是由归纳假设，得到 $B^{v_j} = 1$. 因此 $(LB)^{v_i} = 1$.

现在证逆命题 $(LB)^{v_i} = 1 \Rightarrow LB \in \Sigma_i^*$. 设 $(LB)^{v_i} = 1$，又设 $LB \notin \Sigma_i^*$. 于是有

$\neg LB \in \Sigma_i^*$ （由 Σ_i^* 的 S_5 极大协调性）.

$\neg LB \vdash_{S_5} M \neg B$.

$\varnothing \vdash_{S_5} \neg LB \rightarrow M \neg B$.

$\Sigma_i^* \vdash_{S_5} \neg LB \rightarrow M \neg B$.

$\neg LB \rightarrow M \neg B \in \Sigma_i^*$ （由 Σ_i^* 的 S_5 极大协调性）.

$M \neg B \in \Sigma_i^*$ （由定理 4.3.3）.

由 $M\neg B\in\Sigma_i^*$，有 $\Sigma_j^*\in\Delta$ 使得 $\Sigma_i^* sub \Sigma_j^*$ 并且 $\neg B\in\Sigma_j^*$. 我们得到

$B\notin\Sigma_j^*$　（由 Σ_j^* 的 S_5 极大协调性）.

$B^{v_j}=0$　（由归纳假设）.

$(LB)^{v_i}=0$.

这与 $(LB)^{v_i}=1$ 矛盾. 因此 $LB\in\Sigma_i^*$. 引理证完.　　　□

定理 8.6.7（S_4 和 S_5 的完备性）　设 $\Sigma\subseteq\mathrm{Form}(\mathscr{L}^{pm})$，$A\in$ $\mathrm{Form}(\mathscr{L}^{pm})$.

(i) 如果 Σ 是 $S_4(S_5)$ 协调的，则 Σ 是 $S_4(S_5)$ 可满足的.

(ii) 如果 $\Sigma\models_{S_4(S_5)}A$，则 $\Sigma\vdash_{S_4(S_5)}A$.

(iii) 如果 A 是 $S_4(S_5)$ 有效的，则 A 是 $S_4(S_5)$ 可证明的.　　　□

第九章 模态一阶逻辑

在经典一阶逻辑中加进模态概念,就构成模态一阶逻辑.实质上这和由经典命题逻辑构成模态命题逻辑的情形相同.

模态一阶逻辑也可以在模态命题逻辑中加进量词而构成.本章中将构造对应于 T,S_4 和 S_5 的各个模态一阶逻辑系统.

9.1 模态一阶语言和形式推演

模态一阶语言 $\mathscr{L}^m$ 是在一阶语言 $\mathscr{L}$ 中加进必然符号 L 而得.

$\mathscr{L}^m$ 的项和原子公式的集 $\mathrm{Term}(\mathscr{L}^m)$ 和 $\mathrm{Atom}(\mathscr{L}^m)$ 分别与 $\mathrm{Term}(\mathscr{L})$ 和 $\mathrm{Atom}(\mathscr{L})$ 相同.

$\mathscr{L}^m$ 的公式集 $\mathrm{Form}(\mathscr{L}^m)$ 归纳地定义如下:

(i) $\mathrm{Atom}(\mathscr{L}^m) \subseteq \mathrm{Form}(\mathscr{L}^m)$.

(ii) 如果 $A \in \mathrm{Form}(\mathscr{L}^m)$,则 $(\neg A),(LA) \in \mathrm{Form}(\mathscr{L}^m)$.

(iii) 如果 $A, B \in \mathrm{Form}(\mathscr{L}^m)$,则 $(A * B) \in \mathrm{Form}(\mathscr{L}^m)$,其中的 $*$ 是 $\wedge$,$\vee$,$\rightarrow$ 和 $\leftrightarrow$ 中之一.

(iv) 如果 $A(u) \in \mathrm{Form}(\mathscr{L}^m)$,x 不在 $A(u)$ 中出现,则 $\forall x A(x), \exists x A(x) \in \mathrm{Form}(\mathscr{L}^m)$.

(v) $\mathrm{Form}(\mathscr{L}^m)$ 中的元必须由 (i)~(iv) 生成.

我们省略 $\mathscr{L}^m$ 公式的结构方面性质的细节.

与 T,S_4 和 S_5 各系统对应的模态一阶逻辑系统分别是 TQ,S_4Q 和 S_5Q,其中的 Q 表示含量词.因此,例如 TQ,它是含量词的 T 系统.

TQ 比经典一阶逻辑多包括 $(L-)$,$(\rightarrow-(L))$ 和 $(L+)$ 三条形式推演规则(它们就是构造 T 时加到经典命题逻辑中的规则).

然后,在 TQ 中分别加进规则 $(L+L)$ 和 $(L+M)$,就得到 S_4Q

和 S_5Q 的规则.

与 T 和 S_4 对应的模态—阶逻辑系统还有 TQB 和 S_4QB,它们分别比 TQ 和 S_4Q 多包括一条规则(B),称为 **Barcan** 规则:

(B)如果 $\Sigma \vdash \forall xLA(x)$,

　　则 $\Sigma \vdash L\forall xA(x)$.

这条规则来自(归于 Ruth C. Barcan 的)**Barcan 公式**:

$$\forall xLA(x) \rightarrow L\forall xA(x).$$

规则(B)不需要加进 S_5Q 之中,因为它在 S_5Q 中是能证明的,证明如下:

(1) $\forall xLA(x) \vdash LA(u)$(取 u 不在 A(x)中).

(2) $M\forall xLA(x) \vdash MLA(u)$(由定理 8.2.4(iv),(1)).

(3) $MLA(u) \vdash A(u)$(由定理 8.2.7(vii)).

(4) $M\forall xLA(x) \vdash A(u)$(由(2),(3)).

(5) $M\forall xLA(x) \vdash \forall xA(x)$(由(4)).

(6) $\forall xLA(x) \vdash L\forall xA(x)$(由定理 8.2.7(viii),(5)).

(7) $\Sigma \vdash \forall xLA(x)$(由假设).

(8) $\Sigma \vdash L\forall xA(x)$(由(7),(6)).

我们省略各个模态—阶系统中形式推演的定义.

构造各个模态—阶逻辑系统的公理推演系统和构造各个模态命题逻辑系统的公理推演系统(见第 8.2 节)是类似的.系统 TQB 和 S_4QB 的公理推演系统含 Barcan 公式作为公理.

在后面的三节(第 9.2~9.4 节)中,我们先考虑不含相等符号的模态系统.含相等符号的模态系统将在第 9.5 节中讨论.

习　题

9.1.1　证 $L\forall xA(x) \vdash_{TQ} \forall xLA(x)$((B)的逆命题).

9.1.2　证 $M\exists xA(x) \dashv\vdash_{TQB} \exists xMA(x)$.

　　　　(用 $L\forall xA(x) \dashv\vdash_{TQB} \forall xLA(x)$.)

9.1.3　证 $M\forall xA(x) \vdash_{TQ} \forall xMA(x)$.

9.1.4　证 $\exists xLA(x) \vdash_{TQ} L\exists xA(x)$.

9.2 语　义

实质上,把模态命题逻辑和经典一阶逻辑的语义解释结合在一起,就得到模态一阶逻辑的语义解释.但是问题在于,在经典逻辑的情形,公式在某个赋值 v 之下的值只涉及 v 本身,但在模态逻辑中,公式的值要涉及一个集 K 中的所有赋值,或者涉及 K 中与 v 有 R 关系的赋值.于是 K 中赋值可以有各自的论域,或者有单独一个相同的论域.在下面的定义 9.2.1 中,我们考虑第一种情形.

定义 9.2.1(对 $\mathscr{L}^m$ 的 TQ(S_4Q,S_5Q)赋值)　设 K 是一个集, R 是 K 上的自反关系.称每个 $v \in K$ 为**对 $\mathscr{L}^m$ 的 TQ 赋值**,v 包括一个特别属于它的论域 $D(v)$,和一个以所有个体符号,(除相等符号外的)关系符号,函数符号和自由变元符号的集为定义域的函数(记作 v),使得

(i) 如果 $v, v' \in K$ 并且 vRv',则 $D(v) \subseteq D(v')$.

(ii) $a^v, u^v \in D(v)$,a 和 u 分别是任何个体符号和自由变元符号.

(iii) $F^v \subseteq D(v)^n$,F 是任何 n 元关系符号.

(iv) $f^v : D(v)^m \to D(v)$,f 是任何 m 元函数符号.

S_4Q(S_5Q)赋值的定义是类似的,只需要按照规定修改对 R 的要求,使得在 S_4Q 的情形 R 是自反和传递的关系,在 S_5Q 的情形 R 是等价关系.(S_5Q 赋值也可以不涉及 R 而被定义.这留给读者.)

定义 9.2.2(项和公式的值)　设给定赋值的集 K 和 K 上的二元关系 R(见定义 9.2.1),在 $v \in K$ 之下 $\mathscr{L}^m$ 项的值递归地定义如下:

(i) $a^v, u^v \in D(v)$.

(ii) $f(t_1, \cdots, t_m)^v = f^v(t_1^v, \cdots, t_m^v)$.

在 $v \in K$ 之下 $\mathscr{L}^m$ 的公式值递归地定义如下:

(i) $F(t_1,\cdots,t_n)^v = \begin{cases} 1, & \text{如果}\langle t_1^v,\cdots,t_n^v\rangle\in F^v, \\ 0, & \text{否则}. \end{cases}$

(ii)～(vii)和定义 8.3.3 中相同.

(viii) $\forall xA(x)^v = \begin{cases} 1, & \text{如果对于任何 } a\in D(v), \\ & A(u)^{v(u/a)}=1(\text{由 } A(x)\text{构} \\ & \text{作 } A(u),u\text{不在 } A(x)\text{中出现}), \\ 0, & \text{否则}. \end{cases}$

(ix) $\exists xA(x)^v = \begin{cases} 1, & \text{如果存在 } a\in D(v),\text{使得} \\ & A(u)^{v(u/a)}=1(\text{由 } A(x)\text{构} \\ & \text{作 } A(u),u\text{不在 } A(x)\text{中出现}), \\ 0, & \text{否则}. \end{cases}$

定义 9.2.3(TQ(S_4Q,S_5Q)可满足性,有效性,逻辑推论) 设 $\Sigma\subseteq\text{Form}(\mathscr{L}^m),A\in\text{Form}(\mathscr{L}^m)$.

Σ 是 **TQ 可满足的**,当且仅当有 TQ 赋值的集 K,K 上的自反关系 R,和 $v\in K$,使得 $\Sigma^v=1$.

A 是 **TQ 有效的**,当且仅当对于任何 TQ 赋值的集 K,K 上的任何自反关系 R,和任何 $v\in K,A^v=1$.

$\Sigma\models_{TQ}A$(A 是 Σ 的 **TQ 逻辑推论**),当且仅当对于任何 TQ 赋值的集 K,K 上的任何自反关系 R,和任何 $v\in K$,如果 $\Sigma^v=1$,则 $A^v=1$.

S_4Q(S_5Q)**可满足性**,S_4Q(S_5Q)**有效性**,和 S_4Q(S_5Q)**逻辑推论**的定义是类似的,只需要修改对 R 的要求.(涉及 S_5Q 的上述概念可以不通过 R 而被定义.)

现在我们转向在本节开始时讲到的模态一阶逻辑的第二种语义解释,在其中对于 K 中的所有赋值只有单独一个相同的论域.在定义 9.2.1 中把属于每个 $v\in K$ 的论域 $D(v)$ 换为单独一个论域 D,并且删去关于 $D(v)$ 的要求,就得到赋值的新的定义,陈述如下.

定义 9.2.4(对 $\mathscr{L}^m$ 的 TQB(S_4QB,S_5QB)赋值) 设 K 是一个集,R 是 K 上的自反关系.称每个 $v \in K$ 为**对 $\mathscr{L}^m$ 的 TQB 赋值**,v 包括一个论域 D(它适用于 K 中每个赋值),和一个以所有个体符号,(除相等符号外的)关系符号,函数符号,和自由变元符号的集为定义域的函数(记作 v),使得

(i) $a^v, u^v \in D$.

(ii) $F^v \subseteq D^n$.

(iii) $f^v : D^m \to D$.

S_4QB(S_5QB)**赋值**的定义是类似的,只需要修改对 R 的要求.

$\mathscr{L}^m$ 的项和公式在 TQB(S_4QB,S_5QB)赋值之下的值和定义 9.2.2 中同样被定义,但要用 D 替换 $D(v)$.

TQB(S_4QB,S_5QB)**可满足性,有效性和逻辑推论**可以通过 TQB(S_4QB,S_5QB)赋值来定义,情形和定义 9.2.3 中相同.

上述两种赋值中,定义 9.2.1 中的 TQ(S_4Q,S_5Q)赋值和 Barcan 规则(或 Barcan 公式)没有关系;定义 9.2.4 中的 TQB(S_4QB,S_5QB)赋值和 Barcan 规则(或 Barcan 公式)有关.

我们在上节中讲过,在 S_5Q 中能证明 Barcan 规则,因此不需要把(B)加进 S_5Q 之中.这样,S_5Q 既可以是不含规则(B)的,也可以是含规则(B)的.所以上述两种赋值对于 S_5Q(也就是 S_5QB)都是适用的.

实际上,根据定义 9.2.4 中的赋值,Barcan 规则满足

1) $$\forall xLA(x) \models_{TQB(S_4QB, S_5Q)} L\forall xA(x).$$

但是,根据定义 9.2.1 中的赋值,却有

2) $$\forall xLA(x) \not\models_{TQ(S_4Q)} L\forall xA(x).$$

下面先证 1).设 K 是任何 TQB 赋值的集,R 是 K 上的任何自反关系.取任何 $v \in K$,v 的论域是 D.设 $\forall xLA(x)^v = 1$.于是,对于任何 $a \in D$ 和任何使得 vRv' 的 $v' \in K$,我们有

$(LA(u))^{v(u/a)} = 1$(取 u 不在 $A(x)$ 中出现),

$v(u/a)Rv'(u/a)$,

$$A(u)^{v'(u/a)} = 1,$$

$$\forall xA(x)^{v'} = 1,$$

$$(L\forall xA(x))^v = 1.$$

因此 1)在 TQB 中得证. 在 S_4QB 和 S_5Q 中,1)的证明是类似的.

为了证明 2),可以取 2)的一个例子:

3) $$\forall xLF(x) \not\models_{TQ(S_4Q)} L\forall xF(x),$$

其中的 F 是一元关系符号.

设 $K = \{v_1, v_2\}$,R 是 K 上的二元关系,使得

4) $$v_1Rv_1, v_1Rv_2, v_2Rv_2, 非\ v_2Rv_1.$$

于是 R 是自反和传递的,但不是对称的.令

$$D(v_1) = \{a\},$$

$$D(v_2) = \{a, b\}.$$

我们有 $D(v_1) \subseteq D(v_2)$.取任何自由变元符号 u,并且令

$$u^{v_1} = a,$$

$$u^{v_2} = b,$$

$$F^{v_1} = \{a\},$$

$$F^{v_2} = \{b\}.$$

于是有

5) $$F(u)^{v_1} = F(u)^{v_2} = 1.$$

6) $$\forall xF(x)^{v_2} = 0.$$

由 5),4)和 $u^{v_1} = a$ 可得 $(LF(u))^{v_1(u/a)} = (LF(u))^{v_1} = 1$. 因 $D(v_1)$ 只含一个个体 a,故有

7) $$\forall xLF(x)^{v_1} = 1.$$

因 v_1Rv_2,故由 6)得到

8) $$(L\forall xF(x))^{v_1} = 0.$$

因为 R 是自反和传递的,故由 7)和 8)得到 3),因此证明了 2).

等值公式(逻辑等值和语法等值)替换定理和定理 2.6.2 等一般性定理在模态一阶逻辑的各个系统中都是成立的.

本节中介绍了对 $\mathscr{L}^m$ 的两种赋值. 和 Barcan 规则有关的赋值要求 K 中的每个赋值有相同的论域, 这是一个很严而不自然的限制. 另一种赋值放宽了限制, 允许 K 中赋值有各自的论域, 但仍要求当 $v_i R v_j$ 时有 $D(v_i) \subseteq D(v_j)$, 这样的要求还是不自然的.

在后面两节中将研究各种模态一阶系统(不含相等符号)的可靠性和完备性. 这里先陈述它们的结果:

(i) TQ 和 S_4Q, 按照定义 9.2.1 中陈述的语义, 是可靠的并且完备的.

(ii) TQB 和 S_4QB, 按照定义 9.2.4 中陈述的语义, 是可靠的并且完备的.

(iii) S_5Q(或者等价的 S_5QB), 按照定义 9.2.1 和定义 9.2.4 中陈述的语义, 都是可靠的并且完备的.

9.3 可　靠　性

定理 9.3.1(TQ, S_4Q, S_5Q 的可靠性) 设 $\Sigma \subseteq \mathrm{Form}(\mathscr{L}^m)$, A $\in \mathrm{Form}(\mathscr{L}^m)$. 于是, 按照定义 9.2.1 中陈述的赋值, 有

(i) 如果 $\Sigma \vdash_{\mathrm{TQ}} A$, 则 $\Sigma \vDash_{\mathrm{TQ}} A$.

(ii) 如果 A 是 TQ 可证明的, 则 A 是 TQ 有效的.

(iii) 如果 Σ 是 TQ 可满足的, 则 A 是 TQ 协调的.

对于 S_4Q 和 S_5Q, 情形相同.

定理 9.3.2(TQB, S_4QB, S_5QB 的可靠性) 设 $\Sigma \subseteq$ $\mathrm{Form}(\mathscr{L}^m)$, $A \in \mathrm{Form}(\mathscr{L}^m)$. 于是, 按照定义 9.2.4 中陈述的赋值, 有

(i) 如果 $\Sigma \vdash_{\mathrm{TQB}} A$, 则 $\Sigma \vDash_{\mathrm{TQB}} A$.

(ii) 如果 A 是 TQB 可证明的, 则 A 是 TQB 有效的.

(iii) 如果 Σ 是 TQB 可满足的, 则 Σ 是 TQB 协调的.

对于 S_4QB 和 S_5QB, 情形相同.

上述定理的证明留给读者.

9.4 完 备 性

我们先考虑不含 Barcan 规则的模态系统的完备性(根据定义 9.2.1 中陈述的赋值).我们从 TQ 开始.

为了陈述的简单,我们省略函数符号.

如同在构造性逻辑的情形(见第 7.5 节),我们令 $\mathscr{D}_0, \mathscr{D}_1, \mathscr{D}_2,$ …是新自由变元符号的可数无限集,并且 $\mathscr{L}^m, \mathscr{D}_0, \mathscr{D}_1, \mathscr{D}_2, \cdots$ 是两两不相交的.令

$$\mathscr{L}_0^m = \mathscr{L}^m,$$
$$\mathscr{L}_{n+1}^m = \mathscr{L}_n^m \bigcup \mathscr{D}_n \, (n \geqslant 0),$$
$$\mathscr{D} = \bigcup_{n \in N} \mathscr{D}_n,$$
$$\mathscr{L}^{m'} = \mathscr{L}^m \bigcup \mathscr{D}.$$

于是 $\mathrm{Term}(\mathscr{L}_n^m)$ 和 $\mathrm{Term}(\mathscr{L}^{m'})$ 是 $\mathscr{L}_n^m$ 和 $\mathscr{L}^{m'}$ 项的集;$\mathrm{Form}(\mathscr{L}_n^m)$ 和 $\mathrm{Form}(\mathscr{L}^{m'})$ 是 $\mathscr{L}_n^m$ 和 $\mathscr{L}^{m'}$ 公式的集.

设 $\Sigma \subseteq \mathrm{Form}(\mathscr{L}^m)$ 是 TQ 协调集.如同在 T 的情形,我们要构作 $\Delta = \{\Sigma_1^*, \cdots, \Sigma_i^*, \cdots\}$,$\Delta$ 中的元是 TQ 极大协调集,下面详细陈述 Δ 的构作过程.

Σ_1^* 的构作如下.首先,接连对于每个存在公式 $\exists x A(x) \in \mathrm{Form}(\mathscr{L}_1^m)$,我们在 Σ 中加进 $\exists x A(x) \rightarrow A(d)$,每个阶段的 d 是由 $\mathscr{D}_1$ 取出的新的符号,它在 Σ 中,在任何前面加进的公式中,以及在 $\exists x A(x)$ 本身中都没有出现过.这样把 Σ 扩充为某个 TQ 协调的集 $\Sigma_1^\circ \subseteq \mathrm{Form}(\mathscr{L}_1^m)$,使得对于每个 $\exists x A(x) \in \mathrm{Form}(\mathscr{L}_1^m)$,有 $d \in \mathscr{D}_1$ 使得 $\exists x A(x) \rightarrow A(d) \in \Sigma_1^\circ$.然后把 Σ_1° 扩充为某个 TQ 极大协调集 $\Sigma_1^* \subseteq \mathrm{Form}(\mathscr{L}_1^m)$,使得 Σ_1^* 有存在性质(见定义 4.5.1).这是使用标准方法接连在 Σ_1° 中加进 $\mathrm{Form}(\mathscr{L}_1^m)$ 中所有的不产生 TQ 不协调性的公式来完成的.(证明留给读者.)

需要指出,Σ_1^* 在这里是相对于 $\mathrm{Form}(\mathscr{L}_1^m)$ 而 TQ 极大协调

的,即对于每个 $A \in \text{Form}(\mathscr{L}_1^m)$,如果 $A \notin \Sigma_1^*$,则有

1) $\qquad\qquad \Sigma_1^* \cup \{A\}$ 是 TQ 不协调的.

我们注意,如果 $A \notin \text{Form}(\mathscr{L}_1^m)$,则不能由 $A \notin \Sigma_1^*$ 得到 1).

在得到 Σ_1^* 之后,对于每个 $\Sigma_i^* \in \Delta$(包括 Σ_1^* 自己在内),我们要构作一系列的从属于 Σ_i^* 的 TQ 极大协调集(每一个这样的集对应于某个 $MB \in \Sigma_i^*$),记作 Σ_j^*,并且 Σ_j^* 有存在性质.过程如下:

首先,取任何 $MB \in \Sigma_i^*$.设对应于 MB 的 Σ_j^* 是 Δ 中将要构作的第 k_j 个集.令

$$\Sigma_j = \{B\} \cup \{C \mid LC \in \Sigma_i^*\}.$$

如同在第 8.5 节中已证明的,Σ_j 是 TQ 协调的.然后,接连对于每个存在公式 $\exists x A(x) \in \text{Form}(\mathscr{L}_{k_j}^m)$,我们在 Σ_j 中加进 $\exists x A(x) \to A(d)$,这样得到 Σ_j',在每个阶段的 d 是由 $\mathscr{D}_{k_j}$ 取出的新符号,它是在这个阶段之前没有出现过的.(之所以能做到这一点,是因为第一,在 Δ 中 Σ_i^* 是先于 Σ_j^* 的.因此,设 Σ_i^* 是 Δ 中的第 k_i 个集,我们有 $k_i < k_j$,于是有 $\Sigma_i^* \subseteq \text{Form}(\mathscr{L}_{k_j}^m)$ 并且 $\Sigma_j \subseteq \text{Form}(\mathscr{L}_{k_j}^m)$.其次,每个阶段的 d 是由 $\mathscr{D}_{k_j}$ 取出的,故 d 不在 Σ_j 中出现.)于是,把 Σ_j 扩充为某个 TQ 协调集 $\Sigma_j' \subseteq \text{Form}(\mathscr{L}_{k_j}^m)$,使得对于每个 $\exists x A(x) \in \text{Form}(\mathscr{L}_{k_j}^m)$,有 $d \in \mathscr{D}_{k_j}$ 使得 $\exists x A(x) \to A(d) \in \Sigma_j'$.下一步我们把 Σ_j' 扩充为 TQ 极大协调集 $\Sigma_j^* \subseteq \text{Form}(\mathscr{L}_{k_j}^m)$,使得 Σ_j' 有存在性质.这是使用标准方法在 Σ_j' 中接连加进 $\text{Form}(\mathscr{L}_{k_j}^m)$ 中所有不产生 TQ 不协调性的公式来完成的.(证明留给读者.)于是有 $\Sigma_i^* \text{sub} \Sigma_j^*$.注意,$\Sigma_j^*$ 在这里是相对于 $\text{Form}(\mathscr{L}_{k_j}^m)$ 而 TQ 极大协调的.

总结一下:我们构作了 $\Delta = \{\Sigma_1^*, \cdots, \Sigma_i^*, \cdots\}$;对于每个 $\Sigma_i^* \in \Delta$,如果令 Σ_i^* 是 Δ 中的第 k_i 个集,则 Σ_i^* 是相对于 $\text{Form}(\mathscr{L}_{k_i}^m)$ 而 TQ 极大协调的,并且 Σ_i^* 有存在性质.

现在我们要构作对于 $\mathscr{L}_{k_i}^m$ 的赋值 v_{k_i}，它的论域是 $D(v_{k_i})$，使得

$$D(v_{k_i}) = \{t' \mid t \in \text{Term}(\mathscr{L}_{k_i}^m)\},$$

$$a^{v_{k_i}} = a',$$

$$u^{v_{k_i}} = u',$$

$$F^{v_{k_i}} \subseteq D(v_{k_i})^m，使得对于任何$$

$$t_1', \cdots, t_m' \in D(v_{k_i}), \langle t_1', \cdots, t_m' \rangle \in F^{v_{k_i}},$$

$$当且仅当 F(t_1, \cdots, t_m) \in \Sigma_i^*$$

$$（即 F(t_1, \cdots, t_m)^{v_{k_i}} = 1 \text{ 当且仅当}$$

$$F(t_1, \cdots, t_m) \in \Sigma_i^*）.$$

其中的 a, u, F 分别是 $\mathscr{L}_{k_i}^m$ 中的任何个体符号，自由变元符号，m 元关系符号.

设 $K = \{v_{k_i} \mid \Sigma_i^* \in \Delta\}$ 并且 R 是 K 上的二元关系，使得（对于任何 $v_{k_i}, v_{k_j} \in K$），$v_{k_i} R v_{k_j}$ 当且仅当 $\Sigma_i^* = \Sigma_j^*$ 或 $\Sigma_i^* sub \Sigma_j^*$. 于是 R 是自反关系.

设 $v_{k_i} R v_{k_j}$. 如果 $\Sigma_i^* = \Sigma_j^*$，则 $k_i = k_j$，因而 v_{k_i} 和 v_{k_j} 相同，并有 $D(v_{k_i}) = D(v_{k_j})$. 如果 $\Sigma_i^* sub \Sigma_j^*$，则 $k_i < k_j$，因而 $\mathscr{L}_{k_i}^m \subseteq \mathscr{L}_{k_j}^m$，并有 $D(v_{k_i}) \subseteq D(v_{k_j})$. 因此 K（连同其中的元）和 R 满足定义 9.2.1 中陈述的条件.

上述约定在本节中都要使用.

引理 9.4.1 设 $A \in \text{Form}(\mathscr{L}_{k_i}^m)(i \geq 1)$. $A^{v_{k_i}} = 1$ 当且仅当 $A \in \Sigma_i^*$.

证 对 A 的结构作归纳. 我们选择对于 $A = \neg B, LB$，和 $\exists x B(x)$ 三种情形作出证明. 其余的情形留给读者.

$A = \neg B$ 的情形. 我们先证

(1) $$(\neg B)^{v_{k_i}} = 1 \Rightarrow \neg B \in \Sigma_i^*.$$

设 $(\neg B)^{v_{k_i}} = 1$. 于是 $(\neg B)^{v_{k_i}}$ 和 $B^{v_{k_i}}$ 都不是无定义，因此 $B \in$

$\mathrm{Form}(\mathscr{L}_{k_i}^m)$. 我们有

(2) $\mathrm{B}^{v_{k_i}}=0$.

(3) $\mathrm{B}\notin\Sigma_i^*$ （由(2)和归纳假设）.

(4) $\neg\,\mathrm{B}\in\Sigma_i^*$ （由(3), $\mathrm{B}\in\mathrm{Form}(\mathscr{L}_{k_i}^m)$, 和 Σ_i^* 相对于 $\mathrm{Form}(\mathscr{L}_{k_i}^m)$ 的 TQ 极大协调性）.

于是(1)得证.

下面证逆命题

(5) $$\neg\,\mathrm{B}\in\Sigma_i^*\Rightarrow(\neg\,\mathrm{B})^{v_{k_i}}=1.$$

设 $\neg\,\mathrm{B}\in\Sigma_i^*$. 于是 $\mathrm{B}\in\mathrm{Form}(\mathscr{L}_{k_i}^m)$, 因而 $\mathrm{B}^{v_{k_i}}$ 不是无定义. 我们有

(6) $\mathrm{B}\notin\Sigma_i^*$.

(7) $\mathrm{B}^{v_{k_i}}=0$ （由(6), 归纳假设, 和 $\mathrm{B}^{v_{k_i}}$ 不是无定义）.

(8) $(\neg\,\mathrm{B})^{v_{k_i}}=1$.

于是(5)得证.

A＝LB 的情形. 我们先证

(9) $$(\mathrm{LB})^{v_{k_i}}=1\Rightarrow\mathrm{LB}\in\Sigma_i^*.$$

设 $(\mathrm{LB})^{v_{k_i}}=1$. 则 $(\mathrm{LB})^{v_{k_i}}$ 不是无定义, 因此 $\mathrm{LB}\in\mathrm{Form}(\mathscr{L}_{k_i}^m)$, 并且 $\mathrm{M}\neg\,\mathrm{B}\in\mathrm{Form}(\mathscr{L}_{k_i}^m)$. 设 $\mathrm{LB}\notin\Sigma_i^*$. 我们有

(10) 对于任何使得 $v_{k_i}Rv_{k_j}$ 的 $v_{k_j}\in K$, 有 $\mathrm{B}^{v_{k_j}}=1$（由 $(\mathrm{LB})^{v_{k_i}}=1$）.

(11) 对于任何使得 $\Sigma_i^*=\Sigma_j^*$ 或 $\Sigma_i^*sub\Sigma_j^*$ 的 $\Sigma_j^*\in\Delta$, 有 $\mathrm{B}\in\Sigma_j^*$ （由(10)和归纳假设）.

(12) $\neg\,\mathrm{LB}\in\Sigma_i^*$ （由 $\mathrm{LB}\notin\Sigma_i^*$, $\mathrm{LB}\in\mathrm{Form}(\mathscr{L}_{k_i}^m)$, 和 Σ_i^* 相对于 $\mathrm{Form}(\mathscr{L}_{k_i}^m)$ 的 TQ 极大协调性）.

(13) $\mathrm{M}\neg\,\mathrm{B}\in\Sigma_i^*$ （由(12), $\mathrm{M}\neg\,\mathrm{B}\in\mathrm{Form}(\mathscr{L}_{k_i}^m)$, 和 Σ_i^* 相对于 $\mathrm{Form}(\mathscr{L}_{k_i}^m)$ 的 TQ 极大协调性）.

(14) 有 $\Sigma_j^*\in\Delta$, 使得 $\Sigma_i^*sub\Sigma_j^*$ 并且 $\neg\,\mathrm{B}\in\Sigma_j^*$ （由(13)和 Σ_j^* 的构作情形）.

(15) $B \notin \Sigma_j^*$ （由(14)）.

因(15)与(11)矛盾,故 $LB \in \Sigma_i^*$. 于是(9)得证.

下面证逆命题

(16) $$LB \in \Sigma_i^* \Rightarrow (LB)^{v_{k_i}} = 1.$$

设 $LB \in \Sigma_i^*$. 于是 $B \in \mathrm{Form}(\mathscr{L}_{k_i}^m)$. 我们有

(17) $B \in \Sigma_i^*$ （由 $LB \in \Sigma_i^*$, $B \in \mathrm{Form}(\mathscr{L}_{k_i}^m)$, 和 Σ_i^* 相对于 $\mathrm{Form}(\mathscr{L}_{k_i}^m)$ 的 TQ 极大协调性）.

(18) 对于任何使得 $\Sigma_i^* sub \Sigma_j^*$ 的 $\Sigma_j^* \in \Delta$, 有 $B \in \Sigma_j^*$（由 $LB \in \Sigma_i^*$ 和 Σ_j^* 的构作情形）.

(19) 对于任何使得 $\Sigma_i^* = \Sigma_j^*$ 或 $\Sigma_i^* sub \Sigma_j^*$ 的 $\Sigma_j^* \in \Delta$, 有 $B \in \Sigma_j^*$ （由(17)和(18)）.

(20) 对于任何使得 $v_{k_i} R v_{k_j}$ 的 $v_{k_j} \in K$, 有 $B^{v_{k_j}} = 1$ （由(19)和归纳假设）.

(21) $(LB)^{v_{k_i}} = 1$ （由(20)）.

于是(16)得证.

$A = \exists x B(x)$ 的情形. 我们先证

(22) $$\exists x B(x)^{v_{k_i}} = 1 \Rightarrow \exists x B(x) \in \Sigma_i^*.$$

设 $\exists x B(x)^{v_{k_i}} = 1$. 于是 $\exists x B(x)^{v_{k_i}}$ 不是无定义,因此 $\exists x B(x) \in \mathrm{Form}(\mathscr{L}_{k_i}^m)$. 由 $B(x)$ 构作 $B(u)$,令 u 是不在 $B(x)$ 中出现的 $\mathscr{L}_{k_i}^m$ 的自由变元符号. 我们有

(23) 有 $t' \in D(v_{k_i})$, 使得 $B(u)^{v_{k_i}(u/t')} = 1$ （由 $\exists x B(x)^{v_{k_i}} = 1$）.

(24) $B(t)^{v_{k_i}} = B(u)^{v_{k_i}(u/t')} = 1$ （由(23)和 $t^{v_{k_i}} = t'$）.

(25) $B(t) \in \Sigma_i^*$ （由(24)和归纳假设）.

(26) $\exists x B(x) \in \Sigma_i^*$ （由(25), $\exists x B(x) \in \mathrm{Form}(\mathscr{L}_{k_i}^m)$, 和 Σ_i^* 相对于 $\mathrm{Form}(\mathscr{L}_{k_i}^m)$ 的 TQ 极大协调性）.

于是(22)得证.

下面证逆命题

(27) $\qquad \exists xB(x) \in \Sigma_i^* \Rightarrow \exists xB(x)^{v_{k_i}} = 1.$

设 $\exists xB(x) \in \Sigma_i^*$. 我们有

(28) 有 $d \in \mathcal{D}_{k_i}$, 使得 $B(d) \in \Sigma_i^*$, (由 Σ_i^* 的存在性质).

(29) $B(d)^{v_{k_i}} = 1$ (由(28)和归纳假设).

(30) $\exists xB(x)^{v_{k_i}} = 1$ (由(29)).

于是(27)得证. 引理 9.4.1 证完. □

引理 9.4.1 相当于模态命题逻辑中的引理 8.5.3.

附注

(1) 在上述证明中,例如条件 $B \in \mathrm{Form}(\mathscr{L}_{k_i}^m)$,它对于建立(4)是必要的.如果 $B \notin \mathrm{Form}(\mathscr{L}_{k_i}^m)$,我们就不能由 $B \notin \Sigma_i^*$ 推出 $\neg B \in \Sigma_i^*$,因为 Σ_i^* 的 TQ 极大协调性是相对于 $\mathrm{Form}(\mathscr{L}_{k_i}^m)$ 的.类似地,$\exists xB(x) \in \mathrm{Form}(\mathscr{L}_{k_i}^m)$ 对于(26)是必要的.(参考 1)后面的说明.)

(2) 引理 9.4.1 对于 S_4Q 和 S_5Q 也是成立的.在对于 S_4Q 和 S_5Q 陈述并证明这个引理时,我们要像对待 S_4 和 S_5 一样,作相同的修改,即对于 S_4Q 要规定 $v_{k_i} R v_{k_j}$ 当且仅当 $\Sigma_i^* = \Sigma_j^*$ 或有 $n \geqslant 1$ 使得 $\Sigma_i^* sub_n \Sigma_j^*$;对于 S_5Q 要规定 $v_{k_i} R v_{k_j}$ 当且仅当 $\Sigma_i^* = \Sigma_j^*$ 或有 $n \geqslant 1$ 使得 $\Sigma_i^* sub_n \Sigma_j^*$ 或 $\Sigma_j^* sub \Sigma_i^*$.然后在证明引理时,要在关于 TQ 的引理 9.4.1 的上述证明中增加相应的内容,所需要增加的内容也和为 S_4 和 S_5 所需要增加的内容相同.

定理 9.4.2(TQ,S_4Q,S_5Q 的完备性) 设 $\Sigma \subseteq \mathrm{Form}(\mathscr{L}^m)$,$A \in \mathrm{Form}(\mathscr{L}^m)$.于是,按照定义 9.2.1 中陈述的赋值,有

(i) 如果 Σ 是 TQ 协调的,则 Σ 是 TQ 可满足的.

(ii) 如果 $\Sigma \models_{TQ} A$,则 $\Sigma \vdash_{TQ} A$.

(iii) 如果 A 是 TQ 有效的,则 A 是 TQ 可证明的.

S_4Q 和 S_5Q 有相同的情形.

现在我们转向含 Barcan 规则的系统 TQB 和 S_4QB 的完备性.

对 TQB 的处理和上述对 TQ 的处理是类似的.设 $\Sigma \subseteq$ Form($\mathscr{L}^m$)是 TQB 协调的.由 Σ 出发,构作 $\Delta = \{\Sigma_1^*, \cdots, \Sigma_i^*, \cdots\}$. 对于任何 $\Sigma_i^* \in \Delta$,令 Σ_i^* 是 Δ 中第 k_i 个集.构作对 $\mathscr{L}_{k_i}^m$ 的赋值 v_{k_i}, 它的论域是 D,使得

$D = \{t' | t \in \text{Term}(\mathscr{L}^{m'})\}$;

$a^{v_{k_i}} = a'$;

$u^{v_{k_i}} = u'$;

$F^{v_{k_i}} \subseteq D^m$,使得对于任何 $t_1', \cdots, t_m'$

$\in D, \langle t_1', \cdots, t_m' \rangle \in F^{v_{k_i}}$,当且仅当

$F(t_1, \cdots, t_m) \in \Sigma_i^*$.

令 $K = \{v_{k_i} | \Sigma_i^* \in \Delta\}$.我们注意,这个论域 D 适用于任何 $v_{k_i} \in K$.

S_4QB 和 S_5Q(即 S_5QB)有相同的情形.

于是我们可以建立关于这些模态系统的与引理 9.5.1 类似的引理.具体细节留给读者.

定理 9.4.3(TQB,S_4QB,S_5Q 的完备性) 设 $\Sigma \subseteq \text{Form}(\mathscr{L}^m)$, A$\in \text{Form}(\mathscr{L}^m)$.于是,按照定义 9.2.4 中陈述的赋值,有

(i) 如果 Σ 是 TQB 协调的,则 Σ 是 TQB 可满足的.

(ii) 如果 $\Sigma \models_{\text{TQB}} A$,则 $\Sigma \vdash_{\text{TQB}} A$.

(iii) 如果 A 是 TQB 有效的,则 A 是 TQB 可证明的.

S_4QB 和 S_5Q 有相同的情形.

9.5 相 等 符 号

对相等符号的通常解释是

$$(t_1 \equiv t_2)^v = 1 \text{ 当且仅当 } t_1^v = t_2^v,$$

其中的 v 是任何赋值.但是对于模态系统来说,对相等符号的解释有不同的情形.

设 K 是任何赋值的集,R 是 K 上的任何二元关系(我们不考虑对 R 的要求).设 $v_i \in K$,并且 $(t_1 \equiv t_2)^{v_i} = 1$,即 $t_1^{v_i} = t_2^{v_i}$.一种解

释规定,对于任何使得 $v_i R v_j$ 的 $v_j \in K$,有 $t_1^{v_j} = t_2^{v_j}$,因此 $(t_1 \equiv t_2)^{v_i}$
$=1$,在 $(t_1 \equiv t_2)^{v_i} = 0$(即 $t_1^{v_i} \neq t_2^{v_i}$)的情形,这种解释规定 $t_1^{v_j} \neq t_2^{v_j}$,因此 $(t_1 \equiv t_2)^{v_j} = 0$,这种解释的涵义是,相同的对象必然是相同的,不同的对象必然是不同的.(换言之,关于相等的真命题是必然真的,关于相等的假命题是必然假的).因此有

1) $t_1 \equiv t_2 \models L (t_1 \equiv t_2)$.
2) $\neg (t_1 \equiv t_2) \models L \neg (t_1 \equiv t_2)$.

根据另一种解释,可以用 v_i 把相同的个体指派给 t_1 和 t_2,因此 $(t_1 \equiv t_2)^{v_i} = 1$,但是 v_j 把不同的个体指派给 t_1 和 t_2,因此 $(t_1 \equiv t_2)^{v_j} = 0$,(也可以用 v_i 把不同的个体指派给 t_1 和 t_2,因此 $(t_1 \equiv t_2)^{v_i} = 0$,)但是 v_j 把相同的个体指派给 t_1 和 t_2,因此 $(t_1 \equiv t_2)^{v_j} = 1$.这样,$(t_1 \equiv t_2)^{v_i} = 1$ 并不蕴涵 $(t_1 \equiv t_2)^{v_j} = 1$;$(t_1 \equiv t_2)^{v_i} = 0$ 也并不蕴涵 $(t_1 \equiv t_2)^{v_j} = 0$.因此 1)和 2)都不成立.

下面转向形式推演.对应于上述第一种解释的关于相等符号的形式推演规则和经典逻辑中的 $(\equiv -)$ 和 $(\equiv +)$ 完全相同:

$(\equiv -)$ 如果 $\Sigma \vdash A(t_1)$,

        $\Sigma \vdash t_1 \equiv t_2$,

        则 $\Sigma \vdash A(t_2)$,其中的 $A(t_2)$ 是在 $A(t_1)$ 中把 t_1 的某些(不一定全部)出现替换为 t_2 而得,

$(\equiv +)$ $\varnothing \vdash u \equiv u$.

使用这些规则,我们能在 TQ 中(因此在 $S_4 Q$ 和 $S_5 Q$ 中)证明

3) $t_1 \equiv t_2 \vdash L(t_1 \equiv t_2)$;

并且在 $S_5 Q$ 中证明

4) $\neg (t_1 \equiv t_2) \vdash L \neg (t_1 \equiv t_2)$.

3)的证明如下:

(1) $L(t_1 \equiv t_1), t_1 \equiv t_2 \vdash L(t_1 \equiv t_2)$.

(2) $\varnothing \vdash t_1 \equiv t_1$.

(3) $\varnothing \vdash L(t_1 \equiv t_1)$ (由 $(L+)$,(2)).

(4) $t_1 \equiv t_2 \vdash L(t_1 \equiv t_1)$.

(5) $t_1 \equiv t_2 \vdash t_1 \equiv t_2$.

(6) $t_1 \equiv t_2 \vdash L(t_1 \equiv t_2)$ （由(4),(5)(1)）.

4)的证明如下：

(1) $t_1 \equiv t_2 \vdash L(t_1 \equiv t_2)$ （由3)）.

(2) $t_1 \equiv t_2 \vdash \neg M \neg (t_1 \equiv t_2)$ （由(1)）.

(3) $M \neg (t_1 \equiv t_2) \vdash \neg (t_1 \equiv t_2)$.

(4) $\neg (t_1 \equiv t_2) \vdash L \neg (t_1 \equiv t_2)$

  （由定理 7.2.7(viii),(3)）.

在直观上 3)和 4)似乎不能被接受. 因此,为了使 3)和 4)不被推出,曾提出比较弱的相等符号消去规则：

(弱≡ –)如果 $\Sigma \vdash A(t_1)$,

    $\Sigma \vdash t_1 \equiv t_2$,

    则 $\Sigma \vdash A(t_2)$,其中的 $A(t_2)$ 是在 $A(t_1)$ 中把 t_1 的某些(不一定全部)不在任何模态符号的辖域中的出现替换为 t_2 而得.

于是规则(弱≡ –)和(≡ +)与上述第二种解释相符.

根据以上两种对于相等符号的解释以及同它们相符的形式推演规则,我们可以建立各种含相等符号的模态一阶逻辑系统的可靠性定理和完备性定理. 可靠性定理的证明用归纳法,对 $\Sigma \vdash A$ 的结构作归纳. 完备性定理借助于不含相等符号的模态系统的完备性定理来证明,这和经典一阶逻辑的情形是类似的(见第 4.5 节). 细节留给读者.

附　　录
自然推演中形式证明的简明形式

在这个附录中我们要介绍一种简明的形式,使用它能使自然
推演中的形式证明写和读起来比较方便.

在所要介绍的形式中,每一行写一个公式,像下面的 1):

$$
1) \quad \left\{
\begin{array}{l}
A_1 \\
\quad A_2 \\
\quad\quad A_3 \\
\quad\quad\quad A_4 \\
\quad\quad\quad B_1 \\
\quad\quad\quad B_2 \\
\quad\quad\quad B_3
\end{array}
\right.
$$

在这个图式中,A_1,A_2,A_3 和 A_4 都是前提公式.它们的写法是,A_1
写在最左边的位置上,它是第一个前提;第二个前提 A_2 写在 A_1
的右边(把 A_2 的左端写在 A_1 的左端的右边,不要把 A_2 的中间部
位写在 A_1 的中间部位的右边);A_3 又写在 A_2 的右边;等等.

B_1 不是写在 A_4 的右边,而是在 A_4 的下边(使 B_1 的左端和 A_4
的左端上下对齐,不要使 B_1 的中间部位和 A_4 的中间部位上下对
齐).于是 B_1 不是前提公式,而是结论公式.因此,在这种图式中,
每一行上所写的一个公式是前提公式或是结论公式.当一个公式
写在上一行中公式的右边时,它是前提;否则它是结论.因此 B_2 和
B_3 也是结论公式.

每个是结论的公式是用来表示一个形式可推演性模式的.被
表示的形式可推演性模式中的结论就是这个公式自己.模式中的

前提包括这个结论公式上面最顶端的公式以及在这个最顶端公式左边的所有前提公式.例如在 1)中,结论公式 B_1,B_2 和 B_3 分别表示以下的形式可推演性模式:

$$A_1,A_2,A_3,A_4 \vdash B_1,$$
$$A_1,A_2,A_3,A_4 \vdash B_2,$$
$$A_1,A_2,A_3,A_4 \vdash B_3.$$

我们注意,推出 B_2 或 B_3 的前提中不包括 B_1,因为 B_1 不是在 B_2 或 B_3 上面的最顶端的公式.推出 B_3 的前提中不包括 B_2.

于是,形式证明

2)
$$\begin{cases}
(1) \ A{\to}B,B{\to}C,A \vdash A{\to}B \\
(2) \ A{\to}B,B{\to}C,A \vdash A \\
(3) \ A{\to}B,B{\to}C,A \vdash B \\
(4) \ A{\to}B,B{\to}C,A \vdash B{\to}C \\
(5) \ A{\to}B,B{\to}C,A \vdash C \\
(6) \ A{\to}B,B{\to}C \vdash A{\to}C
\end{cases}$$

可以写成下面的形式:

3)
$$\begin{cases}
(1) & A{\to}B \\
(2) & \quad B{\to}C \\
(3) & \quad | \quad A \\
(4) & \quad | \quad A{\to}B \quad (由(\in)) \\
(5) & \quad | \quad A \quad (由(\in)) \\
(6) & \quad | \quad B \quad (由({\to}{-}),(4),(5)) \\
(7) & \quad | \quad B{\to}C \quad (由(\in)) \\
(8) & \quad | \quad C \quad (由({\to}{-}),(7),(6)) \\
(9) & \quad A{\to}C \quad (由({\to}{+}),(8))
\end{cases}$$

其中 3)的(4)~(9)中的公式(结论)分别表示 2)的(1)~(6)中的模式.我们注意,3)的(9)中公式 A→C 不是写在上一行(8)中公式 C 的右边,因此 A→C 不是前提,而是结论.由图式 3)中看出,推出 A→C 的前提包括(1)中的 A→B 和(2)中的 B→C.

3)显然比 2)更加简单清楚.但是 3)还能进一步简化,因为 3)

中使用(∈)的步骤(4),(5)和(7)是重复出现的,是可以删去的.3)可以简化为4):

$$
4)\begin{cases}
(1) & A{\to}B \\
(2) & \quad B{\to}C \\
(3) & \quad | \qquad A \\
(4) & \quad | \qquad B \quad (由({\to}-),(1),(3)) \\
(5) & \quad | \qquad C \quad (由({\to}-),(2),(4)) \\
(6) & \quad A{\to}C \quad (由({\to}+),(5))
\end{cases}
$$

我们注意,3)的(1)中的A→B是前提,但3)的(4)中的A→B是结论.3)中的B→C和A也有这种情形.但在4)中,A→B,B→C和A都不仅作为前提,并且作为结论出现,这是因为删去了一些重复的步骤.

下面要说明这个新的形式的另一个优点.例如要证 A→B,B→C⊢A→C.我们可以先把证明写成

$$
5)\begin{cases}
A{\to}B \\
\quad B{\to}C \\
\qquad \vdots \\
\qquad \vdots \\
\qquad \vdots \\
\quad A{\to}C
\end{cases}
$$

然后在5)中用下面的方法加进 A→C 中的 A 和 C:

$$
\begin{cases}
A{\to}B \\
\quad B{\to}C \\
\quad | \qquad A \\
\quad | \qquad \vdots \\
\quad | \qquad \vdots \\
\quad | \qquad \vdots \\
\quad | \qquad C \\
\quad A{\to}C
\end{cases}
$$

这样,由它使用(→+)就得到5).A 和 C 之间的公式是容易填写

的.

下面是一些例子,用来说明怎样用这个新的形式来证明形式可推演性模式.

例 如果 $\Sigma, A \vdash B$,

$\Sigma, A \vdash \neg B$,

则 $\Sigma \vdash \neg A$.

证

(1) Σ

(2) $| \quad \neg\neg A$

(3) $| \quad A \qquad$ (由 $\neg\neg A \vdash A,(2)$)

(4) $| \quad B \qquad$ (由假设,(1),(3))

(5) $| \quad \neg B \quad$ (和(4)相同)

(6) $\neg A \qquad$ (由 $(\neg -),(4),(5)$). $\qquad\qquad\qquad\qquad$ □

例 $\neg(A \lor B) \vdash \neg A \land \neg B$.

证

(1) $\neg(A \lor B)$

(2) $| \quad A$

(3) $| \quad A \lor B \quad$ (由 $(\lor +),(2)$)

(4) $\neg A \quad$ (由 $(\neg +),(3),(1)$)

(5) $\neg B \quad$ (和(4)类似)

(6) $\neg A \land \neg B \quad$ (由 $(\land +),(4),(5)$). $\qquad\qquad$ □

例 $\forall xA(x) \to B \vdash \exists x(A(x) \to B)$.

证

(1) $\forall xA(\acute{x}) \to B$

(2) $| \quad \neg \exists x(A(x) \to B)$

(3) $| \quad \forall x \neg (A(x) \to B)$ (由定理 3.5.3(ii),(2))

(4) $| \quad \neg(A(u) \to B)$ (由 $(\forall -),(3)$ 取 u 不在(1)中)

(5) $| \quad A(u) \qquad$ (由定理 2.6.7(v),(4))

(6) $| \quad \neg B \qquad$ (由定理 2.6.7(vi),(4))

(7) $| \quad \forall xA(x) \qquad$ (由 $(\forall +),(5)$)

(8)｜　B　（由(→－),(1),(7)）

(9) ∃x(A(x)→B)　（由(¬－),(8),(6)）.　　　□

例　∀xA(x)∨∀xB(x) ⊢∀x(A(x)∨B(x))

证　我们先证

$$∀xA(x) ⊢∀x(A(x)∨B(x)).$$

证明如下：

(1) ∀xA(x)

(2) A(u)　（由(∀－),(1),取 u 不在 A(x)中）

(3) A(u)∨B(u)　（由(∨＋),(2)）

(4) ∀x(A(x)∨B(x))　（由(∀＋),(3)）.

类似地可证

$$∀xB(x) ⊢∀x(A(x)∨B(x)).$$

于是由(∨－),例中模式得证.　　　□

例　∃x(A(x)→B) ⊢∀xA(x)→B,x 不在 B 中出现.

证　我们先证

$$A(u)→B ⊢∀xA(x)→B.$$

证明如下：

(1) A(u)→B

(2)｜　∀xA(x)

(3)｜　A(u)　（由(∀－),(2)）

(4)｜　B　（由(→－),(1),(3)）

(5) ∀xA(x)→B　（由(→＋),(4)）.

我们可以取 u 不在(5)中出现.于是由(∃－)就得到例中的模式.

　　　□

在上面的最后两个例子中,我们没有做到在一个图式中证明所要证明的形式可推演性模式,而是先证明某个中间的结果,然后证明最后的模式.

在一个图式中作出全部证明,这是可能的.但这样做时,就要对这种简明形式的写法做更多的规定.我们并不要求在一个图式中写出全部证明,所以在前面的介绍中没有做这些规定.

这种简明形式的合法性是可以证明的,这就是要证明这种形式和形式证明的原来形式(见第 2.6 节和第 3.5 节)之间的等价关系.在证明之前先要给出这种简明形式的严格定义.这是非常繁琐的,我们省略.

参 考 文 献

Chang C C and Keisler H J. [1973]*Model Theory*,North-Holland, Amsterdam.

Church, A. [1936] A note on the Entscheidungsproblem, *J. Symb. Logic*, 1, 40 ~ 41 (Reprinted with corrections in Davis [1965],110~115)

Davis, M. (ed.) [1965] *The Undecidable, Basic papers on undecidable propositions, unsolvable problems, and computable functions*, Raven Press, New York.

Glivenko, V. [1929] Sur quelques points de la logique de M. Brouwer, *Bull. Acad. Roy. Belg. Sci.*, (5) **15**,183~188.

Gödel, K. [1930] Die Vollständigkeit der Axiome des logischen Funktionenkalküls, *Monatsh Math. Phys.*, **37**, 349 ~ 360. (English transl. in Van Heijenoort [1967], 582~591.)

Henkin, L. [1949] The completeness of the first-order functional calculus, *J. Symb. Logic*, **14**,159~166.

Herbrand, J. [1930] Recherches sur la théorie de la démonstration, *Trav. Soc. Sci. Lett. Varsovie*, Cl. Ⅲ **33**,33~160. (English transl. of Ch. 5 in Van Heijenoort [1967], 525~581.)

Hughes, G. E., and M. J. Cresswell [1968] *An Introduction to Modal Logic*, Methuen and Co. Ltd.

Kripke, S. A. [1965] Semantical analysis of intuitionistic logic I, *Formal Systems and Recursive Functions*, 92~130 (eds. J. N. Crossley and M. A. E. Dummett), North-Holland, Amsterdam.

Löwenheim, L. [1915] Über Möglichkeiten im Relativkalkül, *Math. Ann.*, 76,447~470. (English transl. in Van Heijenoort [1967], 228~251.)

Manna, Z. [1982] Verification of sequential programs: temporal axiomatization, *Theoretical Foundations* of *Programming Methodology*, 53 ~ 102 (eds. M. Broy and G. Schmidt), D. Reidel Publishing Company, Holland.

Skolem, T. [1920] Logisch-kombinatorische Untersuchungen über die Erfüllbarkeit oder Beweisbarkeit mathematischer Sätze nebst einem Theoreme über dichte Menge I, *Skr. Norske Vid.-Akad. Kristiana Mat.-Naturv.* Kl. (4). (English transl. of Sec. 1 in Van Heijenoort [1967], 252~263.)

Van Heijenoort, J. (ed.) [1967] *From Frege to Gödel, a Source Book in Mathematical Logic*, 1879~1931, Harvard Univ. Press, Cambridge, Mass.

符 号 表

（以章节为序）

第一章

1.1

$\in$　属于

$\notin$　不属于

$\subseteq$　包含于

$\varnothing$　空集

$\{x \mid \text{—} x \text{—}\}$　由某种对象 x 构成的集

—　补

$\cup$　并

$\cap$　交

$\bigcup\limits_{i \in I}$　多个集的并

$\bigcap\limits_{i \in I}$　多个集的交

$\langle a, b \rangle$　有序偶

$\langle a_1, \cdots, a_n \rangle$　有序 n 元组

$S_1 \times \cdots \times S_n$　笛卡儿积

S^n　S 的 n 次笛卡儿积

dom　定义域

ran　值域

$f: S \to T$　f 是 S 到 T 中的函数

$f|S$　f 到 S 上的限制

$\sim$　等势的

$|S|$　S 的基数

1.2

N　自然数集

$\Rightarrow$　蕴涵

$\Leftrightarrow$　当且仅当

$\Leftarrow$　$\Rightarrow$ 的逆

$\square$　证明的结束

第二章

2.2

$\mathscr{L}^p$　命题语言

p q r　命题符号

$\neg$　否定(符号)

$\wedge$　合取(符号)

$\vee$　析取(符号)

$\to$　蕴涵(符号)

$\leftrightarrow$　等值(符号)

(　左括号

)　右括号

Atom($\mathscr{L}^p$)　$\mathscr{L}^p$ 原子公式

$*$　$\wedge, \vee, \to, \leftrightarrow$ 中的一个

Form($\mathscr{L}^p$)　$\mathscr{L}^p$ 公式

$(\neg A)$　否定式

$(A * B)$　由 $*$ 构成的公式

A B C　任何公式

deg(A)　复杂度

2.4

v　真假赋值

p^v　p 的值

A^v　A 的值

Σ　公式集

Σ^v　Σ 的值

2.5

$\Sigma \models A$　A 是 Σ 的逻辑推论

$\Sigma \not\models A$　A 不是 Σ 的逻辑推论

$A \models\mid B$　A 与 B 的逻辑等值

2.6

$\vdash$　推出

(Ref)　自反

$(+)$　增加前提

$(\neg -)$　$\neg$ 消去

$(\wedge -)$　$\wedge$ 消去

$(\wedge +)$　$\wedge$ 引入

$(\vee -)$　$\vee$ 消去

$(\vee +)$　$\vee$ 引入

$(\rightarrow -)$　$\rightarrow$ 消去

$(\rightarrow +)$　$\rightarrow$ 引入

$(\leftrightarrow -)$　$\leftrightarrow$ 消去

$(\leftrightarrow +)$　$\leftrightarrow$ 引入

$(\in)$　由 Σ 能推出 Σ 中所有公式

$\Sigma \vdash A$　由 Σ 能推出 A

$\Sigma \not\vdash A$　由 Σ 不能推出 A

(Tr)　形式推演可传递性

$(\neg +)$　$\neg$ 引入

$A \vdash\mid B$　A 与 B 语法等值

$\dashv$　$\vdash$ 的逆

2.8

$\mid$　sheffer 竖

$\downarrow$　2.8 中的 g_{15}

第三章

3.2

$\mathscr{L}$　一阶语言

a b c　个体符号

F G H　关系符号

$\equiv$　相等符号

f g h　函数符号

u v w　自由变元符号

x y z　约束变元符号

$\forall$　全称量词符号

$\exists$　存在量词符号

$\forall x$　全称量词

$\exists x$　存在量词

,　逗号

$Term(\mathscr{L})$　$\mathscr{L}$ 项

$f(t_1,\cdots,t_n)$　由 f 构成的项

t　任何项

$U(s_1,\cdots,s_n)$　表达式 U 中有 $s_1,\cdots,$ s_n 出现

$U(V_1,\cdots,V_n)$　由 U 经代入而得的表达式

$Atom(\mathscr{L})$　$\mathscr{L}$ 原子公式

$F(t_1,\cdots,t_n)$　由 F 构成的公式

$\equiv(t_1,t_2)$　由 $\equiv$ 构成的公式

$t_1 \equiv t_2$　$\equiv(t_1,t_2)$ 的简写

$Form(\mathscr{L})$　$\mathscr{L}$ 公式

$\forall x A(x)$　全称公式

$\exists x A(x)$　存在公式

$Sent(\mathscr{L})$　$\mathscr{L}$ 语句

3.3

t^v　t 的值

$v(u/a)$　由 v, u, a 构成的赋值

汉英名词对照表

(以中文笔划为序,右方数字是名词首次在其中被解释的节的号码.)

一 画

二 画

三 画

四 画

五　画

六　画

七 画

九　画

十　画

十三画